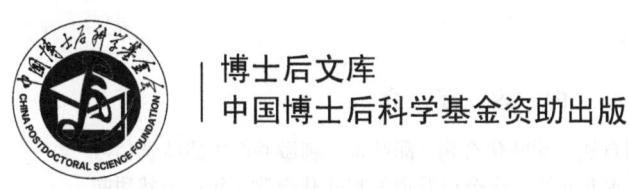

博士后文库
中国博士后科学基金资助出版

甜味分子与甜味觉：甜味化合物的结构、功能及其作用机制

刘 波 著

科学出版社
北 京

内 容 简 介

甜味觉是人类受到自然界甜味化合物（甜味剂）刺激并产生甜味觉信号的一种重要生理功能。本书介绍了迄今已发现的甜味化合物（包括天然甜味化合物及人工合成甜味化合物），尤其是近年来备受关注的寡肽类与蛋白类甜味剂（甜味蛋白）的结构、功能、性质、生产制备方法等。在此基础上，结合近年来快速发展的甜味受体结构与功能领域的研究进展，重点论述了上述甜味分子呈现"甜味"的分子机制，即甜味分子如何与受体相互作用并激活受体，以及基于上述作用机制进行甜味化合物的有效分子设计与改造。

本书适合高等院校味觉神经生物学与食品科学相关专业师生、科研院所人员阅读，也可作为食品添加剂、医药、生物技术等领域企业技术人员的参考书。

图书在版编目（CIP）数据

甜味分子与甜味觉：甜味化合物的结构、功能及其作用机制/刘波著. —北京：科学出版社，2019.5
（博士后文库）
ISBN 978-7-03-060492-7

Ⅰ. ①甜… Ⅱ. ①刘… Ⅲ. ①甜味剂–研究 Ⅳ. ①TS264.9

中国版本图书馆 CIP 数据核字(2019)第 019473 号

责任编辑：罗 静 岳漫宇 闫小敏 / 责任校对：郑金红
责任印制：赵 博 / 封面设计：刘新新

科 学 出 版 社 出版
北京东黄城根北街 16 号
邮政编码：100717
http://www.sciencep.com

北京中科印刷有限公司印刷
科学出版社发行 各地新华书店经销

*

2019 年 5 月第 一 版　　开本：720×1000 1/16
2025 年 1 月第二次印刷　　印张：11 1/4
字数：230 000

定价：128.00 元
(如有印装质量问题，我社负责调换)

《博士后文库》编委会名单

主　任　陈宜瑜

副主任　詹文龙　李　扬

秘书长　邱春雷

编　委（按姓氏汉语拼音排序）

　　　　付小兵　傅伯杰　郭坤宇　胡　滨　贾国柱　刘　伟
　　　　卢秉恒　毛大立　权良柱　任南琪　万国华　王光谦
　　　　吴硕贤　杨宝峰　印遇龙　喻树迅　张文栋　赵　路
　　　　赵晓哲　钟登华　周宪梁

《博士后文库》序言

1985年，在李政道先生的倡议和邓小平同志的亲自关怀下，我国建立了博士后制度，同时设立了博士后科学基金。30多年来，在党和国家的高度重视下，在社会各方面的关心和支持下，博士后制度为我国培养了一大批青年高层次创新人才。在这一过程中，博士后科学基金发挥了不可替代的独特作用。

博士后科学基金是中国特色博士后制度的重要组成部分，专门用于资助博士后研究人员开展创新探索。博士后科学基金的资助，对正处于独立科研生涯起步阶段的博士后研究人员来说，适逢其时，有利于培养他们独立的科研人格、在选题方面的竞争意识以及负责的精神，是他们独立从事科研工作的"第一桶金"。尽管博士后科学基金资助金额不大，但对博士后青年创新人才的培养和激励作用不可估量。四两拨千斤，博士后科学基金有效地推动了博士后研究人员迅速成长为高水平的研究人才，"小基金发挥了大作用"。

在博士后科学基金的资助下，博士后研究人员的优秀学术成果不断涌现。2013年，为提高博士后科学基金的资助效益，中国博士后科学基金会联合科学出版社开展了博士后优秀学术专著出版资助工作，通过专家评审遴选出优秀的博士后学术著作，收入《博士后文库》，由博士后科学基金资助、科学出版社出版。我们希望，借此打造专属于博士后学术创新的旗舰图书品牌，激励博士后研究人员潜心科研，扎实治学，提升博士后优秀学术成果的社会影响力。

2015年，国务院办公厅印发了《关于改革完善博士后制度的意见》（国办发〔2015〕87号），将"实施自然科学、人文社会科学优秀博士后论著出版支持计划"作为"十三五"期间博士后工作的重要内容和提升博士后研究人员培养质量的重要手段，这更加凸显了出版资助工作的意义。我相信，我们提供的这个出版资助平台将对博士后研究人员激发创新智慧、凝聚创新力量发挥独特的作用，促使博士后研究人员的创新成果更好地服务于创新驱动发展战略和创新型国家的建设。

祝愿广大博士后研究人员在博士后科学基金的资助下早日成长为栋梁之才，为实现中华民族伟大复兴的中国梦做出更大的贡献。

中国博士后科学基金会理事长

前　　言

甜味觉是人类感知外部环境尤其是摄取食物过程中最重要的生理功能之一，因此，理解甜味觉产生的机制并利用其有效地指导人们的日常饮食十分必要。自2001年 Zuker 等科学家发现了哺乳动物中的甜味受体——G 蛋白偶联受体（GPCR）以来，对甜味觉产生机制的研究日新月异，并取得了令人瞩目的研究成果。利用神经生物学、结构生物学、生理学、计算生物学、生物化学等多学科技术手段，科研工作者逐渐阐明了各种甜味分子如何有效地与甜味受体结合并激活受体，从而引起甜味觉的感知反应。基于以上研究成果，人们开始了解甜味化合物在受体上的具体作用位点，并能逐步有效地据此筛选、设计、合成新的甜味化合物。

甜味觉产生机制的研究大大促进了人们对各种甜味化合物"甜味呈现"分子机制的理解，这使得食品工作者在利用各种甜味化合物时，能更加有效地对其进行选择、优化，使其更加符合人们不断提高的食品营养与安全方面的要求。自然界存在的众多甜味化合物的分子结构千变万化，性质迥异，其甜味品质也就存在差别。例如，人们在很早以前就开始利用自然界已存在的各种天然的甜味化合物，而随着近代化学、生物学、食品科学等学科的发展，现在已开始能对许多甜味化合物进行有机合成，并成为甜味剂市场的主要来源途径。在这方面，我国甜味剂的生产使用在世界消费市场占有举足轻重的地位。目前，随着人们生活水平的不断提高和对环境保护的要求，健康、安全、营养型甜味分子是未来甜味剂发展的一个重要方向。因此，蛋白及多肽类甜味分子显示出了巨大的发展潜力。但是，如何克服某些甜味蛋白自身天然性质的不足，促进其在食品等行业的应用，是甜味剂研究领域的一项重要课题。

在甜味剂尤其是甜味蛋白分子设计与改造方面，目前主要有两个方面的问题。一方面，目前对各种甜味分子的作用对象——G 蛋白偶联受体即甜味受体的结构仍然没有解析，使得对甜味分子的设计与改造只能依靠分子模拟结合实验分析的方法，因此设计新型高效的甜味化合物仍然有一定的困难。另一方面，对于具有应用前景的甜味蛋白来说，如何从其自身的性质和结构出发，对其甜味品质、稳定性（如温度稳定性和酸碱稳定性等）进行优化，并利用细菌、真菌或植物等异源表达系统提高其表达产量，也是亟待解决的重要课题。就这两方面而言，随着结构生物学的发展尤其是冷冻电镜技术的进步，相信在不久的将来会在甜味受体三级结构解析方面取得重要的突破；而随着分子生物学和基因组学技术的发展，大规模表达生产甜味蛋白也有望逐步实现。

此外，在甜味觉产生机制研究发展的过程中，有两点值得特别关注。第一，甜味觉如何与其他味觉系统相互联系并影响人们的感官品评，是越来越重要的科学问题。作为结构相似、功能相近的 G 蛋白偶联受体，其他受体的研究成果极大地促进了甜味受体研究的快速发展，而甜味受体的研究也为其他受体研究提供了思路与借鉴。在这方面，对代谢型谷氨酸受体的研究是一个明显的例证。甜味受体在其他代谢系统（如肠道中）的功能也是近些年的热点研究领域。第二，甜味觉进化机制的研究快速发展，成为目前国际上甜味觉研究领域的热点之一。不同动物对各种甜味化合物的感知有差异，为揭示甜味觉起源与进化提供了重要的研究素材。甜味觉进化机制的阐明对有效指导动物饲养、人们饮食及定制个体化甜味觉计划等具有重要的理论和应用价值。

同时，基因组学、神经科学、行为科学及遗传学的发展也不断促进或影响甜味觉与甜味剂领域的基础研究和技术进步。为此，本书还分别在第二章和第九章特别论述了甜味化合物与人类健康及甜味觉与人类遗传的关系，以及此领域的主要研究进展。这些研究成果对不断深化人们对甜味觉产生机制的认识和理解及有效地指导我们健康饮食都具有一定的理论价值与现实意义。

综上所述，甜味觉产生机制及甜味剂领域的发展需要多学科如化学生物学、生物物理与结构生物学、生物化学、神经科学、行为科学、遗传学等的交叉，推动其在理论认知及技术进步领域不断发展。但因篇幅有限，本书不对此领域的所有内容面面俱到地进行介绍。有兴趣的读者可根据相关的内容，并结合书中所列的参考文献，有针对性地进行知识拓展。

在内容的安排上，本书避免过多地论述各种天然及人工合成甜味化合物的性质、结构、功能等（这些知识在已出版的甜味剂相关书籍中有广泛介绍），而重点介绍了近年来快速发展的新型甜味化合物尤其是多肽与蛋白类甜味剂，以及此类甜味剂与甜味受体相互作用并呈现其功能的机制。此外，还适当论述了甜味觉的进化、甜味觉与人类遗传的关系、甜味化合物与人类健康的关系等较为新颖、热点的内容，以使读者能了解国际上甜味觉研究的前沿及热点问题。

本书如能使读者对甜味觉这种人类最喜好的味觉及甜味化合物有进一步的理解与认识，并能对指导人们的甜味饮食及甜味觉研究领域科研工作者和技术研发人员的工作有所帮助，将是作者最大的慰藉。本书的部分研究内容得到了国家自然科学基金（31271118）的支持，在此一并致谢。另外，由于作者的知识、能力有限，书中存在不足之处在所难免，恳请各位读者批评指正（联系邮箱：ertrdfgg@126.com），以便日后修改和完善。

齐鲁工业大学（山东省科学院）　刘　波

2018 年 5 月于济南

目　　录

第一章　味觉 1
　第一节　味觉简介 1
　第二节　味觉化合物 2
　　一、酸味物质 2
　　二、甜味物质 3
　　三、苦味物质 3
　　四、咸味物质 4
　　五、鲜味物质 4
　　六、味觉物质之间的联系及相互作用 4
　参考文献 5
第二章　甜味化合物与人类健康 6
　第一节　非营养型甜味剂的使用策略 6
　第二节　甜味觉与生理代谢 7
　第三节　甜味觉偏好性对人类饮食习惯的影响 8
　参考文献 9
第三章　甜味化合物 10
　第一节　天然甜味化合物 10
　　一、蔗糖 10
　　二、果糖 10
　　三、甜菊苷 11
　　四、二氢查耳酮 12
　　五、甘草甜素 12
　　六、罗汉果苷 13
　　七、海藻糖 14
　　八、其他糖类甜味剂 15
　第二节　人工合成甜味化合物 16
　　一、糖醇类 16
　　二、糖精 17
　　三、甜蜜素 17

四、安赛蜜 18
　　五、三氯蔗糖 18
　　六、蔗糖的其他衍生物 19
　　七、其他人工合成甜味化合物 20
　　八、各种甜味化合物的协同作用 21
　第三节　甜味蛋白 21
　参考文献 22

第四章　甜味觉产生的分子机制 23
　第一节　甜味觉产生机制研究的早期发展 23
　第二节　甜味受体的发现 24
　第三节　甜味受体的结构 26
　第四节　甜味受体的作用机制 30
　　一、甜味分子与受体结合的位点 30
　　二、受体激活的分子机制 34
　　三、甜味受体异源二聚体 T1R2/T1R3 单体之间的协同作用 35
　第五节　几种重要的甜味受体 36
　　一、松鼠猴的甜味受体 36
　　二、猕猴的甜味受体 43
　　三、大熊猫的甜味受体 46
　参考文献 50

第五章　甜味受体的进化 53
　第一节　对阿斯巴甜感知的进化 53
　第二节　对甜味蛋白感知的进化 57
　第三节　鸟类从鲜味觉到甜味觉的进化 59
　第四节　甜味受体进化过程中的假基因现象 60
　参考文献 61

第六章　寡肽类甜味剂及其作用机制 63
　第一节　阿斯巴甜 63
　　一、阿斯巴甜及其特性 63
　　二、阿斯巴甜的应用 66
　　三、阿斯巴甜与受体的相互作用机制 67
　第二节　纽甜 69
　　一、纽甜的化学性质 70
　　二、纽甜的甜味性质 71

  三、纽甜的生产技术 ····· 71
  四、纽甜的安全性 ····· 72
 第三节 阿力甜 ····· 72
  一、阿力甜的性质 ····· 73
  二、阿力甜的生产制备 ····· 73
  三、阿力甜的安全性 ····· 74
  四、阿力甜的应用 ····· 74
 第四节 其他二肽甜味剂 ····· 75
 参考文献 ····· 76

第七章 甜味蛋白 ····· 77
 第一节 甜味蛋白的性质、结构及其评价方法 ····· 79
  一、甜味蛋白的甜味度 ····· 79
  二、甜味蛋白的结构 ····· 82
 第二节 莫内林（monellin） ····· 84
  一、monellin 的性质和结构 ····· 84
  二、monellin 与受体的相互作用机制 ····· 86
  三、monellin 的分子设计与改造 ····· 88
  四、monellin 的异源表达 ····· 98
 第三节 植物甜蛋白（brazzein） ····· 100
  一、brazzein 的性质和结构 ····· 100
  二、brazzein 与受体的相互作用机制 ····· 103
  三、brazzein 的分子设计与改造 ····· 106
  四、brazzein 的异源表达 ····· 109
 第四节 奇异果甜蛋白（thaumatin） ····· 111
  一、thaumatin 的性质和结构 ····· 111
  二、thaumatin 与受体的相互作用机制 ····· 114
  三、thaumatin 的分子设计与改造 ····· 116
  四、thaumatin 的复配效果 ····· 117
  五、thaumatin 的异源表达 ····· 118
 第五节 马槟榔蛋白（mabinlin） ····· 120
 第六节 仙茅蛋白（curculin） ····· 121
 第七节 奇异果蛋白（miraculin） ····· 127
 第八节 溶菌酶 ····· 130
  一、溶菌酶的分子结构 ····· 131

二、溶菌酶分子内赖氨酸残基的功能 132
　　三、溶菌酶与受体的相互作用机制 135
　　四、溶菌酶的重组表达 136
　第九节　甜味蛋白的热稳定性 138
　第十节　甜味蛋白的酶学性质 141
　　一、甜味蛋白酶活性测定的实验方法 142
　　二、甜味蛋白 thaumatin 和 monellin 的酶活性 143
　参考文献 145

第八章　甜味抑制剂与增强剂 151
　第一节　天然甜味抑制剂 151
　　一、匙羹藤来源的甜味抑制剂 151
　　二、三萜皂苷的作用机制 152
　　三、大枣来源的甜味抑制剂 154
　　四、枳橘来源的甜味抑制剂 154
　第二节　人工合成甜味抑制剂 155
　　一、lactisole 155
　　二、降甜剂 lactisole 的作用机制 156
　第三节　甜味增强剂及其作用机制 158
　　一、几种重要的甜味增强剂 158
　　二、甜味增强剂的作用机制 160
　参考文献 161

第九章　甜味觉与人类遗传 163
　第一节　影响甜味觉感知的遗传因素 163
　第二节　遗传差异对青少年饮食行为的影响 164
　第三节　味觉基因变异与饮酒习性的关系 165
　参考文献 166

第一章 味　　觉

第一节　味觉简介

　　味觉是指动物的口腔或味觉器官感受到外界味觉物质刺激而产生的一种感觉，是动物最基本、最重要的感觉功能。这种感觉功能依赖于动物的味觉感受神经系统，是动物摄取自然界中有利食物及排除不利物质的重要功能。动物利用它们特殊的味觉系统对外界环境中各种化学物质或营养成分进行识别，并做出相应的趋向性或是规避性行为。同时，动物利用味觉系统来寻找食物、调节食欲和逃避有害或恶劣的环境。因此，味觉对于动物个体的发育及动物种群的生存延续至关重要。目前已发现的味觉可分为甜（sweet）、苦（bitter）、酸（sour）、咸（salty）、鲜（umami）5种[1]。

　　动物感受味觉物质主要依靠舌头上的味蕾。人体的舌头上约有50万个味细胞，约50个味细胞组成1个味蕾。因此，一个成年人的味蕾数目大约是1万个。味蕾是舌头表面密集的许多小的突起，主要分布在舌头背面，尤其是舌尖、舌侧面。味蕾是由上皮细胞分化而成的，外面有一层盖细胞，里面是细长的味细胞。味细胞上有支配味蕾的感觉神经末梢，将味细胞感受到的刺激传递到大脑[2]。

　　不同物种，其口腔味蕾数量存在很大差异。例如，啮齿动物仅有1个味蕾，而有的哺乳动物可含有数个味蕾。动物在不同环境下进行长期进化的过程中，逐渐形成了适应外界自然条件的味觉系统。

　　已发现的味细胞主要有4种：Ⅰ型细胞为暗细胞，约占味细胞的60%。胞质顶端有30~40个微绒毛；Ⅱ型细胞为亮胞质细胞，微绒毛少，占味细胞的30%左右；Ⅲ型细胞约占味细胞的7%，形态似Ⅱ型细胞，但无微绒毛；Ⅳ型细胞位于味蕾基底部，称基底细胞，占味细胞的3%左右。

　　舌头上感觉不同味道的味蕾分布区域是不同的。通过对人类舌器官的形态和功能进行研究，发现舌尖部位对甜味较敏感，而舌的两侧后部区域对酸味较敏感，舌两侧前部感觉咸味的能力显著，而软腭和舌根部感觉苦味的能力强（图1.1）。这是由于不同区域味蕾的细胞种类、性质及分布密度等不同，形成的功能存在差异[3]。

　　虽然味蕾能够感受到甜、苦、酸、咸、鲜5种不同的味道，但实际上动物摄取的食物往往是由多种成分组成的混合物，即动物感受到的可能是多种味道

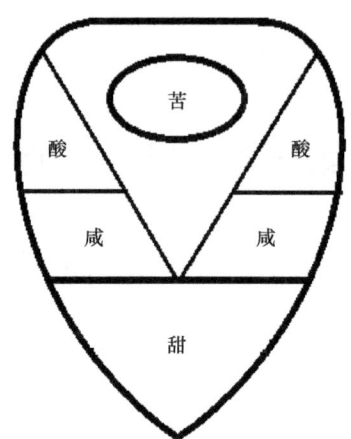

图 1.1 舌头上的味觉感觉区域
对负责鲜味的区域还无确切结论

的混合体。在这种情况下,需要不同类型的味细胞协同发挥作用,从而对外界营养物质做出相应的应激反应。各种味觉物质同时存在时,可能会彼此影响,一般呈减弱的趋势。

味觉的产生受多种因素的影响。例如,味觉化合物一般溶解于溶液中才能发挥其作用,因此唾液作为味觉化合物的天然溶剂,对味觉的形成具有重要作用。此外,温度、酸碱度等对味觉也具有重要影响,一般味觉感知的最适温度是10~40℃,其中30℃时最为敏感。同时,人的神经系统对各种味道的反应速度也有差别,其中对咸味物质的反应最快,其次是甜味物质,而对苦味物质的反应最慢。

第二节 味觉化合物

从自然界中发现的味觉化合物众多,根据其引起的味觉感知差异,可分为酸、甜、苦、咸、鲜5种。这些物质的结构、分子质量等性质或属性明显不同,因此引起不同的味觉感知反应。

一、酸味物质

酸味是舌头上味蕾受到氢离子刺激而引起的。因此凡是在溶液中能游离出氢离子的化合物都具酸味。酸味物质具有调节食物味道、中和碱性成分、杀菌消毒等功能。酸味是无机酸、有机酸及其酸性盐呈现的味道,在日常生活中最常见的酸味物质即我们常用的食醋,食醋酸味强度的高低主要由其所含乙酸量的多少所决定。酸味剂可以分为柠檬酸、酒石酸、苹果酸、苯甲酸、山梨酸、乳酸、乙酸、磷酸等。这些物质可单独或混合使用，用来调节食品的味道。目前，全世界在市场上常用的酸味剂有 20 多种，总产量约 100 万 t/年。其中，柠檬酸是食品工业中使用最为广泛的酸味剂。柠檬酸在饮料、糕点等领域应用广泛。柠檬酸可增加糕点的风味和抗氧化性，防止腐败，还可以有效地舒展小麦蛋白结构，改善其品质。苹果酸可应用于葡萄酒发酵过程。美国食品药品监督管理局（Food and Drug Administration，FDA）认为乳酸是安全的食品添加剂，在奶业、酒类行业中应用广泛。然而，酸味物质过度使用对人类健康有不利影响，应严格按照卫生质量标准或在医生指导下合理使用[4]。

二、甜味物质

目前已发现的甜味分子包括糖类、氨基酸类、糖醇类、人工合成甜味化合物及甜味蛋白等。糖类如葡萄糖、蔗糖、果糖、塔格糖等；氨基酸类如 D-色氨酸；糖醇类如山梨糖醇、甘露糖醇、麦芽糖醇、木糖醇等；目前研究较多的人工合成甜味化合物主要有甜蜜素（cyclamate）、安赛蜜（acesulfame）、三氯蔗糖（sucralose）、糖精（saccharin）、新橙皮苷二氢查耳酮（neohesperidin dihydrochalcone，NHDC）、阿斯巴甜（aspartame）及纽甜（neotame），其中阿斯巴甜和纽甜分别为蔗糖甜味度的约 200 倍和 8000 倍[5]。

甜味蛋白是一类从植物组织中提取的蛋白类生物大分子。目前研究较多的甜味蛋白有莫内林（monellin，又名应乐果蛋白）、奇异果甜蛋白（thaumatin）及植物甜蛋白（brazzein），最近又发现了两种新的甜味蛋白奇异果蛋白（miraculin）与 neoculin。相对于小分子甜味剂，它们大多具有大分子质量和复杂的空间结构及超高的甜味度，具有广阔的应用前景[6]。

三、苦味物质

苦味物质主要包括生物碱、萜类、苦味肽及糖苷类等。部分氨基酸、含氮有机物及无机盐也具有苦味。常见的苦味物质有柠碱、宜昌素、诺米林、茶多酚、黄柏酮等。作为食品添加剂的苦味成分具有抗氧化、预防癌症、降低心血管疾病风险等功效，可促进人类健康。在烹调某些菜肴时，略加一些含苦味的原料或调味品，可使菜肴具有香鲜爽口的特殊风味，刺激人们的食欲，但要特别注意其用量。

近年来，苦味抑制剂的研究日趋重要。美国 Linguagen 公司于 2003 年 4 月申请了世界上第一个苦味抑制剂的专利。这种腺苷酸类物质来源于人类乳汁，能明显地抑制苦味化合物的苦味觉，从而避免由苦味觉引起的不良反应。目前，20 多种苦味抑制剂已经进入市场，广泛应用于医药、食品等行业中。

苦味肽是一类结构多样的寡肽类物质，通常在食品发酵、熟化及蛋白质水解过程中产生。例如，在大豆汁、鱼酱、纳豆、奶酪中均发现了由蛋白酶介导的蛋白质水解产生的苦味肽。1952 年，Murray 和 Baker 首先在明胶与干酪素的水解过程中发现了苦味肽。虽然很多苦味肽对人类来说是"不友好"的味觉，但研究发现某些苦味肽具有生理调节功能，如一些动植物来源的蛋白质尤其是奶中的蛋白质是生物活性肽的来源[7,8]。

四、咸味物质

咸味是由氯化钠中的氯离子产生的，是盐类解离出的正负离子共同作用的结果，阳离子产生咸味，阴离子抑制咸味，并能产生副味。咸味物质一般为强电解质，它们能够完全在水中水解。我们日常生活中普遍食用的食盐的主要成分是氯化钠，国家规定井盐和矿盐的氯化钠含量不得低于 95%。除氯化钠外，常见的咸味物质还有甲酸钠、丙酸钠、苹果酸钠、葡萄糖酸钠、酪酸钠等，它们具有维持细胞外液的渗透压、参与调节体内的酸碱平衡、调节体内胃酸的生成等作用。因为咸味物质结构相对单一，目前关于咸味物质及其作用机制的研究相对较少[9]。

五、鲜味物质

1908 年，日本科学家 Ikeda 首先发现了鲜味物质，但直到近些年鲜味觉才被广泛接受为一种不同于其他 4 种味觉的新味觉。鲜味物质可以分为氨基酸类、核苷酸类及有机酸类。最典型的鲜味物质是日常生活中普遍食用的味精，其主要成分是谷氨酸钠，是所有氨基酸中鲜味最强的。鸡精里的鲜味成分仍然主要是谷氨酸钠，但比味精多一些呈味核苷酸。其他如琥珀酸二钠、肌苷一磷酸等也具有一定的鲜味。鲜味物质最显著的特点是与其他物质具有协同效应。例如，作为主要鲜味物质的氨基酸与核苷酸、有机酸及无机离子混合后，其鲜味明显得到增强[10]。

六、味觉物质之间的联系及相互作用

化学家发现，甜味物质和苦味物质在立体结构上存在一定的相似性。例如，甲基α-D-吡喃甘露糖同时表现出甜味和苦味两种味道。另外，人们将甜味物质和苦味物质混合后，发现甜味物质能减轻苦味。自然界中广泛存在的各种调味剂也说明了这一点。例如，朝鲜蓟（*Cynara scolymus*）能使水产生甜味，神秘果（*Bumelia dulcifica*）将甜味和苦味转化为酸味，个别甜味不健全者对部分甜味剂能感受到苦味、咸味和酸味，而有些苦味不健全者对多硝基苦味物质能感受到酸味和甜味[7,9]。

这些复杂的相互作用目前难以用已知的科学理论知识来解释，等待着科研工作者去不断研究探索。

参 考 文 献

[1] Baldwin M W, Toda Y, Nakagita T, et al. Sensory biology. Evolution of sweet taste perception in hummingbirds by transformation of the ancestral umami receptor. Science, 2014, (345): 929-933.
[2] Kim U K, Breslin P A, Reed D, et al. Genetics of human taste perception. J Dent Res, 2004, (83): 448-453.
[3] Oka Y. Opening a "Wide" window onto taste signal transmission. Neuron, 2018, (98): 456-458.
[4] Kikut-Ligaj D, Trzcielińska-Lorych J. How taste works: cells, receptors and gustatory perception. Cell Mol Biol Lett, 2015, (5): 699-716.
[5] Burgert S L. Aspartame-a new low-calorie sweetener. Iowa Med, 1984, (74): 215-217.
[6] Kant R. Sweet proteins-potential replacement for artificial low calorie sweeteners. Nutr J, 2005, (4): 5.
[7] 郑建仙. 高效甜味剂. 北京: 中国轻工业出版社, 2009.
[8] 胡国华. 功能性高倍甜味剂. 北京: 化学工业出版社, 2008.
[9] Martin S, Pangborn R M. Taste interaction of ethyl alcohol with sweet, salty, sour and bitter compounds. J Sci Food Agric, 1970, (12): 653-655.
[10] Zhang F, Klebansky B, Fine R M, et al. Molecular mechanism for the umami taste synergism. Proc Natl Acad Sci USA, 2008, (52): 20930-20934.

第二章 甜味化合物与人类健康

自 20 世纪 80 年代以来，肥胖症等由过分消耗糖类引起的疾病开始在美国等国家流行。肥胖症容易引起其他一些慢性疾病，如 2 型糖尿病、非酒精性脂肪肝、高血压及心血管疾病，给人类健康带来许多不利影响。过分消耗糖类，尤其是含糖饮料的过分使用是导致上述疾病的主要因素[1]。

基于以上原因，非营养型甜味剂（主要指相对于蔗糖而言，可产生低热量的部分天然甜味剂和人工合成甜味剂，详见第三章）因为可产生极少的能量，逐渐在甜味剂市场占有越来越大的份额。但是，人们对这些非营养型甜味剂对人类健康及食品选择等方面的影响缺乏足够的了解，导致对这些非营养型甜味剂的使用缺乏统一的指导方针，尤其是对于儿童。此外，还有许多消费者对这些非营养型甜味剂的安全性持怀疑态度。因此，很有必要利用生理学、临床与行为科学、流行病学、人类学、感官科学及社会心理学等多学科的技术，对这些非营养型甜味剂对人类健康的影响开展全面深入的研究，为科学、合理有效地使用这些非营养型甜味剂提供指导[2]。

虽然一些非营养型甜味剂在自然界中天然存在，如甜菊苷，但大部分为人工合成甜味剂。目前，已有 6 种非营养型甜味剂批准在市场上广泛使用：阿斯巴甜、安赛蜜、纽甜、糖精、甜菊苷与三氯蔗糖。这 6 种非营养型甜味剂的名称、发现时间、每天适宜摄入量（acceptable daily intake，ADI）及甜味度如表 2.1 所示。

表 2.1 常用的非营养型甜味剂

中文名称	英文名称	发现时间	每天适宜摄入量/（mg/kg 体重）	相对于蔗糖的甜味度/倍
安赛蜜	acesulfame	1967 年	15	200
阿斯巴甜	aspartame	1981 年	50	160～220
纽甜	neotame	1965 年	2	7 000～13 000
糖精	saccharin	1878 年	5	300
甜菊苷	stevioside	未知	5	300
三氯蔗糖	sucralose	1976 年	5	600

第一节 非营养型甜味剂的使用策略

最初，对于非营养型甜味剂的使用缺乏统一有效的指导方针。例如，2010 年由美国农业部发布的饮食指导手册中没有关于非营养型甜味剂的详细使用说明。2009年，美国营养与饮食学会声明非营养型甜味剂在一定的允许剂量下，即ADI下对消费者是安全可靠的。然而，美国国家科学院医学研究所（Institute of Medicine，IOM）并不支持这些非营养型甜味剂在儿童中使用，因为需要更多的实验研究来确定这些非营养型甜味剂是否会对儿童的体重产生影响。他们同样指出，如果从儿童时期就长期食用这些非营养型甜味剂会对健康造成不良影响[3]。

对于每一种非营养型甜味剂，美国FDA都规定了ADI，以每千克体重所适宜消耗的某种甜味剂的毫克数来表示。每种非营养型甜味剂的ADI值一般比在动物实验中能导致毒性的剂量低100倍，而且该剂量被认为可长期服用。美国FDA还建立了针对每一种非营养型甜味剂的估算每天摄入量（estimated daily intake，EDI），并规定该值必须低于ADI值。基于此，阿斯巴甜、安赛蜜、纽甜和糖精被认为是安全的食品添加剂（food additive），而甜菊苷被认为是一种饮食补充品（dietary supplement）。食品添加剂在使用前需经过美国FDA的安全性评价，而饮食补充品仅在出现产生不良影响的报道后才会被监管。因此，食品生产商对饮食补充品的安全性负主要责任。由于食品管理部门一般不需要所有的食品生产商报告非营养型甜味剂在食物中的具体添加量，因此对它们在各种食品中的含量进行精确定量有时十分困难。此外，因为大部分饮食数据来源于消费者的自我报告，对个体在日常生活中饮食的非营养型甜味剂的具体含量进行测定也具有较大困难[4,5]。

第二节　甜味觉与生理代谢

非营养型甜味剂所产生的不良反应，如增重、引起代谢综合征及心血管功能紊乱等疾病已被报道。例如，某些生理学研究结果指出非营养型甜味剂的使用与体重的增加具有一定关联。但是，也有一些报道指出服用这些非营养型甜味剂可带来一些微妙的有利影响，如防止体重下降或过分增加等。因此，对于非营养型甜味剂对体重的影响还需进一步的实验研究。值得注意的是，某些体重超重或者难以控制体重的人群正在逐渐通过服用这些非营养型甜味剂来减少体重。还有报道指出非营养型甜味剂的服用可导致服用甜味剂造成高热量的因果效应逐渐消失，从而改变人们的饮食习惯。另一个生理学上的解释是，服用非营养型甜味剂可导致肠道激素水平改变，从而减轻人们"饱"的感觉，进而提高人们的饮食量。动物实验也表明，喂食三氯蔗糖后，可导致肠道葡萄糖吸收量的增加[6]。此外，最近还有报道指出非营养型甜味剂的服用可导致肠道内微生物群落种类改变，从而改变人们的饮食水平。

近年来的研究发现，甜味受体不仅在口腔味蕾中发挥甜味觉感知功能，而且在肠道和胰腺中也存在。在肠道的内分泌细胞中发现了营养型的 G 蛋白偶联受体（G-protein coupled receptor，GPCR），其能对苦味、鲜味及甜味产生应激反应。这些受体可被结构多样的甜味化合物所激活，包括葡萄糖、蔗糖、安赛蜜、三氯蔗糖、甜味蛋白及氨基酸等。这些存在于肠道内的甜味受体被认为参与调节胰岛素的分泌及血液中葡萄糖的水平。利用甜味受体特异性抑制剂，甜味受体影响促葡萄糖分泌激素的功能已被实验证实[7]。

除了对肠道内生理状况存在潜在调节作用外，非营养型甜味剂对大脑内神经刺激反应也具有一定的影响。例如，糖类可刺激内源性阿片肽、脑内啡及多巴胺从脑内释放，而非营养型甜味剂可诱发这些由糖类物质带来的味觉奖赏反应。但是，服用非营养型甜味剂也可能导致对甜味物质过分依赖，从而给人体健康带来不利影响[8,9]。

第三节　甜味觉偏好性对人类饮食习惯的影响

味觉反应是一个人食用特定食物或饮料时的重要感官反应，并受环境及遗传因素影响。人们对甜味化合物具有内在固有的偏好性，而对苦味化合物具有排斥反应。甜味化合物对于婴幼儿具有一定的止痛效果，并可导致类似于服用可卡因的成瘾效应。这种对甜味物质的偏好性及对苦味物质的排斥性有助于人类在进化过程中选择性地摄取营养成分及避免有毒物质，形成有利于生存的生活习性。

近年来，许多研究报道指出不同个体对甜味觉的感知存在差异。对甜味觉的感知差异性可在儿童时期表现出来，并在成年后保持，并且不同个体之间的差异性可能很大。这种甜味觉偏好性也受个体的味觉体验经历所影响。例如，那些肥胖症患者往往对甜味化合物具有更强烈的喜好。对于这种体重增加与甜味觉偏好性增强相关性的一种解释是，在这些体重较大的个体中，等质量的甜味化合物的分布密度与体重较小者相比较小，为达到同样的甜味效果，需服用更多量的甜味化合物[10]。有趣的是，对甜味化合物有强烈的敏感性在一些术后胃（postoperative gastric）患者中特别明显，以至于他们的甜味阈值很低，并且对甜味的反应也较明显。但是，不是所有的病例都呈现出这种偏好性。有少数报道还指出，甜味觉偏好性与饮食和体重之间的关联在不同种族人群及性别中也有差异[11]。

除了上述提及的生理与遗传因素对甜味觉偏好性有影响外，社会心理学因素对甜味食物的选择也有重要的作用。虽然味觉的选择即对甜味与苦味的不同反应是天然形成的，但后期的体验或训练对味觉偏好性的形成也具有重要影响。例如，在儿童时期，父母或者家庭其他成员可影响婴幼儿饮食习惯的形成。父母可帮助婴幼儿养成健康的饮食习惯，并鼓励他们自己在生活中学习合理健康的饮食方式[12]。

参 考 文 献

[1] Roberts J. Oral health and nutrition: aspartame and other materials. Br Dent J, 2015, (219): 3.
[2] Williams C L, Strobino B A, Brotanek J. Weight control among obese adolescents: a pilot study. Int J Food Sci Nutr, 2007, (3): 217-230.
[3] Guthrie J F, Morton J F. Food sources of added sweeteners in the diets of Americans. Journal of the American Dietetic Association, 2000, (1): 43-51.
[4] Bellisle F, Drewnowski A. Intense sweeteners, energy intake and the control of body weight. Eur J Clin Nutr, 2007, (6): 691-700.
[5] Ebbeling C B, Feldman H A, Chomitz V R, et al. A randomized trial of sugar-sweetened beverages and adolescent body weight. The New England Journal of Medicine, 2012, (15): 1407-1416.
[6] Rodin J. Comparative effects of fructose, aspartame, glucose, and water preloads on calorie and macronutrient intake. Am J Clin Nutr, 1990, (51): 428-435.
[7] Carlson H E, Shah J H. Aspartame and its constituent amino acids: effects on prolactin, cortisol, growth hormone, insulin, and glucose in normal humans. Am J Clin Nutr, 1989, (49): 427-432.
[8] Finamor I A, Ourique G M, Pes T S, et al. The protective effect of N-acetylcysteine on oxidative stress in the brain caused by the long-term intake of aspartame by rats. Neurochem Res, 2014, (39): 1681-1690.
[9] Beck B, Burlet A, Max J P, et al. Effects of long-term ingestion of aspartame on hypothalamic neuropeptide Y, plasma leptin and body weight gain and composition. Physiol Behav, 2002, (75): 41-47.
[10] Blackburn G L, Kanders B S, Lavin P T, et al. The effect of aspartame as part of a multidisciplinary weight-control program on short-and long-term control of body weight. Am J Clin Nutr, 1997, (65): 409-418.
[11] Sylvetsky A, Rother K I, Brown R. Artificial sweetener use among children: epidemiology, recommendations, metabolic outcomes, and future directions. Pediatr Clin North Am, 2011, (6): 1467-1480.
[12] Scaglioni S, Salvioni M, Galimberti C. Influence of parental attitudes in the development of children eating behaviour. Br J Nutr, 2008, (1): S22-S25.

第三章 甜味化合物

甜味化合物是指赋予或增进食品甜味的添加剂,是本身具有甜味并且营养价值较高的一类物质。通常甜味剂按其性质与特点可分为天然甜味化合物(如糖类、糖苷、甘草甜素、甜味蛋白、二氢查耳酮等)和人工合成甜味化合物(如磺胺类甜味剂、二肽类甜味剂)。国内外经常使用的甜味剂约有 20 种,已成为世界上消费量最大的一类食品添加剂,我国已批准使用的约 15 种,主要用于冷饮、饮料、配制酒、糕点、面包、饼干、蜜饯等十几类食品中,在食品工业中应用广泛。

随着有机化学的发展,人工合成的甜味剂逐渐占据了主导地位,北美洲和西欧的大多数国家都在使用一些人工合成的高甜味度甜味物质,最常用的有糖精、天冬氨酰苯丙酸甲酯、环己烷氨基磺酸等几种。后来由于部分人工合成甜味剂如环己烷氨基磺酸等被怀疑有致癌性,美、英等国先后明令禁止使用部分人工合成甜味剂。目前,天然甜味剂和人工合成高甜味度甜味剂因具有不同的性质与优势,在市场上均有广泛使用[1]。

第一节 天然甜味化合物

一、蔗糖

蔗糖普遍存在于植物的叶、花、茎、种子及果实中,在甘蔗、甜菜及水果中含量尤为丰富。蔗糖味甜,是广泛使用的甜味调味品。

蔗糖由一分子葡萄糖和一分子果糖脱水缩合形成,是一种非还原性二糖,易溶于水,其分子式为 $C_{12}H_{22}O_{11}$,相对分子质量为 342.3,其分子结构式如图 3.1 所示。蔗糖是植物中糖类物质的主要储存形式。自人类开始有生产活动以来,蔗糖就普遍存在于人类的日常生活中,是目前人们使用的最基本甜味添加剂。由于蔗糖具有纯正的甜味及溶解度、稳定性较好等,目前人们在确定其他甜味剂的甜味时,一般采用与蔗糖的甜味度相比较来确定其甜味度(为蔗糖的倍数)的方法。

二、果糖

果糖是葡萄糖的同分异构体,它以游离状态大量存在于水果浆汁和蜂蜜中,其分子结构式如图 3.2 所示。与葡萄糖具有微弱的甜味不同,果糖具有明显的甜味,是目前发现的甜味度最高的单糖。果糖具有口感好、天然无毒、甜味度高、升糖指数低等优点。果糖具有很好的甜味协同效能,可同其他甜味剂混合搭配使用。

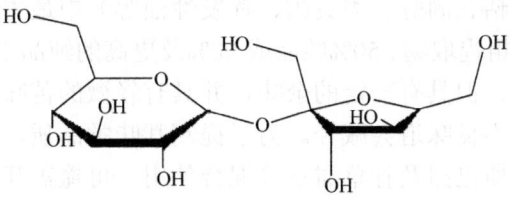

图 3.1 蔗糖的分子结构式

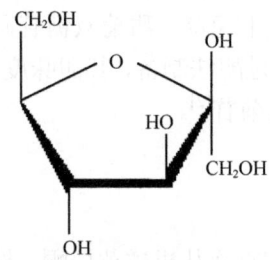

图 3.2 果糖的分子结构式

三、甜菊苷

甜菊苷(stevioside)是从菊科草本植物(*Stevia rebaudianum*,该植物在我国称为甜叶菊)中提取的一种甜味化合物,它是 *S. rebaudianum* 的主要甜味成分,又称斯替维苷,是一种双萜配糖体,其分子结构式如图 3.3 所示。它热稳定性好,甜味纯正,与蔗糖具有相似的口感。目前,其仅在中国、巴西、日本等少数国家批准使用。甜菊苷是甜味剂甜味功能检测中普遍使用的参照甜味化合物。

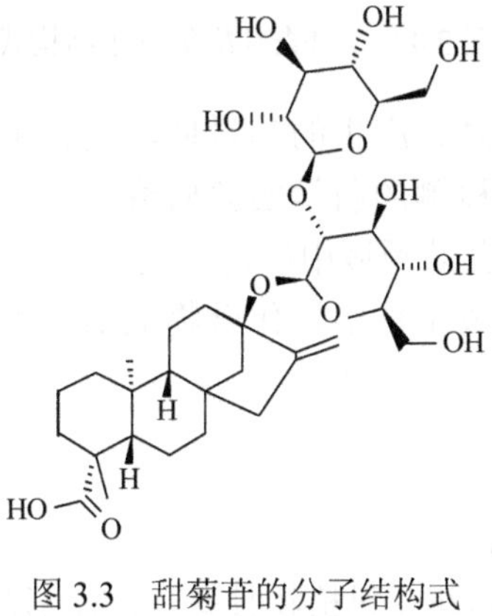

图 3.3 甜菊苷的分子结构式

1931 年，科学家首次从甜叶菊中分离出甜菊苷，经过不断努力，确定其分子结构是由 3 个葡萄糖分子和 1 个甜叶菊醇组成的糖苷。甜菊苷是甜叶菊所含众多化学成分（双萜、固醇、类黄酮、挥发性油等）中最主要的一种。目前常见的甜菊苷主要以粗提取物、50%纯品或 90%及更高的纯品三种形式存在。甜菊苷甜味类似于蔗糖，但具有一定的余味，并具有轻微的苦味和涩味，但随着其纯度的提高，上述不良味道会减轻。为了提高其味觉品质，人们将甜菊苷和甜蜜素、安赛蜜、阿斯巴甜及甘草甜素等混合使用，可掩盖其不良味道，并有协同增效的效果。

甜菊双糖苷（steviolbioside）与甜菊苷具有类似的结构，易溶于甲醇、乙醇、水，微溶于乙酸乙酯，在室温下稳定。甜菊双糖苷同甜菊苷一样，可以从植物叶片中提取，也可以由甜菊苷通过酶法制备，其甜味度可以达到蔗糖的 200 倍左右。甜菊双糖苷的甜味品质优于甜菊苷[2]。

四、二氢查耳酮

20 世纪四五十年代，人们首次从柑橘黄烷酮、柚苷和新橙皮苷中获得具有甜味的二氢查耳酮（dihydrochalcone，DHC）。二氢查耳酮的甜味成分主要是根皮苷（phlorizio-1，其 R1、R2、R3 分别为 OH、β-D-葡萄糖和 H 基团）、三叶苷（trilobation-2，其 R1、R2、R3 分别为 β-D-葡萄糖、OH 和 H 基团）和 3-羟基根皮苷（3-hydroxyphlorizin，其 R1、R2、R3 分别为 OH、β-D-葡萄糖和 OH 基团），其分子结构式如图 3.4 所示。

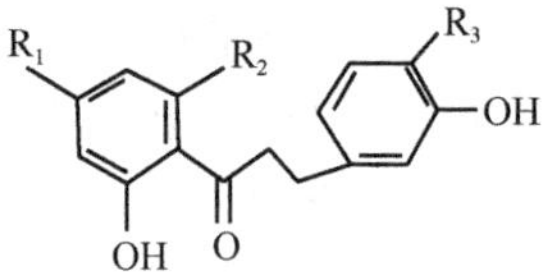

图 3.4　二氢查耳酮的分子结构式

二氢查耳酮的甜味度高、产生的热量低，适合于糖尿病、高血压和肥胖症患者使用。在甜味剂功能检测的科学实验研究中，二氢查耳酮也是普遍使用的参照甜味化合物。其除在食品领域中广泛使用外，还可应用于医药行业。目前，为了优化其性质，人们合成了许多该化合物的衍生物，并已广泛应用于食品工业中[2]。

五、甘草甜素

甘草甜素是从豆科蝶形花亚科植物甘草（*Glycyrrhiza uralensis*）中提取的一

种高甜味度甜味剂，其化学结构式如图 3.5 所示。甘草甜素已被广泛用于医药、食品、化妆品等行业，其分子内呈现甜味的主要成分是甘草酸盐，如甘草酸单钾的甜味度为蔗糖的 500 倍左右。目前，甘草的种植面积逐步扩大，从中提取甘草甜素的产业逐渐发展起来。

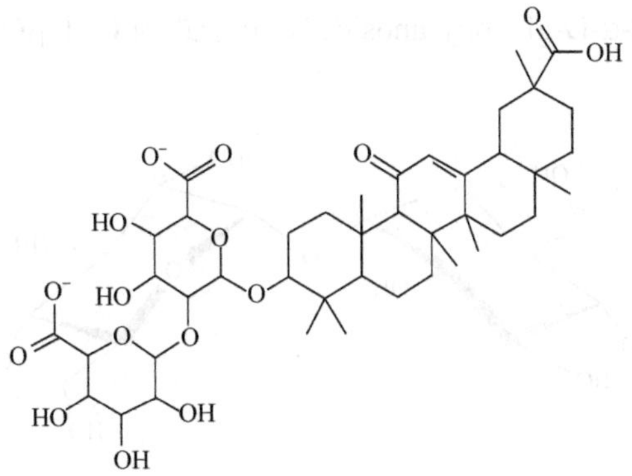

图 3.5 甘草甜素的分子结构式

甘草甜素可应用于饮料、糖果、冰淇淋、点心、大豆蛋白、肉制品等食品中。甘草甜素具有非特异性免疫调节作用，其主要是增强细胞的免疫作用，选择性地增强辅助性 T 淋巴细胞的增殖能力和活性。

甘草甜素还具有很好的药用价值，如我国中医认为其具有保肝解毒的功效。此外，甘草甜素在治疗胃溃疡、口腔溃疡、十二指肠溃疡，防止病毒感染，消炎等方面也具有一定的疗效。甘草甜素还具有类皮质激素的作用，具有保持血压、维持血糖水平、增强免疫力等作用。以上功效均已经过大量的细胞学与生理学实验证明。此外，利用甘草甜素对口腔内细菌有抑制作用的特点，可用其来防止牙斑形成和预防龋齿[3]。

六、罗汉果苷

罗汉果苷来源于生长在我国广西的葫芦科草本藤蔓植物罗汉果（*Siraitia grosvenorii*），其甜味成分为三萜类糖苷 mogroside IV 和 V。mogroside V 是罗汉果苷的主要成分，其甜味度是蔗糖的 256 倍，但具有一定的余味及苦后味。该天然甜味化合物具有悠久的食用历史，其来源罗汉果作为一种重要的水果已经在世界上多个国家如中国、泰国、马来西亚、日本等大量销售。初步的毒理学实验证明了罗汉果苷作为甜味剂使用的安全性。因此，该甜味化合物具有很大的应用潜力和价值，值得进一步产业化开发[2]。

七、海藻糖

海藻糖是一种十分安全的非还原性糖,是由 2 个吡喃型葡萄糖单体通过 1,1 糖苷键连接而成的二糖,化学名称为 α-D-吡喃葡糖基-α-D-吡喃葡糖苷(α-D-glucopyranosyl-α-D-glucopyranoside),分子式为 $C_{12}H_{11}O_{22} \cdot 2H_2O$,其分子结构式如图 3.6 所示。

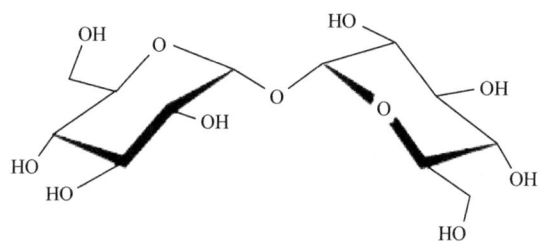

图 3.6 海藻糖的分子结构式

海藻糖在许多动植物与微生物体内广泛存在,如蘑菇、大豆、海藻、啤酒、酵母等。19 世纪,威格斯第一次从黑麦麦角菌中纯化得到海藻糖。随后的研究表明,海藻糖对多种生物活性物质具有非特异性保护作用。它于高温、高寒、高渗透压及干燥失水等恶劣环境条件下能在细胞表面形成独特的保护膜,有效地避免蛋白质分子变性失活,从而维持生命体的生命过程和生物特征。因此,海藻糖被称为"生命之糖"。具体来说,海藻糖具有以下特点。

1. 甜味度

海藻糖是一种甜味柔和的糖类,不像蔗糖甜味过于强烈,其甜味度不及蔗糖的一半,并具有某些蔗糖不具备的品质,如与某些甜味剂混合使用,可提升食品素材中特有的味感。

2. 耐热性及耐酸性

海藻糖具有很强的稳定性,是天然二糖中最稳定的糖类。它在高温或强酸条件下加热半个小时也不会发生颜色变化及分解。海藻糖是一种非还原性糖,在与其他物质一起混合使用时,即使高温条件也不会导致其产生颜色变化。因此,海藻糖的抗热、抗酸性对于一些需要加热或者高温保存的产品具有十分有利的应用价值。

3. 溶解性及结晶性

海藻糖的溶解性随温度改变会发生明显变化,其结晶性能良好并易于结晶,易溶于水、热乙醇、乙酸，不溶于乙醚、丙酮。低温条件下海藻糖在水中的溶解度比砂糖低，与麦芽糖类似。

4. 吸湿性和保水性

糖类物质一般都具有一定的吸湿性，但各种糖分子吸收水分的能力有所不同。糖分子可以与水分子通过各种作用力相互结合，从而保持住水分。因此，当水分吸收能力有差别的两种物质结合时，具有强保湿性的分子，会将弱保水性分子中的水分吸收。具有强吸湿性的糖类，可将潮湿气体当中的水分子较轻易吸走。物质这种吸收水分的特性，在食品加工如点心生产中经常用到。因此，具有吸水特性的糖类物质是一种理想的"保湿剂"。例如，在食品工业中，某些物质不能吸收水分，但加入一定量的糖分后，则混合物就会变得非常容易吸收水分。二水结晶海藻糖在相对湿度92%以下无吸湿性，而无水海藻糖在相对湿度30%以上有吸湿性。这种独特的水亲和性质使海藻糖既具有低吸湿性，又具有高保水性，因此在食品加工与储存行业中有很大的应用价值。

5. 玻璃化相变温度

海藻糖具有很高的玻璃化相变温度，可以达到115℃。因此，基于其这种特性及其他优良特点，可将海藻糖加工成高效的蛋白质保护剂或干燥剂。例如，我国学者曾报道在罗非鱼鱼片冷藏过程中添加海藻糖后，对阻止鱼片中蛋白质变性有很显著的效果，并且能够提高鱼片的品质。此外，海藻糖还具有防止淀粉老化、稳定细胞组织结构及保鲜等功能，因此在食品加工业中有广泛的应用范围。例如，海藻糖在食品当中可作为保鲜剂使用。利用海藻糖的强稳定性，如不易发生焦糖化反应等，可将其作为一种有效的甜味剂加入食品中。此外，有报道称海藻糖还可抑制脂肪及不饱和脂肪酸的酸败。另外，海藻糖可作为一种生物反应保护剂来应用。例如，海藻糖能够在医院精子库保存精子方面发挥一定的冷冻保护作用。实验证明，在比较几种糖成分在猪精液冷藏过程当中所发挥的作用时，海藻糖的保护效果明显优于其他几种糖成分[4]。

八、其他糖类甜味剂

除了蔗糖和果糖两种普遍使用的天然甜味剂外，自然界还存在葡萄糖、麦芽糖、乳糖、木糖等其他种类天然甜味剂。它们大多具有口感风味好、天然安全等特点，广泛应用于食品工业中。

麦芽糖是由两个D-葡萄糖分子通过α构型的1,4糖苷键连接起来的二糖（图3.7），具有还原性，是淀粉、糖原、糊精等大分子多糖类物质在β-淀粉酶催化下产生的主要水解产物，再经麦芽糖酶催化，则被水解成两个 D-葡萄糖分子。麦芽糖多由米、大麦等粮食经发酵而产生。属二糖类，白色针状结晶，易溶于水，虽甜味度不高，只有蔗糖甜度的约 1/3，但能明显改善食物的色泽和味道。

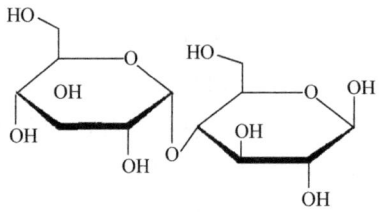

图 3.7　麦芽糖的分子结构式

乳糖在自然界中仅存在于哺乳动物的乳汁中，是乳汁特有的成分，由一分子 β-D-半乳糖和一分子 α-D-葡萄糖经 β-1,4 糖苷键相连而成（图 3.8）。乳糖具有较高的营养价值，清爽，无后甜味，能够促进钙的吸收，其主要功能是为人体供给热量，促进儿童和成人的生长发育、新陈代谢、组织合成。

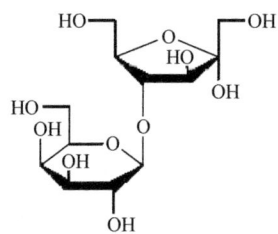

图 3.8　乳糖的分子结构式

第二节　人工合成甜味化合物

一、糖醇类

虽然糖醇类物质最初发现于植物韧皮部的汁液中，但目前市场上普遍使用的糖醇类甜味化合物多为人工合成，属于营养型合成甜味剂。主要种类有山梨糖醇、麦芽糖醇、异麦芽糖醇、木糖醇、乳糖醇、赤藓糖醇、甘露糖醇等。它们与糖类甜味剂相比最明显的特征是具有多个羟基。其甜味度大多低于蔗糖，但它们特殊的多羟基结构使其能够较好地与溶剂结合，增强疏水性能，保持食物湿度，控制食物的结晶与组织结构，是典型的功能性食品添加剂。

糖醇类在大剂量服用时，一般都具有缓泻作用，故美国等国家规定，添加糖醇类的食品的标签上要标明日均使用限量。个别糖醇食用过多时，可致腹胀等不适反应，如麦芽糖醇。

二、糖精

糖精（saccharin）发现于 1878 年，即邻苯甲酰磺酰亚胺，是一种非营养型人工合成甜味剂，相对分子质量为 183.184，其分子结构式如图 3.9 所示。为增加其水溶性，目前市场上销售的糖精一般为其钠盐、钙盐等。糖精的甜味度为蔗糖的 300～500 倍，但糖精食用后，会有轻微的苦味或余味。因此，生产上常用其他甜味剂如甜蜜素等与糖精混合以掩盖其不良味道。

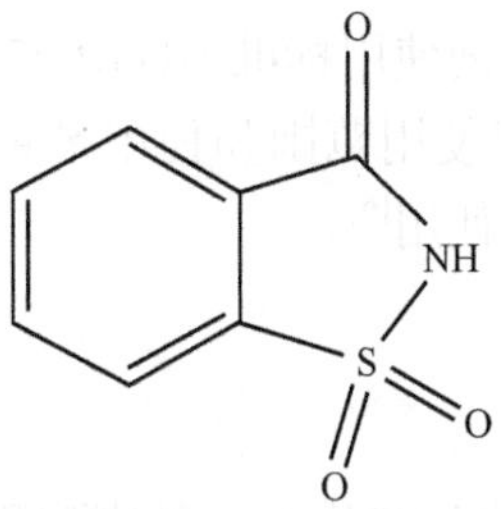

图 3.9　糖精的分子结构式

糖精的制备原料多为石油化工产品，因此其生产过程对环境有一定的影响。因为其是有机化工合成产品，所以对人体没有营养价值，摄入过量还会对人体造成一定的危害。因此，西方一些发达国家都严格控制糖精的使用。动物实验研究发现，一定量的糖精可使动物得癌的概率大大提高。但是，由于具有价格比较便宜、性质相对稳定及不含糖类、不产生热量而不致人发胖等优点，其在市场上尤其是在我国甜味剂行业仍占有很大的份额。因此，在日常生活中，我们应该适量使用糖精，以免对健康造成危害[5]。

三、甜蜜素

甜蜜素（cyclamate）学名为环己基氨基磺酸钠，其分子式为 $C_6H_{11}NHSO_3Na$，相对分子质量为 179.24，是一种非营养型人工合成甜味剂，其分子结构式如图 3.10 所示。甜蜜素的发现和市场销售最初在美国，其甜味度约为蔗糖的 30 倍。甜蜜素风味良好，不带异味，稳定性及可溶性好，因此可与糖精等其他甜味剂混合使用，从而优化味觉口感。实验表明，其与阿斯巴甜等其他甜味剂混合搭配使用后，有明显的甜味协同效应，使甜味显著增强，因此是一种很好的风味增强剂。例如，甜蜜素已广泛应用于饮料、糖果、调味料、糕点、果酱等食品中。

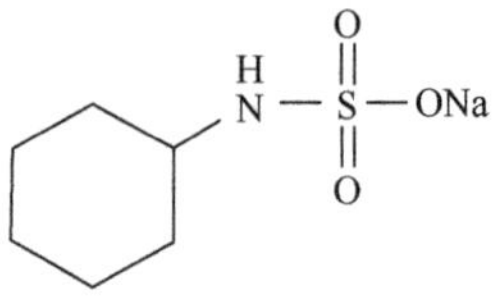

图 3.10　甜蜜素（钠盐）的分子结构式

虽然甜蜜素具有上述优势，但同糖精、阿斯巴甜一样，关于其安全性的争议一直存在。例如，1949 年甜蜜素在美国市场上开始销售，美国 Abbott 实验室于 1969 年检测到了甜蜜素可诱发白鼠膀胱癌的现象，随即美国 FDA 于 1970 年全面禁止甜蜜素的使用。即使这样，世界上许多国家仍将甜蜜素作为一种有效的甜味剂大量使用。我国《食品添加剂使用标准》（GB 2760—2014）规定，甜蜜素可以作为甜味剂使用，但规定了其使用范围和使用剂量。目前，包括我国在内的 55 个国家或地区已批准甜蜜素的使用[6]。

四、安赛蜜

安赛蜜（acesulfame）的化学名称为乙酰磺胺酸钾，又称 AK 糖，易溶于水，化学分子式为 $C_4H_4KNO_4S$，其相对分子质量为 201.2422，是一种人工合成甜味剂，其分子结构式如图 3.11 所示。安赛蜜具有强烈的甜味，稳定性好，其甜味度约为蔗糖的 130 倍。作为人工合成甜味剂，安赛蜜的安全性也一度存在争议。但目前，包括美国 FDA 在内的许多机构已批准安赛蜜的使用。目前，包括我国在内的 100 多个国家允许安赛蜜在食品工业中应用。

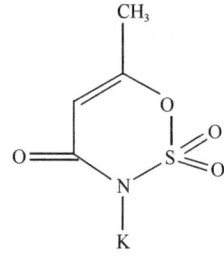

图 3.11　安赛蜜的分子结构式

五、三氯蔗糖

三氯蔗糖（sucralose）是以蔗糖为基础原料，通过化学方法合成的一种高效甜味剂。1976 年，其由英国泰莱公司（Tate & Lyie）与伦敦大学共同研制成功，并申请了相应专利。三氯蔗糖的结构是在蔗糖结构的基础上加入 3 个氯原子，其

分子式为 $C_{12}H_{19}Cl_3O_8$，相对分子质量为 397.64，其分子结构式如图 3.12 所示。

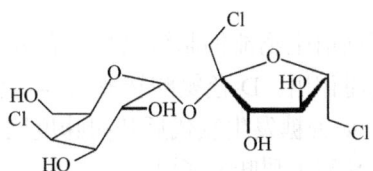

图 3.12　三氯蔗糖的分子结构式

三氯蔗糖的甜味纯正，其甜味度约为蔗糖的 600 倍，且没有任何苦味。经过长时间的毒理实验证明，三氯蔗糖安全性极高，是目前最好的甜味剂之一，现已有中国、美国、加拿大、澳大利亚、俄罗斯等 30 多个国家批准使用。由于其价格相对于其他甜味剂较低，因此，三氯蔗糖市场占有量很大，已广泛应用于食品、医药等行业中[7]。

三氯蔗糖是一种白色结晶粉末，对光、热、酸、碱等外界条件相对较不敏感，易溶于水与有机溶剂，是人类迄今研发的较为成功的新一代甜味剂产品。尤其是三氯蔗糖在人体内几乎不被吸收，因此服用三氯蔗糖产生的热量极小，非常适合糖尿病、肥胖症及心血管疾病患者服用。此外，经过多年的毒理及安全性实验证明，三氯蔗糖没有致癌、致畸、神经毒性和抑制生育的作用，是一种安全可靠的甜味剂产品。三氯蔗糖的 ADI 值为 15mg/kg 体重。

六、蔗糖的其他衍生物

蔗糖因为原材料种植面积大、价格低廉、产量大等特点，是应用最广泛的天然甜味剂。由于蔗糖的分子结构上具有 8 个羟基和糖苷键，可与其他化合物或与自身发生氧化还原、分解、取代、酯化、缩合、降解等一些化学反应，制成蔗糖的各种衍生物产品。对蔗糖进行改性，不仅保留了其本身甜味度高等优点，而且可以改善其热量高、致龋性等缺点，使蔗糖的功能更加多样化，拓展了其在食品领域的应用范围。同时，蔗糖分子的改性产品即衍生物往往具有某些特殊的功能，产品附加值高，越来越受到科研工作者和食品工作者的重视。

科学家能够通过化学的方法，去除、改变和替代蔗糖分子中的数个羟基，制成分别包含 0～7 个游离羟基的酯类衍生物。理论上，可以生成 1 种单羟基取代酯、1 种辛酯、28 种二酯和 56 种三酯。通过对这些酯类分子甜味度评价，人们发现其甜味度相比蔗糖都明显下降，其中 6-单取代乙酸酯仅具有微弱的甜味，6-O-苯甲酸、6-磷酸酯、6,6'-二酯、1',6'-二酯均没有甜味，辛乙酸酯具有苦味和变性剂的性质。以上结果说明，C-6、C-6'、C-1'上的原子基团对蔗糖的甜味至关重要。因此，这些基团可能是蔗糖分子与甜味受体相互作用的结合位点。从结构上考虑，C-6 基团的大小可能是决定分子是否有甜味的关键因素。例如，具有较大 C-6 基团的 6-O-苯甲酰酯没有甜味。

有研究指出，某些蔗糖衍生物能抑制转化酶或者α-葡萄糖酶的水解活性，从而抑制了人体对蔗糖的代谢作用。D-色氨酸转变成 6-氯代衍生物，其甜味度增加了约 30 倍，说明结构改变如蔗糖发生氯代后其甜味度比蔗糖高，这种结构改变导致的增甜机制也适用于氨基酸类甜味分子[2]。

七、其他人工合成甜味化合物

除上述报道的各种人工合成甜味化合物外，科学家还合成了其他的一些甜味化合物，也具有一定应用前景。这里简要介绍几种重要的人工合成甜味化合物。

1. 肟类化合物

最常见的肟类甜味化合物为紫苏葶，英文名 perillartine，分子式是 $C_{10}H_{15}ON$，是紫苏醛的肟化产物，其分子结构式如图 3.13 所示。紫苏醛发现于唇形科植物紫苏（*Perilla frutescens*）叶片的挥发油中，而将其肟化后的产物紫苏葶甜味度可达同质量蔗糖甜味度的约 2000 倍，目前在烟草行业中已广泛应用。

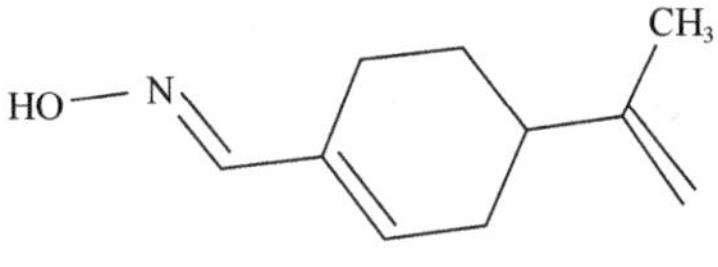

图 3.13 紫苏葶（perillartine）的分子结构式

紫苏葶虽然甜味度很高，但其在水中的溶解度相对较低，不利于大规模在食品行业中应用。以其为原料，进一步肟化制得肟化物 SRI Oxime V，其水溶性大大提高，且甜味度仍能达到蔗糖甜味度的 450 倍左右，因此具有较好的应用前景。动物毒理学实验初步证明，该甜味化合物的代谢产物可定期由排泄系统去除，在小鼠等动物测试实验中尚未发现其对机体有不良影响[2]。

2. 脲类化合物

在很早以前，人们发现对位乙氧基苯脲呈现甜味，但由于其毒理安全性评价呈阳性结果，限制了其在市场上的消费使用。随后，科学家发现了一种新型的脲衍生物 *N*-(p-硝基苯)-*N'*-(β-羟乙基)-脲，又名 Suosan，甜味度可达蔗糖的约 700 倍。目前，关于该化合物的基础及应用研究尚不多见[2]。

3. 色氨酸衍生物

我们知道，D-色氨酸具有一定的甜味，可被目前已发现的所有具有甜味觉感知功能的哺乳动物感知。20 世纪 60 年代，科学家发现 6-三氟甲基色氨酸具有很强的甜味，其 S 构型化合物的甜味度为蔗糖甜味度的约 100 倍。此外，其代谢中间产物 N'-甲酰基及 N'-乙酰基犬尿氨酸也具有甜味，其甜味度是蔗糖的约 35 倍[2]。

4. 其他人工合成甜味化合物

其他人工合成甜味化合物包括三卤代苯甲酰胺，如 3-(3-甲氨酰基-2,4,6-三溴苯)-丙酸，其甜味度可达蔗糖甜味度的 4000 倍。毒理实验表明，其毒性与甜蜜素和糖精基本相同。此外据报道，某些苯胍基乙酸衍生物和(1-苯氨基乙基)氨基乙酸衍生物也具有一定的甜味。

八、各种甜味化合物的协同作用

人们很早就发现，当两种或多种甜味化合物混合使用时，可起到改善一种甜味化合物甜味单一的作用，并存在协同增效作用。往往这些复配甜味物质能丰富食品的风味和营养价值，提高口感，因而提高了食品的经济价值。例如，将蔗糖和糖精、阿斯巴甜、甜蜜素混合后，解决了单一甜味物质甜味特性较为单一的不足，甜味品质得到明显改善[8]。

此外，将蔗糖和甘草酸铵混合后，产生明显的协同增效作用。研究发现，甘草酸铵的甜味度是蔗糖的 50 倍左右，而与蔗糖混合后，其甜味度可达到蔗糖的 100 倍。甜味蛋白奇异果甜蛋白（thaumatin）也常常用作复配剂来增强甜味。但是，同各种味觉物质的相互影响类似，这些甜味化合物协同增效的分子机制迄今尚不完全清楚。

第三节　甜　味　蛋　白

在食品工业中广泛使用的甜味剂包括天然功能性甜味剂（如各种糖类、糖醇等）及人工合成甜味剂（如糖精、阿斯巴甜等）。但是研究表明，长期服用这些甜味剂对人类健康具有一定的不利影响，如导致肥胖症、牙齿及口腔症、糖尿病、高脂血症等。因此，寻求高效、绿色、低热量、安全的新型甜味分子一直是食品研发工作者努力的方向[9]。

甜味蛋白最初发现于非洲植物的果实中，是一类从植物组织中提取的具有超强甜味的蛋白类生物大分子。甜味蛋白具有甜味度高、热量低、富含氨基酸、无毒安全等优点，因此有望成为一种新型的健康型甜味剂，并逐步取代目前市场上广泛使用的功能性及人工合成的小分子甜味剂。例如，目前在欧美、日本市场，thaumatin 白已广泛应用于食品等行业中，美国 FDA 已经批准莫内林（monellin）

为"一般公认为安全"(GRAS)级的食品添加剂[10]。基于甜味蛋白的上述性质，甜味蛋白进一步开发后具有广阔的应用前景，对提高人类健康与食品安全水平也具有重要的科学意义。

目前研究较多的甜味蛋白为 monellin、thaumatin、植物甜蛋白（brazzein）、马槟榔蛋白（mabinlin）及仙茅蛋白（curculin）等。大多数甜味蛋白的三维结构均已被解析报道。相比于小分子甜味剂如蔗糖、糖精等，它们大多具有大分子质量和复杂的分子结构及超高的甜味度。例如，三种主要的甜味蛋白 monellin、thaumatin 及 brazzein 的甜味度分别为同质量蔗糖分子甜味度的约 3000 倍、1600 倍和 2000 倍[11]，其主要的生化性质见表 3.1。关于各种甜味蛋白的性质、结构、甜味觉感知机制等，将在本书的第七章中详细论述。

表 3.1　一些重要甜味蛋白的生化性质[12]

英文名称	中文名称	分子质量/Da	氨基酸（残基）/个	相对蔗糖的甜味度/倍
monellin	莫内林	10 700	95	3 000
thaumatin	奇异果甜蛋白	22 204	207	1 600
brazzein	植物甜蛋白	6 500	54	2 000
sucrose	蔗糖	342	2	1

参 考 文 献

[1] Ilback N G, Alzin M, Jahrl S, et al. Estimated intake of the artificial sweeteners acesulfame-K, aspartame, cyclamate and saccharin in a group of Swedish diabetics. Food Addit Contam, 2003, (20): 99-114.
[2] 郑建仙. 高效甜味剂. 北京: 中国轻工业出版社, 2009.
[3] 胡国华. 功能性高倍甜味剂. 北京: 化学工业出版社, 2008.
[4] 高艳艳. 古菌 Thermoplasma acidophilum 6-磷酸海藻糖合成酶的克隆、表达及其性质鉴定. 济南: 齐鲁工业大学硕士学位论文, 2015.
[5] 胡国华. 食品添加剂应用基础. 北京: 化学工业出版社, 2005.
[6] 中国食品添加剂生产应用工业协会. 食品添加剂手册. 北京: 中国轻工业出版社, 1996.
[7] 刘魁. 三氯蔗糖在国内的研究发展. 食品研究与开发, 2003, (24): 34-36.
[8] 胡国华. 复合食品添加剂. 北京: 化学工业出版社, 2006.
[9] Gnanavel M, Serva Peddha M. Identification of novel sweet protein for nutritional applications. Bioinformation, 2011, (3): 112-114.
[10] Temussi P A. The good taste of peptides. J Pept Sci, 2012, (18): 73-82.
[11] Picone D, Temussi P A. Dissimilar sweet proteins from plants: oddities or normal components? Plant Sci, 2012, (195): 135-142.
[12] Stoger E. Plant bioreactors-the taste of sweet success. Biotechnol J, 2012, (7): 475-476.

第四章 甜味觉产生的分子机制

第一节 甜味觉产生机制研究的早期发展

人们很早就对甜味物质如何引起甜味觉产生了浓厚的兴趣。最初化学家考虑甜味分子应该具有共同或类似的结构特征，因此最早的关于甜味分子结构与功能关系的研究是寻找生甜团（glucophore），即某些能够赋予甜味分子甜味的特定原子或原子基团。关于生甜团最早的阐述来源于无机化学家Georg Cohn，他发现含有数个羟基或氯原子的分子会呈现甜味。但是随着进一步研究，科学家发现很多含有羟基或氯原子的化合物并没有甜味。后来，科学家认识到，类似于嗅觉系统，味细胞应该具有能够接受甜味分子刺激的受体蛋白。基于以上设想，科学家开始构建能够与受体结合的甜味分子的特定结构模型。

最早提出的甜味化合物结构模型是AH-B模型，即一个甜味分子应该具有一个氢键供体（AH）和一个氢键受体，它们之间的距离为3～4Å（图4.1）。这两个关键的基团（受体和供体）是与甜味受体作用的关键结构域[1]。此后，Kier认为甜味分子还存在第三种基团，与AH和B具有一定的距离[2]。然而，这些刚性的模型很难从结构上系统地描述已发现的所有甜味化合物。

图 4.1 甜味分子结构的 AH-B 模型[2]

1991年，Tinti和Nofre提出了由8个基团组合在一起的甜味分子模型。这8个基团按一定的距离组合成一个相对复杂的网络结构（图4.2）。相对于AH-B模型，该模型具有一定的优势，可以描述甜味分子的更多结构特征[3]。然而，对于很多甜味分子来说，该模型仍存在一定的局限性，它不能刻画所有甜味分子的结构特征。此外，该模型对甜味分子的模拟均是定性的，不能反映甜味分子甜味度的大小等性质。

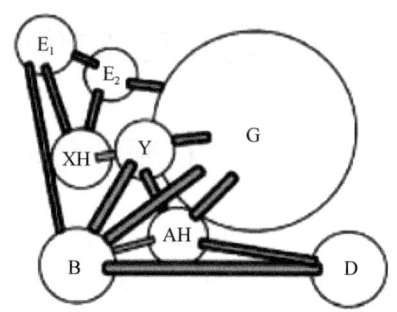

图 4.2　甜味分子结构的复杂网络模型[3]

此后，Bassoli 等于 2002 年通过比较甜味化合物和非甜味化合物的结构，提出甜味分子与受体相互作用时，应该是两者之间形成一定的氢键、离子键、疏水作用等，并按一定的方式排列[4]。该模型比先前的 AH-B 等刚性模型有了很大的进步。但是，该模型仍然不能完全解释甜味分子与甜味受体之间的作用机制。尤其是人们还没有在动物细胞中发现甜味受体，对于甜味觉产生机制的研究也多是基于与其他感官神经系统进行比较和猜测，这极大地限制了甜味觉产生机制研究的进一步发展。直到 21 世纪初，随着甜味受体的发现，人类对甜味觉产生机制的认识才有了跨越式发展。

第二节　甜味受体的发现

甜味觉产生机制的里程碑式的发现来自于加利福尼亚大学圣地亚哥分校生物和神经学系的 Zuker 教授研究组。2001 年，他们在生物学顶级学术杂志 Cell 上发表了关于哺乳动物甜味受体发现的研究成果[5]。

最初，Zuker 教授研究组在舌和上颚区域味细胞中发现了特异性表达的两类 G 蛋白偶联受体（GPCR）家族——T1R 和 T2R。每个家族均含有不同数量的亚家族成员。在 T2R 中，含有 30 余个受体蛋白基因，其中部分基因被鉴定为编码苦味的基因。这些 *T2R* 基因大多聚集在染色体上的某一区域，负责接受结构不同的各种苦味分子的刺激。

研究人员首先鉴定了两个 T1R 成员——T1R1 和 T1R2。这两种蛋白质也在舌和上颚区域的味细胞中特异性表达。后来，研究者发现了另一个 T1R 成员——T1R3。通过对 T1R3 在基因组上定位，研究人员猜测它可能参与味觉转导系统。通过转基因小鼠遗传操作，科学家能够对小鼠染色体上的 *T1R3* 基因区域进行敲除，随后的生理学和味觉测试显示，丧失 *T1R3* 基因的小鼠失去了对蔗糖、糖精、甘素、安赛蜜等甜味剂的反应。随后，将 *T1R3* 基因重新转入小鼠染色体，研究人员发现，小鼠恢复了对上述甜味剂的感知。这充分证明，*T1R3* 基因的编码蛋白是感受甜味的受体蛋白之一。随后，利用同样的方法，研究人员鉴定了 T1R1 和 T1R2 的功能。结果表明：T1R1 和 T1R3 组合成的异源二聚体，为感受鲜味物质刺激的受体蛋白；而 T1R2 和 T1R3 组合成的异源二聚体，为感受甜味物质刺激的受体蛋白。他们还精确描绘了 T1R1、T1R2 及 T1R3 在染色体上的定位（图 4.3）。这表明，人类已经发现了感知甜味物质的受体——T1R2/T1R3。所有的甜味物质通过与甜味受体相互作用来激活受体，并经过一系列的信号转导机制引起甜味觉的产生。

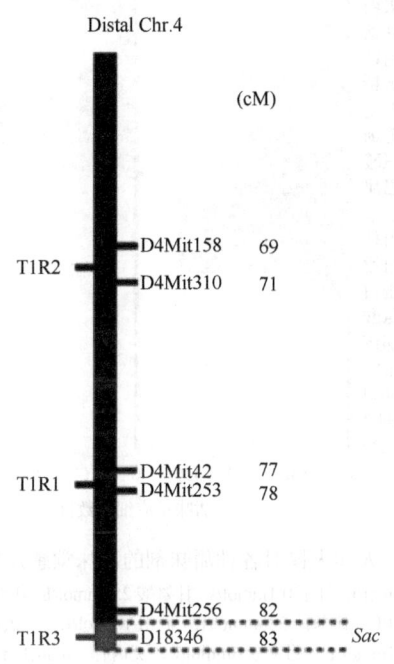

图 4.3　T1R1、T1R2 及 T1R3 甜味受体在染色体上的定位[5]

在 Zuker 教授研究组发现甜味受体的同时，其他的研究组也对甜味受体和鲜味受体做了进一步的研究。例如，来自美国加利福尼亚州 Senomyx 公司的研究人员详细研究了人和大鼠甜味受体——T1R2/T1R3 对各种甜味分子的反应。在他们于《美国科学院院刊》（*PNAS*）上发表论文中，研究人员利用一种特殊的荧光染色技术，根据甜味分子刺激受体后可引起细胞内钙离子的释放，从而使胞内钙离子浓度升高，而荧光染料可特异性地与钙离子结合并激发荧光，从而检测甜味度的大小。这种方法称为钙离子成像检测系统（calcium image assay system）。在此基础上,检测了人(human)和大鼠(rat)对蔗糖、三氯蔗糖、D-色氨酸、阿斯巴甜、纽甜、糖精、甜蜜素等甜味化合物的反应。但是结果显示,人能感受到所有甜味化合物的刺激,而大鼠仅能对蔗糖、三氯蔗糖、D-色氨酸等结构较为简单的甜味剂产生反应(图4.4)。以上研究结果进一步深化了人们对甜味受体功能的认识[6]。

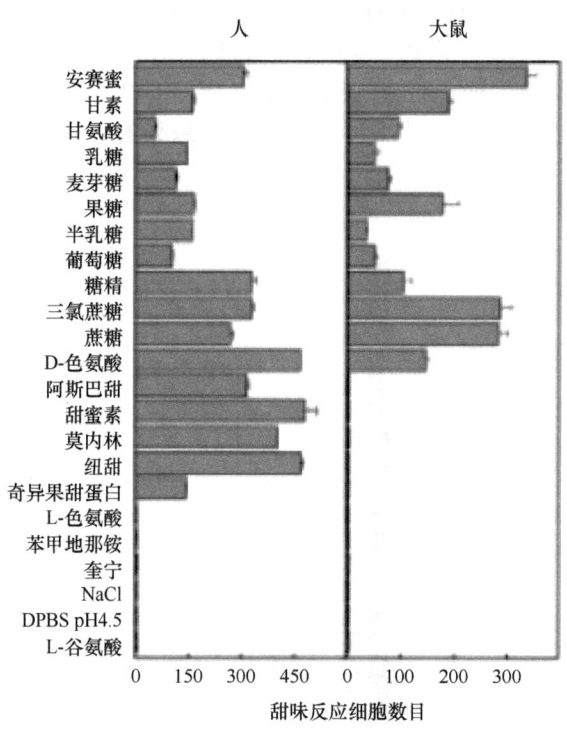

图 4.4　人和大鼠对各种甜味剂的甜味觉感知反应[6]

各种甜味剂及其浓度:安赛蜜 2.5mmol/L,甘素 0.1mmol/L,甘氨酸 250mmol/L,乳糖 250mmol/L,麦芽糖 300mmol/L,果糖 300mmol/L,半乳糖 300mmol/L,葡萄糖 300mmol/L,糖精 1mmol/L,三氯蔗糖 1mmol/L,蔗糖 300mmol/L,D-色氨酸 10mmol/L,阿斯巴甜 2.5mmol/L,甜蜜素 5mmol/L,莫内林(monellin,m/V)0.01%,纽甜 0.1mmol/L,奇异果甜蛋白(thaumatin)0.01%,L-色氨酸 10mmol/L,苯甲地那铵 5mmol/L,奎宁 0.25mmol/L,L-谷氨酸 25mmol/L; DPBS pH4.5 为对照缓冲液

第三节　甜味受体的结构

甜味受体是 GPCR 家族中的一员。GPCR 是细胞表面最重要的一类膜蛋白,可感知绝大多数外界环境信号的刺激,如光、气味分子、甜味化合物、神经递质及激素等[7]。它们具有共同的基本结构特征:N 端胞外结构域、包含 7 个 α-螺旋结构的跨膜结构域(transmembrane domain,TMD)及 C 端胞内结构域,其中 N

端胞外结构域（C 家族 GPCR）又可分为捕蝇夹结构模块（venus flytrap module，VFTM）与半胱氨酸富集结构域（cysteine-rich domain，CRD）（图 4.5）。基于序列和结构上的相似性，GPCR 可分为 5 个家族：rhodopsin、secretin、glutamate、adhesion 及 Frizzled/Tte2。其中，味觉受体（taste receptor，TR）中重要的一类，即感知甜味分子的二聚体 T1R2/T1R3 受体已经阐明，属于 glutamate 家族（亦称 C 家族）。T1R2 和 T1R3 以异源二聚体的形式存在，二者以非共价键结合[8,9]。

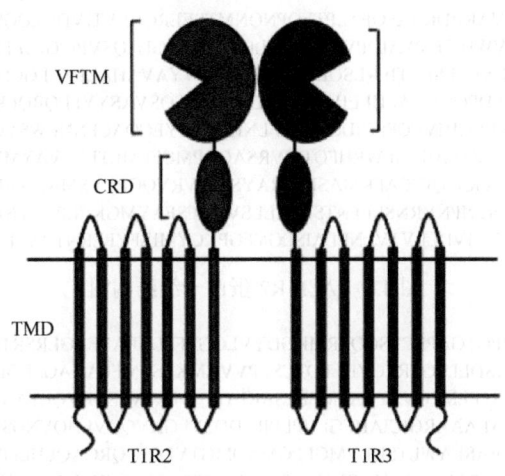

图 4.5　甜味受体（T1R2/T1R3）结构示意图[8]
VFTM. 捕蝇夹结构模块；CRD. 半胱氨酸富集结构域；TMD. 跨膜结构域

自甜味受体在人和大鼠中发现后，随着基因组测序技术的飞速发展，越来越多的哺乳动物的基因组图谱完成，通过序列比对技术，人们陆续在很多生物中发现和鉴定了与其同源的甜味受体。但是，从功能上鉴定甜味受体目前仍然受限，迄今，已有人（human）、松鼠猴（squirrel monkey）、大熊猫（giant panda）、小鼠（mouse）、大鼠（rat）、猕猴（rhesus monkey）的甜味受体功能被鉴定[10-16]。其中，对松鼠猴和猕猴甜味受体功能的鉴定为本研究组及合作者的研究成果。目前，人和小鼠的甜味受体已在世界上该领域的实验室中作为模式对象得到普遍使用，也已经有商品化的针对这些受体的抗体的市场销售。在通常情况下，一般使用人甜味受体作为代表性受体来描述甜味受体的结构与功能。

人甜味受体由 T1R2 和 T1R3 两个单体构成，其在美国 NCBI 的 GenBank 数据库中序列号分别为 T1R2：Q8TE23 和 T1R3：Q7RTX0。人 T1R2 由 2520bp 编码，共含有 840 个氨基酸；人 T1R3 由 2559bp 编码，共含有 852 个氨基酸。在其基因上，除了编码蛋白质的外显子序列外，还含有大量的非编码序列——内含子序列。最初，研究人员需要提取动物的基因组，然后利用 PCR 技术逐步扩增甜味受体编码基因的外显子序列，再将这些序列拼接起来，构建成能够转化入哺乳动物细胞的载体，并进一步研究其功能。后来，随着基因操作技术的不断发展，现在已经能够在实验室通过合成技术来合成甜味受体的所有编码序列，极大地方便了科研工作者对甜味受体功能进行研究。人和小鼠的 T1R2 与 T1R3 蛋白编码序列分别如图 4.6～图 4.9 所示。

MGPRAKTISSLFFLLWVLAEPAENSDFYLPGDYLLGGLFSLHANMKGIVHLNFLQVPMCKEYEVKVIGYN
LMQAMRFAVEEINNDSSLLPGVLLGYEIVDVCYISNNVQPVLYFLAHEDNLLPIQEDYSNYISRVVAVIG
PDNSESVMTVANFLSLFLLPQITYSAISDELRDKVRFPALLRTTPSADHHIEAMVQLMLHFRWNWIIVLV
SSDTYGRDNGQLLGERVARRDICIAFQETLPTLQPNQNMTSEERQRLVTIVDKLQQSTARVVVVFSPDLT
LYHFFNEVLRQNFTGAVWIASESWAIDPVLHNLTELRHLGTFLGITIQSVPIPGFSEFREWGPQAGPPPL
SRTSQSYTCNQECDNCLNATLSFNTILRLSGERVVYSVYSAVYAVAHALHSLLGCDKSTCTKRVVYPWQL
LEEIWKVNFTLLDHQIFFDPQGDVALHLEIVQWQWDRSQNPFQSVASYYPLQRQLKNIQDISWHTINNTI
PMSMCSKRCQSGQKKKPVGIHVCCFECIDCLPGTFLNHTEDEYECQACPNNEWSYQSETSCFKRQLVFLE
WHEAPTIAVALLAALGFLSTLAILVIFWRHFQTPIVRSAGGPMCFLMLTLLLVAYMVVPVYVGPPKVSTC
LCRQALFPLCFTICISCIAVRSFQIVCAFKMASRFPRAYSYWVRYQGPYVSMAFITVLKMVIVVIGMLAT
GLSPTTRTDPDDPKITIVSCNPNYRNSLLFNTSLDLLLSVVGFSFAYMGKELPTNYNEAKFITLSMTFYF
TSSVSLCTFMSAYSGVLVTIVDLLVTVLNLLAISLGYFGPKCYMILFYPERNTPAYFNSMIQGYTMRRD

图 4.6　人 T1R2 蛋白一级结构图

MLGPAVLGLSLWALLHPGTGAPLCLSQQLRMKGDYVLGGLFPLGEAEEAGLRSRTRPSSPVCTRFSSNGL
LWALAMKMAVEEINNKSDLLPGLRLGYDLFDTCSEPVVAMKPSLMFLAKAGSRDIAAYCNYTQYQPRVLA
VIGPHSSELAMVTGKFFSFFLMPQVSYGASMELLSARETFPSFFRTVPSDRVQLTAAAELLQEFGWNWVA
ALGSDDEYGRQGLSIFSALAAARGICIAHEGLVPLPRADDSRLGKVQDVLHQVNQSSVQVVLLFASVHAA
HALFNYSISSRLSPKVWWVASEAWLTSDLVMGLPGMAQMGTVLGFLQRGAQLHEFPQYVKTHLALATDPAF
CSALGEREQGLEEDVVGQRCPQCDCITLQNVSAGLNHHQTFSVYAAVYSVAQALHNTLQCNASGCPAQDP
VKPWQLLENMYNLTFHVGGLPLRFDSSGNVDMEYDLKLWVWQGSVPRLHDVGRFNGSLRTERLKIRWHTS
DNQKPVSRCSRQCQEGQVRRVKGFHSCCYDCVDCEAGSYRQNPDDIACTFCGQDEWSPERSTRCFRRRSR
FLAWGEPAVLLLLLLSLALGLVLAALGLFVHHRDSPLVQASGGPLACFGLVCLGLVCLSVLLFPGQPSP
ARCLAQQPLSHLPLTGCLSTLFLQAAEIFVESELPLSWADRLSGCLRGPWAWLVVLLAMLVEVALCTWYL
VAFPPEVVTDWHMLPTEALVHCRTRSWVSFGLAHATNATLAFLCFLGTFLVRSQPGCYNRARGLTFAMLA
YFITWVSFVPLLANVQVVLRPAVQMGALLLCVLGILAAFHLPRCYLLMRQPGLNTPEFFLGGGPGDAQGQ
NDGNTGNQGKH

图 4.7　人 T1R3 蛋白一级结构图

MGPQARTLHLLFLLLHALPKPVMLVGNSDFHLAGDYLLGGLFTLHANVKSVSHLSYLQVPKCNEYNMKVL
GYNLMQAMRFAVEEINNCSSLLPGVLLGYEMVDVCYLSNNIQPGLYFLSQIDDFLPILKDYSQYRPQVVA
VIGPDNSESAITVSNILSYFLVPQVTYSAITDKLRDKRRFPAMLRTVPSATHHIEAMVQLMVHFQWNWIV
VLVSDDDYGRENSHLLSQRLTNTGDICIAFQEVLPVPEPNQAVRPEEQDQLDNILDKLRRTSARVVVIFS
PELSLHNFFREVLRWNFTGFVWIASESWAIDPVLHNLTELRHTGTFLGVTIQRVSIPGFSQFRVRHDKPE
YPMPNETSLRTTCNQDCDACMNITESFNNVLMLSGERVVYSVYSAVYAVAHTLHRLLHCNQVRCTKQIVY
PWQLLREIWHVNFTLLGNQLFFDEQGDMPMLLDIIQWQWGLSQNPFQSIASYSPTETRLTYISNVSWYTP
NNTVPISMCSKSCQPGQMKKPIGLHPCCFECVDCPPGTYLNRSVDEFNCLSCPGSMWSYKNNIACFKRRL
AFLEWHEVPTIVVTILAALGFISTLAILLIFWRHFQTPMVRSAGGPMCFLMLVPLLLAFGMVPVYVGPPT
VFSCFCRQAFFTVCFSVCLSCITVRSFQIVCVFKMARRLPSAYGFWMRYHGPYVFVAFITAVKVALVAGN
MLATTINPIGRTDPDDPNIIILSCHPNYRNGLLFNTSMDLLLSVLGFSAYVGKELPTNYNEAKFITLSM
TFSFTSSISLCTFMSVHDGVLVTIMDLLVTVLNFLAIGLGYFGPKCYMILFYPERNTSAYFNSMIQGYTM
RKS

图 4.8　小鼠 T1R2 蛋白一级结构图

MPALAIMGLSLAAFLELGMGASLCLSQQFKAQGDYILGGLFPLGSTEEATLNQRTQPNSIPCNRFSPLGL
FLAMAMKMAVEEINNGSALLPGLRLGYDLFDTCSEPVVTMKSSLMFLAKVGSQSIAAYCNYTQYQPRVLA
VIGPHSSELALITGKFFSFFLMPQVSYSASMDRLSDRETFPSFFRTVPSDRVQLQAVVTLLQNFSWNWVA
ALGSDDDYGREGLSIFSSLANARGICIAHEGLVPQHDTSGQQLYLDRVQNQSKVQVVVLFASARAV
YSLFSYSIHHGLSPKVWVASESWLTSDLVMTLPNIARVGTVLGFLQRGALLPEFSHYVETHLALAADPAF
CASLNAELDLEEHVMGQRCPRCDDIMLQNLSSGLLQNLSAGQLHHQIFATYAAVYSVAQALHNTLQCNVS
HCHVSEHVLPWQLLENMYNMSFHARDLTLQFDAEGNVDMEYDLKMVVWQSPTPVLHTVGTFNGTLQLQQS
KMYWPGNQVPVSQCSRQCKDGQVRRVKGFHSCCYDCVDCKAGSYRKHPDDFTCTPCNQDQWSPEKSTACL
PRRPKFLAWGEPVVLSLLLLCLVLGLALAALGLSVHHWDSPLVQASGGSQFCFGLICLGLFCLSVLLFP
GRPSSASCLAQQPMAHLPLTGCLSTLFLQAAETFVESELPLSWANWLCSYLRGLWAWLVVLLATFVEAAL
CAWYLIAFPPEVVTDWSVLPTEVLEHCHVRSWVSLGLVHITNAMLAFLCFLGTFLVQSQPGRYNRARGLT
FAMLAYFITWVSFVPLLANVQVAYQPAVQMGAILVCALGILVTFHLPKCYVLLWLPKLNTQEFFLGRNAK
KAADENSGGGEAAQGHNE

图 4.9 小鼠 T1R3 蛋白一级结构图

甜味受体的功能被鉴定后，人们对其三级结构随即产生了浓厚的兴趣。世界上数个研究组曾尝试解析甜味受体的结构，但迄今尚未有成功的报道。由于甜味受体属于 GPCR 膜蛋白，目前对其结构完成解析在技术上尚存在很大困难。具体来说，膜蛋白要保持其功能状态的构象，需要特定的脂质双分子层环境。另外，从哺乳动物中直接提取或异源表达甜味蛋白的产量较低，难以达到结晶条件的要求。目前，对甜味受体结构的研究多是利用与其同源（蛋白质序列相似性达 20%~30%）的代谢型谷氨酸（glutamate）受体的结构为模板，采用同源建模，对其空间结构进行分子模拟。模拟结果显示，甜味受体具有与代谢型谷氨酸受体一致的 VFTM、CRD、TMD 等结构域，两者空间结构具有很大的相似性。图 4.10 即本实验室利用分子模拟构建的猕猴甜味受体的空间结构[16]。

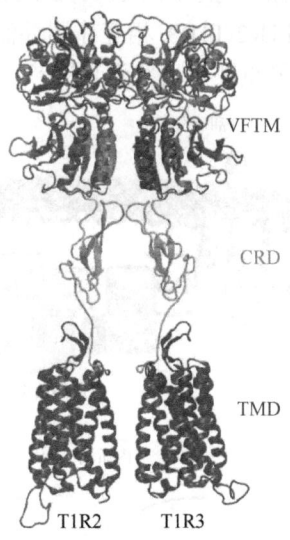

图 4.10 利用分子模拟构建的猕猴甜味受体 T1R2/T1R3 的空间结构[16]（彩图请扫封底二维码）
VFTM. 捕蝇夹结构模块；CRD. 半胱氨酸富集结构域；TMD. 跨膜结构域

2017年，日本的一个研究组首次报道了来源于鱼（fish）的胞外结构域的晶体结构。在该结构中，数个氨基酸配体分别能够和T1R2/T1R3受体的胞外结合口袋相互作用并结合。其中，T1R2单体的胞外结合口袋富含芳香族氨基酸，并且明显大于T1R3单体的胞外结合口袋，说明在甜味觉感知过程中，T1R2单体的作用大于T1R3。序列分析表明，鱼T1R2和T1R3受体胞外VFTM结构域（PDB：5X2M）与人甜味受体T1R2和T1R3胞外VFTM结构域的序列相似性分别为33%和37%。以上研究结果为甜味受体的结构模拟提供了新的有益的模板素材。

第四节　甜味受体的作用机制

甜味分子与受体相互作用并激活受体，是一个复杂的分子动力学过程。首先，甜味分子需先与受体的特定结构区域结合，然后诱导受体发生构象变化，并经过信号转导等过程最终激活受体。

一、甜味分子与受体结合的位点

甜味受体是如何引起甜味觉信号产生的呢？研究表明，受体蛋白接受外界甜味分子（如某些非糖类人工合成甜味剂）刺激后被激活，立体构象发生改变，然后激活胞内的G蛋白。G蛋白随后激活磷脂酶C，后者水解磷脂酰肌醇二磷酸，释放二酰甘油与三磷酸肌醇，进而引起胞内钙离子的释放，最终引起细胞的去极化，激活神经突触并导致味觉的产生（图4.11）。其中，甜味分子（又称为sweet ligand或sweetener）与甜味受体T1R2/T1R3相互作用并激活受体是该信号系统的第一步，也是目前味觉感知领域最重要的研究课题[17,18]。

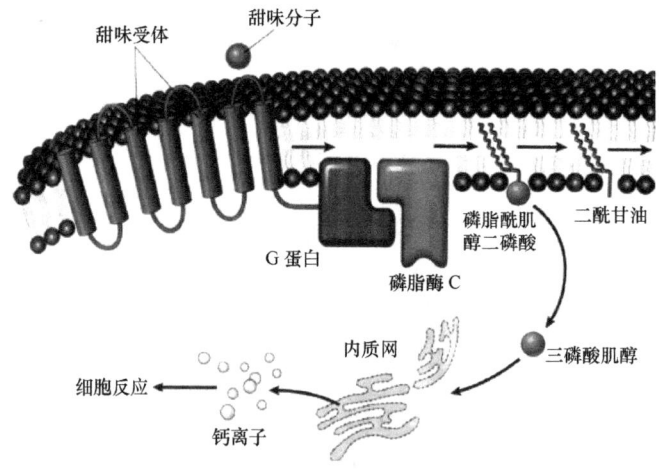

图4.11　甜味觉信号转导示意图（彩图请扫封底二维码）

理解甜味分子与甜味受体的相互作用,是阐明甜味分子呈现甜味机制的关键,也是对甜味分子进行理性设计与改造的基础。但是,如前所述,甜味分子的结构多种多样,那么它们与受体结合也应该不是单一的模式。人们最早猜测甜味分子与受体结合类似于酶与底物的结合催化机制,甜味分子应该进入受体中类似于酶活性中心的"口袋"。自甜味受体被发现后,许多研究组对甜味分子与受体相互作用的机制进行了有益的探索。由于甜味受体的结构尚未解析,研究组先将甜味受体进行分子建模,模拟甜味受体的三级结构,然后将甜味分子与受体进行分子对接,预测甜味受体上可能与甜味分子相互作用的关键氨基酸位点。最后,将这些关键氨基酸位点进行定向突变,对突变的甜味受体进行功能分析,并对分子建模计算的结果进行验证。通过这些技术手段,能够初步鉴定甜味受体上与甜味分子结合的关键残基,以及甜味分子在受体上的作用位点或区域。

利用上述方法,已有数种小甜味分子的作用位点被报道。例如,蔗糖、三氯蔗糖、D-色氨酸、人工合成甜味剂二肽阿斯巴甜(天冬氨酰苯丙氨酸甲酯)及纽甜(二甲基丁基天门冬氨酰苯丙氨酸甲酯)结合于 T1R2 受体的 VFTM 结构域[8,10,19,20],而甜蜜素(环己氨基磺酸盐)[21]与新橙皮苷二氢查耳酮(NHDC)作用于 T1R3 受体的跨膜结构域(TMD)[22]。以上结果表明,甜味受体上具有多个可以结合甜味分子的位点,甜味分子主要结合于受体的胞外及 TMD,进而激活受体。此外,已发现并鉴定的一种降甜剂(antagonist)lactisole,作用于 T1R3 受体的 TMD[23,24]。

研究人员首先以人和大鼠的甜味受体为基础,设计构建了包含几种人和大鼠 T1R2/T1R3 受体的嵌合体(chimera)。这种受体嵌合体一部分来自于人的 T1R2 或 T1R3,而另一部分来自于大鼠的 T1R2 或 T1R3,这样形成的受体结构类似于印度传说中的"怪兽",如狮身人面像。图 4.12 为受体嵌合体的构建过程。

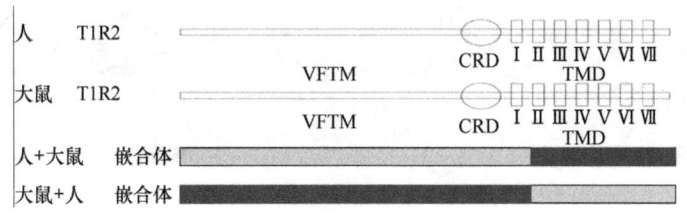

图 4.12　来源于不同物种的甜味受体嵌合体示意图
VFTM. 捕蝇夹结构模块;CRD. 半胱氨酸富集结构域;TMD. 跨膜结构域

完成以上设计后,再对受体嵌合体的功能进行评价。我们知道,人和大鼠对某种甜味剂的感知反应不同。例如,人能感知到甜蜜素(cyclamate)的甜味,而大鼠感知不到。这样,如果人受体的某一区域包含与甜蜜素结合的位点,那么包含人受体该区域的受体嵌合体也应该对甜蜜素刺激有感知反应。反之,不包含这一区域的受体嵌合体对甜蜜素刺激没有感知反应。根据这种思路，需构建由人和小鼠的不同长度受体组合的多个受体嵌合体，然后利用钙离子成像检测系统评价各种受体嵌合体的功能。根据以上设计与思路，就能够鉴定不同甜味分子在受体上的结合作用区域。再利用上述分子建模和突变体受体功能评价等方法，鉴定甜味分子在受体上的具体结合位点。需要指出的是，这种方法仅对有 2 个物种对其有不同感知反应的甜味分子有效，对于蔗糖、三氯蔗糖这种，目前已鉴定的所有物种均对其存在感知反应的甜味分子来说，只能通过分子建模结合突变体功能评价的方法，对其受体结合位点进行研究[25]。

通过以上方法，美国加利福尼亚州 Senomyx 公司的研究人员在《美国科学院院刊》(*PNAS*) 上发表了里程碑式的科研论文，论述了不同甜味分子在 T1R1、T1R2、T1R3 受体上的结合区域[10]。他们发现，小甜味分子如蔗糖、三氯蔗糖、阿斯巴甜、纽甜结合于 T1R2 受体的胞外 VFTM 结构域，甜蜜素及降甜剂 lactisole 作用于 T1R3 受体的 TMD。此外，T1R1 和 T1R3 构成的异源二聚体是感受鲜味的受体，鲜味化合物（umami compound）如 L-谷氨酸（L-glutamate）、肌苷一磷酸（inosine monophosphate，IMP）结合于 T1R1 受体的胞外 VFTM 结构域。由此可见，甜味受体和鲜味受体共用 T1R3 受体（图 4.13）。

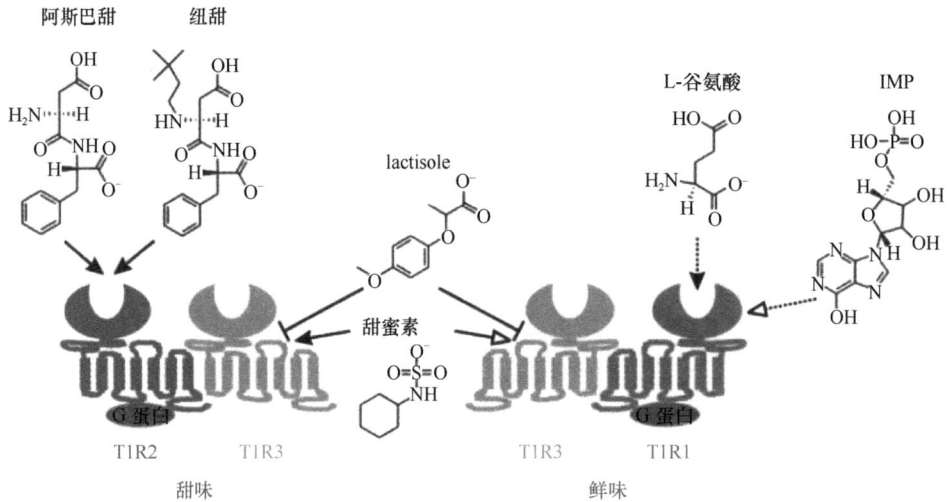

图 4.13　各种甜味分子与甜味受体相互作用图[10]（彩图请扫封底二维码）

IMP. 肌苷一磷酸

甜味蛋白是一类从植物组织中提取的具有超高甜味度的蛋白类生物大分子。对小分子甜味化合物与受体的相互作用位点及激活机制已经阐明，现在更令人感兴趣的是具有大分子质量与复杂空间结构的甜味蛋白是如何与受体结合并激活受体的。显然，从能量最优化的角度来看，如此大体积的蛋白质分子不可能进入类似于小分子甜味化合物进入的受体蛋白的结合口袋,从而关闭受体胞外区域的两个肺叶型结构而激活受体。因此,鉴定大分子甜味蛋白与受体相互作用的位点,以及其如何引起受体构象改变而激活受体,是目前味觉感知领域中一个重要而前沿的研究课题。

对于甜味蛋白与受体的作用机制,国际上一些研究组已做了一些有意义的探索性工作,其中现在比较流行的是 Temussi 等依赖于分子建模与计算提出的"楔形物模型"(wedge model),即甜味蛋白依赖于其楔形表面结合于受体蛋白一个单体胞外 VFTM 结构域的两个肺叶型结构之间口袋外侧的凹面,引起"长距离"信号转导,继而导致 T1R2/T1R3 二聚体的单体之间界面的改变,从而激活受体(图4.14)。他们还提出,甜味蛋白表面正电荷氨基酸与受体表面负电荷氨基酸的相互作用是受体激活的分子基础。但是,"楔形物模型"没有指出甜味蛋白与受体的具体作用位点,迄今尚没有完整直接的实验证据可证实[26]。

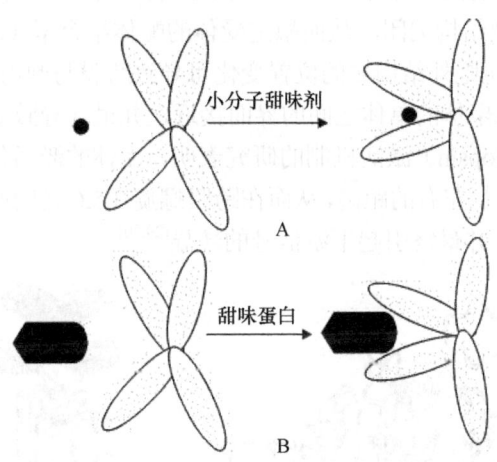

图 4.14 小分子甜味剂(A)及甜味蛋白(B)与 T1R2/T1R3 受体相互作用的示意图[26]
甜味蛋白结合到 VFTM 结构域的两个肺叶型结构之间从而激活受体("楔形物模型")

美国 Marianna Max 研究组通过构建大量的人-小鼠受体嵌合体,逐步缩小了决定人与小鼠对 brazzein 有不同反应的受体区域,并结合大量的位点突变实验,阐明了哪些氨基酸构成了人与小鼠对甜味蛋白 brazzein 产生不同反应的分子基础[27]。值得注意的是,他们的结果与 Temussi 的模型并不一致,即 VFTM 结构域并不影响不同物种甜味受体的功能,而是 T1R3 单体的 CRD 决定人与小鼠对甜味蛋白 brazzein 有不同反应。显然,如果甜味蛋白是结合到 VFTM 结构域的话,类似于小分子甜味剂的研究结果,不同物种甜味受体 VFTM 结构域应该具有特定氨基酸差异,决定甜味蛋白结合与否。以上结果说明,与小分子甜味剂不同,甜味蛋白在受体上可能具有独特的结合位点。另外,不同的甜味蛋白在受体上的结合方式也可能不同。关于甜味蛋白与受体间相互作用的研究似乎是一个令人好奇而又充满挑战的课题。

二、受体激活的分子机制

甜味分子结合到受体上可以激活受体,从而引起下游的甜味觉信号转导。那么甜味分子结合到受体上后,是如何激活受体蛋白并引起受体的结构或构象发生变化的呢?依据代谢型谷氨酸受体(metabotropic glutamate receptor)Ⅰ的胞外区域结构模型,一些小分子甜味剂激活受体的机制已被广泛接受[28]。代谢型谷氨酸受体Ⅰ与甜味受体T1R2及T1R3同属C家族GPCR,其序列相似性约为30%。三种代谢型谷氨酸受体Ⅰ(无配体型Ⅰ、Ⅱ及谷氨酸结合型复合体)的胞外区域结构已经得到解析。根据同源建模可知,小分子甜味剂如蔗糖、D-色氨酸、阿斯巴甜等进入受体胞外VFTM结构域的两个肺叶型结构之间的口袋,与口袋周围的特定氨基酸相互作用,使两个肺叶型结构关闭,从而稳定受体的配体结合型(ligand binding)分子结构(图4.15)。上述胞外结构域的位置变化可导致跨膜与胞内结构域的位置改变,或使T1R2/T1R3二聚体的单体之间的界面接近,并最终导致受体的激活。例如,近来对视紫质(rhodopsin)激活机制的研究表明,受体的激活伴随着跨膜螺旋6的胞内末端向外移动6Å左右的距离,从而在跨膜螺旋3,5,6之间产生一个可使细胞内G蛋白结合的洞穴,并最终引起下游信号的转导[29,30]。

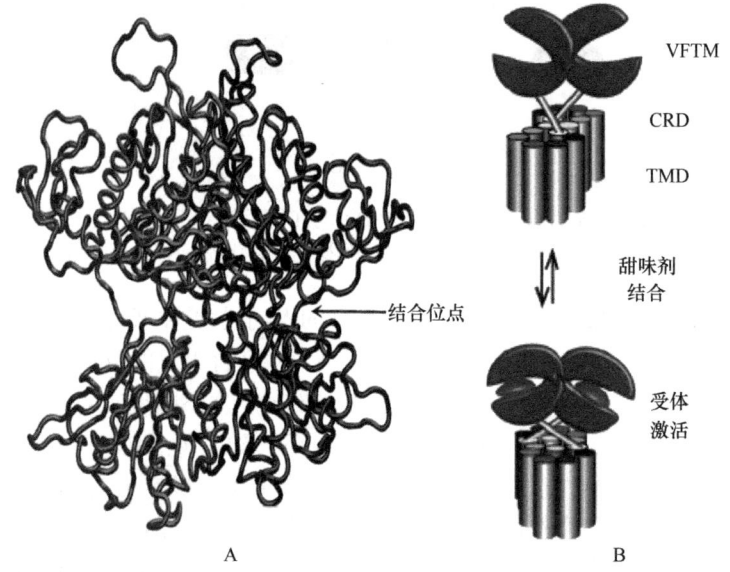

图4.15 甜味分子激活甜味受体的示意图[8,9](彩图请扫封底二维码)

A. 人甜味受体VFTM结构域的配体结合位点,甜味分子结合到VFTM结构域的两个肺叶型结构之间;B. 小分子甜味剂结合受体后引起肺叶型结构关闭,从而激活受体。VFTM. 捕蝇夹结构模块;CRD. 半胱氨酸富集结构域;TMD. 跨膜结构域

上述 VFTM 结构域从开到关（open to close）导致受体激活的过程，形象地描绘了捕蝇夹结构模块的名称来源。捕蝇草是原产于北美洲的一种多年生草本植物，主要以食虫为生，在叶的顶端长有一个酷似"贝壳"的捕虫夹，且能分泌蜜汁，当有小虫闯入时，能以极快的速度将其夹住，并消化吸收。捕蝇草这种特殊的捕食方式与甜味受体胞外结构域和甜味分子结合后其构象发生的变化极其类似，因此形象地称甜味受体 T1R2/T1R3 胞外结构域为捕蝇夹结构模块（VFTM）。

甜味受体激活后，发生胞外 VFTM 结构域的构象变化触发的激活信号向胞内区域转导的过程。信号转导从 VFTM 结构域到 CRD、TMD 再到胞内结构域，最终会导致胞内结构域的构象变化。这种构象变化直接导致与受体偶联的 G 蛋白的激活。G 蛋白是细胞内一类信号转换蛋白，能够与细胞膜的许多受体蛋白以非共价键相互作用偶联，这也是此类受体被称为 G 蛋白偶联受体的原因。G 蛋白被激活后，再通过一系列信号转导过程，触发大脑内神经系统的甜味觉感知反应。

三、甜味受体异源二聚体 T1R2/T1R3 单体之间的协同作用

甜味受体以异源二聚体 T1R2/T1R3 的形式存在。T1R2 和 T1R3 之间以非共价键结合，二者之间对感知甜味化合物有协同作用。所有发现的二聚体 GPCR，均属于 C 家族 GPCR。在甜味受体异源二聚体 T1R2/T1R3 中，较多的甜味分子结合于 T1R2 受体而非 T1R3，说明 T1R2 受体的作用比 T1R3 更为重要。例如，在研究中人们将人的 T1R2 和大鼠、松鼠猴等的 T1R3 进行组合，或者将人的 T1R3 和大鼠、松鼠猴等的 T1R2 进行组合，然后评价这种分别来自不同生物的 T1R2/T1R3 组合（类似于受体嵌合体的构建，很多研究者将这种受体称为 chimera）对各种甜味剂的反应。

现已知，人 T1R2/T1R3 受体（hT1R2/T1R3）能被所有被测甜味剂激活。松鼠猴 T1R2/T1R3 受体（smT1R2/T1R3）能被蔗糖、三氯蔗糖、D-色氨酸、甜菊苷、NHDC 激活，而不能被阿斯巴甜、纽甜、糖精、甜蜜素激活。组合性的 hT1R2/smT1R3 能被包括甜味蛋白莫内林（monellin）在内的所有甜味剂所激活，而 smT1R2/hT1R3 不能被阿斯巴甜、纽甜、糖精激活，但可被其他甜味分子激活（图 4.16）[14]。以上结果充分说明，T1R2 和 T1R3 在甜味觉感知中具有不同的功能分工，对阿斯巴甜、纽甜、糖精的味觉感知完全依赖于 T1R2 受体[10]。

此外，甜味受体的两个单体 T1R2 和 T1R3 之间的界面及其作用力也引起了科研工作者的很大兴趣。曾有研究者详细地研究了与甜味受体同源的代谢型谷氨酸受体的两个单体之间的界面，发现二者之间的非共价键作用力大小与其激活与否密切相关[31]。因甜味受体两个单体内含有很多半胱氨酸（Cys）残基，需先将这些残基进行突变，避免它们之间可能形成的二硫键影响随后的界面间作用力分析，然后将界面之间可能参与二硫键形成的关键氨基酸残基进行定向突变，评价受体的功能。

结合分子建模与结构分析，可确定形成界面的关键氨基酸残基及其功能[32,33]。

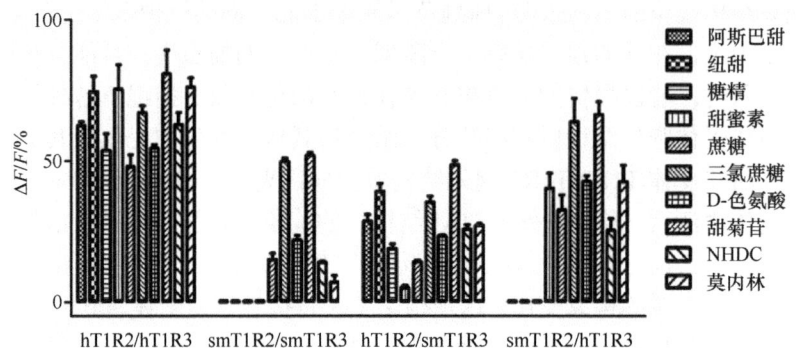

图 4.16　人和松鼠猴 T1R2 与 T1R3 受体组合对各种甜味剂的反应[14]

纵坐标表示甜味剂刺激激发的荧光变化，从而反映甜味度高低，下同。NHDC. 新橙皮苷二氢查耳酮

第五节　几种重要的甜味受体

随着基因组测序技术的快速发展，许多动物的全基因组被解析，已发现在数种哺乳动物中存在甜味受体。虽然很多动物的甜味觉生理反应已通过行为学测试阐明，但是仅有几种动物的甜味受体进行了生理学和细胞生物学水平上的功能测试。迄今，已有人、小鼠、大鼠、松鼠猴、猕猴、大熊猫甜味受体的功能被鉴定。在介绍甜味觉产生机制的章节中，我们已经详细介绍了人甜味受体 T1R2/T1R3 的结构与功能。小鼠和大鼠作为最低等的甜味觉感知者，仅对最基本的甜味化合物如糖类、部分氨基酸等存在感知，在甜味觉产生机制的论述中也已描述。因此，本节重点介绍最近发现的几种重要的灵长类动物及大熊猫甜味受体的结构与功能。在此领域，美国莫奈尔化学感官中心（Monell Chemical Senses Center）的 Peihua Jiang 博士课题组及本研究组做出了一定贡献。

一、松鼠猴的甜味受体

松鼠猴的 T1R2/T1R3 甜味受体最初来自美国莫奈尔化学感官中心 Li Xia 博士等的研究成果，她们利用圣地亚哥冰城动物园提供的松鼠猴（*Saimiri sciureus*）基因组，通过设计针对甜味受体的特异性引物，PCR 扩增其外显子片段，然后通过拼接组装，在 pcDNA 质粒上构建甜味受体基因重组载体。我们通过分别位于 N 端和 C 端的 *Bam*H I 与 *Not* I 限制性内切核酸酶酶切位点，将不含内含子的松鼠猴 T1R2 的可读框（open reading frame，ORF）序列插入到 pcDNA3.1 质粒上。对于松鼠猴 T1R3，我们根据报道的基因编码序列，由 GenScript 公司合成了其 ORF 全长序列，并利用分别位于 N 端和 C 端的 *Eco*R I 与 *Not* I 限制性内切核酸酶酶切位点，将其连接在 pcDNA3.1 质粒上。上述构建的松鼠猴 T1R2/T1R3 甜味受体质粒均通过 DNA 测序验证。随后，利用上述重组载体和 Gα16-gust44G 蛋白，进行甜味受体功能的钙离子成像检测。

利用 MODELLER 程序，以代谢型谷氨酸受体（mGluR）的三级结构为模板，对松鼠猴 T1R2/T1R3 甜味受体的胞外 VFTM+CRD 进行了分子建模。代谢型谷氨酸受体的胞外结构域序列与人甜味受体胞外序列约有 26%的相似性。模板的结构分别为 mGluRI-VFTM 结构（PDB：1ISR）和 mGluRII-VFTM-CRD 结构（PDB：2E4U），利用 Verify 3D 程序对模拟的松鼠猴 T1R2/T1R3 甜味受体结构进行评价，并利用 SYBYL 程序对模拟结构进行能量最优化。模拟结构的立体化学质量利用 PROCHECK 程序进行评价，得到的最优评分结果选定为最终的模拟结构。

序列分析显示，松鼠猴 T1R2 受体具有 2520 个核苷酸编码序列，编码 839 个氨基酸残基（GenBank 收录号：A3QP08），而 T1R3 受体具有 2559 个核苷酸编码序列，编码 852 个氨基酸残基（GenBank 收录号：ABD14701）。虽然 T1R2 和 T1R3 的序列相似性仅有 30%，但与其他物种进行序列相似性分析（Blast，NCBI）的结果显示，松鼠猴 T1R2 序列与以下灵长类动物的甜味受体 T1R2 存在较高的序列相似性：*Callithrix pygmaea*（A3QP09，93%）、*Papio hamadryas*（A3QP07，89%）、*Macaca mulatta*（A3QP01，89%）、*Pongo pygmaeus*（A3QP00，89%）。此外，松鼠猴 T1R2 与人（Q8TE23）和小鼠（Q925I4）的甜味受体 T1R2 分别具有 88%和 69%的序列相似性。松鼠猴 T1R3 序列与以下灵长类动物的甜味受体 T1R3 存在较高的序列相似性：*Pan troglodytes*（Q717C2，85%）、*Pongo pygmaeus*（ABD14700，84%）、*Gorilla gorilla*（AAQ11897，84%）。此外，松鼠猴 T1R3 与人（Q7RTX0）和小鼠（Q925D8）的甜味受体 T1R3 分别具有 84%和 72%的序列相似性[34]。结构分析显示，松鼠猴 T1R2/T1R3 与人的甜味受体结构相似，具有典型的 VFTM、CRD 及 TMD，说明不同物种的甜味受体结构与功能具有保守性。松鼠猴 T1R2、T1R3 的一级结构，以及它们和人与小鼠的 T1R2 及 T1R3 序列的多序列比对分析结果分别如图 4.17～图 4.20 所示。

```
MEPRVRTVCFLFFLLRVLAEPAKNSDFYLPGDYLLGGLFTLHANMKGTVHLNFLQVPMCKEYEVKLSGYN
LMQAMRFAVEEINNDSSLLPDVRLGYEMVDVCYVSNNVQPVLYFLAQEDNLLPIQEDYSNYVPRVVAVIG
PENSESVTTVANFLSLFLLPQITYSAISDQLRDKQRFPALLRTTPSAKHHIEAMVQLMLHFRWNWISVLV
SSDTYGRDNGQLLGDRLAGGDICIAFQETLPTLQPNQDMMPEDRQRLVSIVEKLQQSTARVVVVFSPDLT
LYDFFREVLRQNFTGAVWIASESWAIDPVLHNLTGLHRTGTFLGITLQNVPIPGFNEFRVRGPQAGPTHQ
RSTCNQECDTCLNSTLSFNTILRLSGERVVYSVYSAVYAVAHALHSLLGCDHSACTKRGVYPWQLLEEIW
KVNFSLLDHQIFFDPQGDVALHLEIVQWQWDLSQNPFQSVASYQPLQGHLKDIQDISWHTVNNTIPVSMC
SKRCQSGQKKKPVGIHTCFCECIDCPPGTFLNQTANEYDCQACPSNEWSHQSETSCFKRRLSFLEWHEAA
TIAVALLAALGFLSTLAILVIFWRHFETPMVRSAGGPMCFLMLTLLLVAYMVVPVYVGLPKVSTCLCRQA
LFPVCFTICISCIAVRSFQIVCVFKMASRFPRAYSYWVRYQGSYVSVAFITALKMVTVVISLLATGLNPT
TRTDTDDPKIMIISCNPNYRNSLLFNTSLDLLLSVAGFSFAYMGKELPTNYNEAKFITFSMTFYFTSSVS
LCTFMSVYDGVLVTIVDLLVTVFNLLAISLGYFGPKCYMILFYPERNTPAYFNSMIQGYTMRRD
```

图 4.17　松鼠猴 T1R2 蛋白一级结构图

MLGSGVLGLSLWTLLHLRTGAPSCLSRQLKMKGDYVLGGLFPLGEAGEAALHSRTRPSSLVCTRFSWNGL
LWALAMKMAVEEINNRLDLLPGLRLGYDLFDTCSEPTVTMKPSLMFLAKANSHDIAAYCNYTQYQPRVLA
VIGPHSSELALVTGKFFGFFLMPQVSYGASMDLLSTRETFPSFFRTVPSDRVQLVATVELLQQLGWNWVA
ALGSDDEYGRQGLSIFSGLAAARGICIAHEGLVPLPRANSPWVGKVQELLPQLNQLYIQVVLLFASARAA
HTFFSHIISRRLSPKVWVASEAWLTSDLVMGLPGMAEVGTVLGFLQKGAQLPEFSQYVKTHLALAADPAF
CTSLGEREQGLEEHVVGPRCPQCDDITLQNVPARLQHHQTFSVYAAVYSVAQALHNTLGCNASGCPMQDP
VKPWQVLQNMYNMTFHAAGQVLRFDSSGNVDVEYDLKLWVWRGPVPELHNVGIFNGSLWPERLKMRWHTP
DNQEPVSQCSRQCQEGQVRRVKGFHSCCYDCVDCEAGSYRRNPDDPTCTPCRHDQWSPKRSTRCFHRRPR
FLTWGEPAVLLLLLLGLALGLVLATLGLFIRHRDSPLVQASGGALACFGLVCLGLVCLSVLLFPGQPSP
ARCLAQQPLSHLPLTGCLSTLFLQAAETFVESELPPSWADRLWGCLRGPRAWLAVLLAMLVEAALCAWYL
LTFPPEVVTDWRVLPTEALVHCRTRSWVSFGLVHTTNAILAFLCFLGTFLVQSQPGRYNRARGLTFAMLA
YFITWVSFVPLLANVEVALRPAVQMGAFLLCTLGILAAFHLPRCYLLLWQPGLNTPEFFLGGAQIPKVGM
VVGTEEAQGKNE

图 4.18 松鼠猴 T1R3 蛋白一级结构图

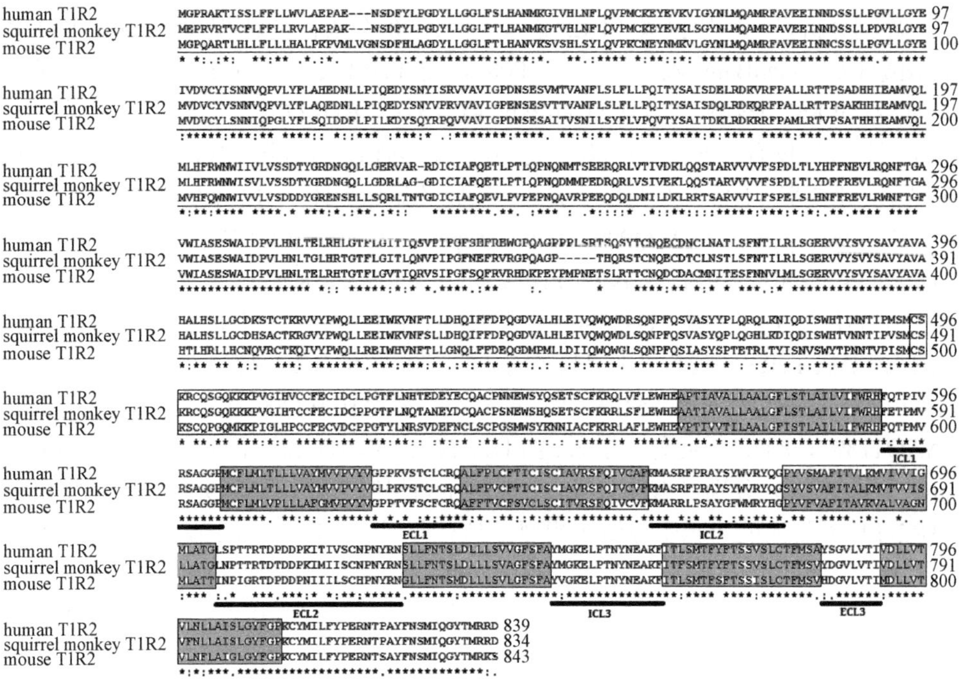

图 4.19 人、松鼠猴和小鼠 T1R2 的多序列比对分析图

VFTM 结构域以下画线表示，CRD 以方框表示，7 个跨膜螺旋以阴影表示；ICL1、ICL2、ICL3、ECL1、ECL2 及 ECL3 分别表示胞外及胞内的 6 个环（loop）区域；星号表示相同的氨基酸残基，单点和双点分别表示具有半保守和保守性质的氨基酸残基，短横线表示序列比对产生的空位（gap），下同

利用人 HEK293 细胞，对松鼠猴 T1R2/T1R3 受体对以下甜味化合物的感知反应进行了测定：阿斯巴甜、纽甜、糖精、甜蜜素、蔗糖、三氯蔗糖、D-色氨酸、甜菊苷、NHDC 及甜味蛋白 monellin 和 thaumatin。人甜味受体能对上述的所有甜味剂有感知。然而，松鼠猴 T1R2/T1R3 受体不能对阿斯巴甜、纽甜、糖精、甜蜜素及甜味蛋白 monellin 和 thaumatin 产生甜味觉感知。以上结果和先前报道的松

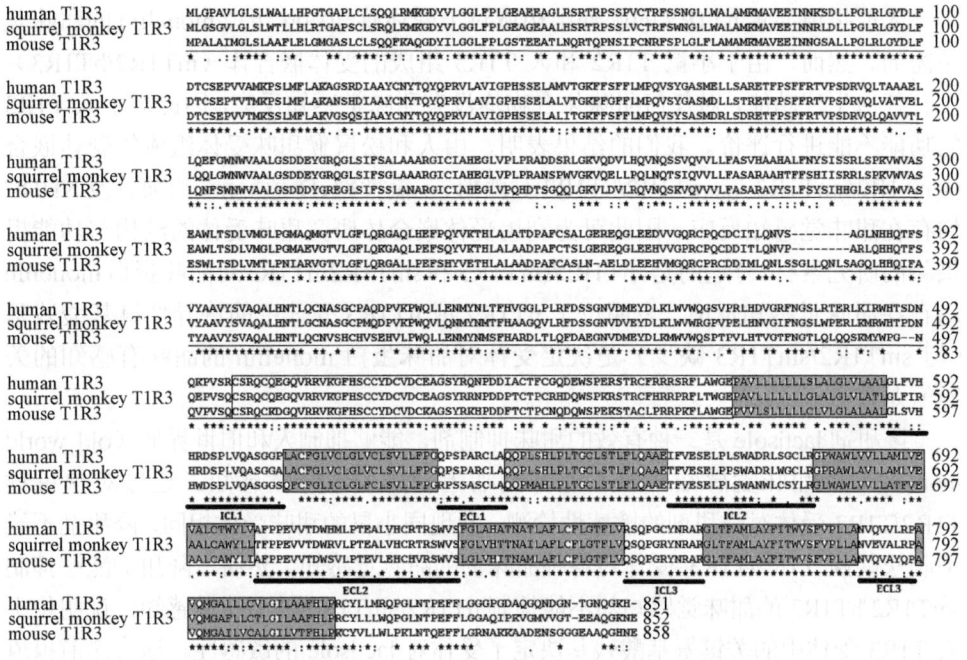

图 4.20 松鼠猴 T1R3 与人和小鼠 T1R3 的多序列比对分析图

鼠猴的甜味觉电生理实验结果是相吻合的,即松鼠猴对阿斯巴甜、纽甜及甜味蛋白没有甜味觉感知反应。值得注意的是,与人和小鼠不同,松鼠猴对糖精没有甜味感知反应。但是,松鼠猴能够感知甜味蛋白 thaumatin 的甜味,却不能感知甜味蛋白 monellin 的甜味。

我们利用人(human,简写为 h)和松鼠猴(squirrel monkey,简写为 sm)的受体 T1R2 与 T1R3 进行相互组合即构建受体嵌合体,检测了这些受体嵌合体对各种甜味化合物的甜味觉感知。结果显示,hT1R2/smT1R3 能够感知除甜蜜素(cyclamate)之外的所有甜味化合物的甜味。然而,smT1R2/hT1R3 不能感知上述甜味化合物中阿斯巴甜、纽甜及糖精的甜味。这些结果说明,存在于人 T1R2 受体中的特异性氨基酸残基(松鼠猴 T1R2 中没有),是决定受体对阿斯巴甜、纽甜及糖精的甜味有感知的关键性氨基酸。另外,人 T1R3 受体中的关键特异性氨基酸残基(松鼠猴 T1R3 中没有)决定了受体对甜蜜素的甜味觉感知。这些结果与先前报道的阿斯巴甜与甜味受体相互作用及结合的位点位于人 T1R2 的 VFTM 结构域,而甜蜜素与甜味受体相互作用及结合的位点位于人 T1R3 受体的 TMD 的结论是相吻合的。电生理与行为学测试结果也表明,松鼠猴不能感知糖精的甜味。以上结果表明 hT1R2/smT1R3 能够感知糖精的甜味,而 smT1R2/hT1R3 不能,说明糖精的结合位点位于人的 T1R2 上。

先前报道显示 hT1R2 的胞外结构域对于受体感知甜味蛋白 monellin 的甜味是必需的。然而，由于小鼠 T1R2 和人 T1R3 组成的受体嵌合体（mT1R2/hT1R3）没有任何生理功能，对任何甜味化合物均没有甜味觉感知反应，因此对于人 T1R3 的功能不能进行评价。我们的结果表明，由人和松鼠猴甜味受体组成的受体嵌合体 hT1R2/smT1R3 与 smT1R2/hT1R3 对蔗糖、三氯蔗糖、D-色氨酸、甜菊苷及 NHDC 均存在甜味觉感知反应，因此可为利用受体嵌合体研究甜味受体的结构与功能提供新的研究素材。有趣的是，hT1R2/smT1R3 和 smT1R2/hT1R3 对甜味蛋白 monellin 均存在甜味觉感知反应，表明位于 hT1R2 或 hT1R3 受体中的特异性氨基酸残基（但 smT1R2/smT1R3 缺少）是决定受体对甜味蛋白 monellin 的甜味有感知的关键氨基酸。

降甜剂 lactisole 是一种有效的甜味抑制剂，能够抑制人和旧世界猴（old world monkey）的甜味觉感知，但不能抑制啮齿动物的甜味觉感知。通过对松鼠猴 T1R2/T1R3 受体对降甜剂的敏感性检测，发现同小鼠的甜味受体相同，降甜剂不能抑制松鼠猴 T1R2/T1R3 受体对各种甜味剂的甜味觉感知。然而，降甜剂能够抑制 smT1R2/hT1R3 的甜味觉感知却不能抑制 hT1R2/smT1R3 的甜味觉感知，说明位于人 T1R3 受体中的关键氨基酸残基决定了受体对 lactisole 的敏感性。这与先前报道的人 T1R3 受体的 A733 残基是决定人对 lactisole 敏感性的关键氨基酸残基的结果是一致的。

有意思的结果是，松鼠猴 T1R2/T1R3 甜味受体能够感知甜味蛋白 thaumatin 的甜味而不能感知甜味蛋白 monellin 的甜味。我们同样检测了由人和松鼠猴的 T1R2 与 T1R3 组成的不同受体嵌合体对不同浓度的 thaumatin 及 monellin 的甜味觉感知反应。其中，monellin 的浓度范围是 1.85~92.5μmol/L，而 thaumatin 的浓度范围是 0.9~45μmol/L。从图 4.21 中可以看出，在低浓度 thaumatin（小于 0.9μmol/L）条件下，所有的甜味受体对 thaumatin 均没有甜味觉感知反应。但是，随着 thaumatin 浓度的逐渐升高，当其浓度达到 2.25μmol/L 时，hT1R2/hT1R3 是第一个对 thaumatin 产生甜味觉感知反应的受体。当 thaumatin 的浓度超过 18μmol/L 时，smT1R2/smT1R3 对 thaumatin 也产生了甜味觉感知反应。甜味受体对 thaumatin 甜味的感知效率由高到低为 hT1R2/hT1R3>hT1R2/smT1R3>smT1R2/smT1R3>smT1R2/hT1R3。但是我们看到，即使在很高的 monellin 浓度下，smT1R2/smT1R3 对其也没有甜味觉感知反应。有趣的是，hT1R2/smT1R3 和 smT1R2/hT1R3 对 monellin 均存在甜味觉感知反应。依赖于浓度的反应曲线显示，hT1R2/hT1R3 具有最高的感知效率，而 smT1R2/hT1R3 对 monellin 的感知效率比 hT1R2/smT1R3 更高。以上结果表明，决定受体对 thaumatin 产生甜味觉感知反应的关键氨基酸残基，在不同物种如人和松鼠猴之间是保守的，而它们之间的序列差异决定了它们对 thaumatin 的甜味觉感知效率存在差异。此外，位于 hT1R2 或

hT1R3 受体两者之一的某些关键氨基酸残基，决定了受体对甜味蛋白 monellin 产生甜味觉感知反应[14]。

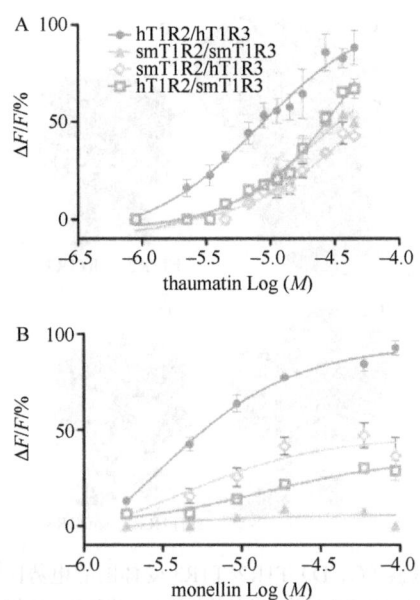

图 4.21　人与松鼠猴甜味受体嵌合体对甜味蛋白奇异果甜蛋白（thaumatin）(A) 和莫内林（monellin）(B) 的甜味觉感知示意图[14]（彩图请扫封底二维码）

横坐标表示甜味蛋白浓度（单位为 mol/L）的常用对数，下同

有研究结果显示，甜味蛋白 monellin、thaumatin、brazzein 及溶菌酶（lysozyme）中的甜味决定氨基酸，通常是带正电荷的氨基酸。例如，点突变实验已经证明 monellin 的 K36、R39、K43、R72 及 R88 位氨基酸是对其甜味起决定作用的关键氨基酸。类似的，带正电荷的 K49、K67、K106、K163、R76、R79 和 R82 位氨基酸是 thaumatin 的甜味决定氨基酸。图 4.22 中 A、C 分别显示了 thaumatin 和 monellin 分子的表面静电性质。上述的决定 thaumatin 和 monellin 甜味的氨基酸均位于其三级结构的一面，因而可能和受体相互作用并激活受体。

依据分子模拟构建的松鼠猴 T1R2/T1R3 受体的三级结构模型，利用 GRASP 程序，计算了其表面静电势能（电荷力）。可以看出，人甜味受体表面比松鼠猴甜味受体具有更多的负电荷，这与以前报道的甜味蛋白表面具有带正电荷的氨基酸，从而可与受体表面带负电荷的氨基酸相互作用的结果相吻合。另外，人与松鼠猴 T1R2/T1R3 受体表面负电荷存在差异的位置主要位于 CRD（图 4.22B, D）。具体为人 T1R2/T1R3 受体分子表面具有 22 个负电荷，而松鼠猴 T1R2/T1R3 受体表面具有 14 个负电荷。值得注意的是，这些静电电荷力存在差异的主要区域位于甜味受体 CRD，而此区域是此前报道的甜味蛋白 brazzein 在人 T1R2/T1R3 受体上的结合作用位点。因此，甜味蛋白和受体之间的静电电荷力可能介导了两者之间的结合与相互作用[14]。

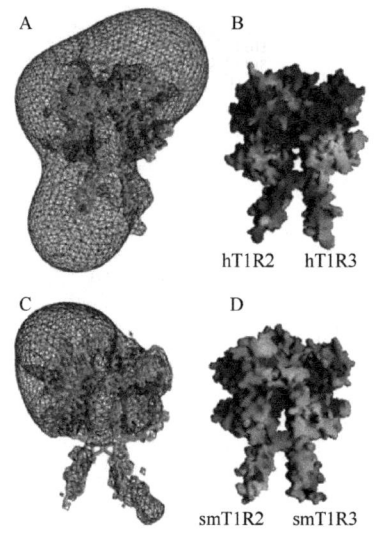

图 4.22 人（A、B）及松鼠猴（C、D）T1R2/ T1R3 受体的静电势图[14]（彩图请扫封底二维码）

A 和 C 分别表示人与松鼠猴甜味受体表面的静电势能等值线图，蓝色表示正电势（+4kT/e），红色表示负电势（−4kT/e）；B 和 D 分别表示人及松鼠猴甜味受体表面的静电势能，蓝色表示正电势（+10kT/e)，红色表示负电势（−10kT/e)

以上研究成果首次报道了利用细胞学实验测定新世界猴（new world monkey）甜味受体的功能。此前，在利用受体嵌合体对甜味受体的功能进行评价时，因为小鼠 T1R2 和人 T1R3 组成的受体嵌合体（mT1R2/hT1R3）没有任何生理功能，所以对人 T1R3 的功能难以进行评价。本实验中成功构建了具有功能的由松鼠猴 T1R2 和人 T1R3 组成的受体嵌合体（smT1R2/hT1R3），可作为一个有用的工具来研究甜味分子在甜味受体上的作用位点，尤其是可以研究可能结合人 T1R3 受体的甜味化合物。

此前，许多生理学和分子生物学研究表明，新世界猴不能感知甜味蛋白的甜味。但是本研究结果指出，松鼠猴能够感知 thaumatin 的甜味而不能感知 monellin 的甜味。另外，松鼠猴对 thaumatin 的甜味觉感知效率明显低于人类。虽然没有证据表明新世界猴与啮齿动物能够感知低浓度 thaumatin 的甜味，但高浓度的 thaumatin（0.2%，90μmol/L）能够激活小鼠鼓索（chorda tympani）神经元。此外，一项研究表明小鼠对蔗糖的甜味觉感知效率可被 thaumatin（0.02%，9μmol/L）提高，说明 thaumatin 可能通过不同于蔗糖受体结合位点的位点与受体结合并激活受体。分子建模与分子表面静电电荷力的比较分析说明，电荷相互作用可能介导了甜味蛋白与受体之间的相互作用[26]。这些研究结果为进一步研究各种甜味分子激活甜味受体的分子机制提供了有益的平台和基础。

二、猕猴的甜味受体

对猕猴甜味受体的功能进行解析具有重要的科学意义。猕猴属于对于阿斯巴甜等结构较为复杂的甜味化合物有甜味觉感知反应的物种，在灵长类动物旧世界猴中处于与人类亲缘关系最远的进化位置。猕猴对甜味化合物甜味的感知已通过行为学和生理学实验方法证实。

猕猴甜味受体 T1R2 的序列已在基因组数据库收录（GenBank 收录号：DQ386298）。针对此序列，研究人员设计了 2 条引物：正义链（5'-CGGAATTCATGCGGCCCAGGGCAACGACCATCTGC-3'），反义链（5'-TATTGCGGCCGCCTAGTCCCTCCTCATGGTGTAGC-3'），并在引物中加入该基因的上游和下游限制性内切核酸酶酶切位点 EcoR I 和 Not I。PCR 扩增的产物经上述限制性内切核酸酶酶切后，连接到 pcDNA3.1 重组质粒。序列分析表明，猕猴甜味受体 T1R2 与代谢型谷氨酸受体 mGluR 1 和 mGluR 3 的序列相似性分别为 25%和 26%。研究组利用 mGluR 3 的胞外 VFTM+CRD（PDB：2E4U）及 mGluR 1 的 TMD（PDB：4OR2）为模板，利用 MODELLER 9.9 程序对猕猴的甜味受体 T1R2 进行分子建模。类似于对松鼠猴甜味受体进行分子建模的过程，评分最优的结果被选定为最终的模拟结构。

遗憾的是，在科研人员进行该项研究时，猕猴甜味受体 T1R3 的序列尚未公开报道。因此，以猕猴的甜味受体 T1R2（rhT1R2）和人的甜味受体 T1R3（hT1R3）进行组合，进行功能评价。以前的研究结果已证明，甜味受体 T1R2 是负责感知基本的糖类和氨基酸甜味的关键受体单体。钙离子成像检测表明，rhT1R2/hT1R3 能够感知蔗糖、葡萄糖、海藻糖及代表性甜味氨基酸 D-色氨酸的甜味。此外，rhT1R2/hT1R3 对蔗糖的衍生物三氯蔗糖、甜菊苷及紫苏葶均具有强烈的甜味觉感知反应，但不能感知葡萄糖的氨基化衍生物——氨基葡萄糖的甜味，即使氨基葡萄糖的浓度达到 500mmol/L。与先前的研究结果相吻合，旧世界猴物种猕猴能够感知阿斯巴甜、纽甜及糖精的甜味，结合受体嵌合体实验结果可知，上述实验结论一方面印证了阿斯巴甜和纽甜的结合位点位于 T1R2 受体，另一方面因为 smT1R2/smT1R3 不能感受糖精的甜味，而受体嵌合体 rhT1R2/smT1R3 能够感知糖精甜味，说明糖精的结合位点也位于 T1R2 受体[16]。

实验结果还表明，rhT1R2/hT1R3 能够对甜味蛋白 monellin 和 thaumatin 产生甜味感知反应。同时，甜味修饰性蛋白（将酸味转化为甜味）curculin 能够轻微地激活猕猴 T1R2 受体。以上结果说明，除了人之外的其他物种如旧世界猴的猕猴，对甜味蛋白也存在甜味觉感知反应。此外，rhT1R2/hT1R3 对上述甜味化合物甜味的感知不能被甜味抑制剂 amiloride 所抑制，而 hT1R2/hT1R3 的感知能够被 amiloride 所抑制，说明 amiloride 的敏感性决定氨基酸残基位于人的 T1R2 受体。在将来的研究中，功能性的 rhT1R2/hT1R3 可以作为研究 amiloride 在 T1R2 受体上具体结合位点的有益工具。

紫苏葶（perillartine）又名紫苏精，常温下为白色晶体，微带紫苏香气，是一种烟用甜味剂，甜味度高（甜味度是蔗糖的2000倍），热量低，无毒，有较好的改良卷烟吸味的效果，尤其对中低档卷烟的效果突出，已在欧美和日本的一些名牌卷烟中广泛使用。适用于烤烟型、混合型卷烟的加香或加料，参考用量为0.002%～0.01%（20～100ppm[①]）。紫苏葶能明显减少刺激性，去除卷烟中的苦、涩、辣等杂气味，使烟气味变得更加柔和细腻，余味纯净舒适，从而明显提高烟气质量[37]。有美国专利（US patent 8124360）报道，紫苏葶能够激活人T1R2单体。对人、猕猴、松鼠猴及小鼠T1R2单体对紫苏葶的感知反应进行检测，发现紫苏葶能够激活人、猕猴和松鼠猴的T1R2单体，但不能激活小鼠的T1R2单体。因为T1R3单体是决定感知甜蜜素甜味的关键受体，因此研究者在检测上述T1R2单体的功能时，观察了其对甜蜜素甜味的感知，以确定在此过程中是否有T1R3受体参与。图4.23表明，几种动物受体蛋白对其甜味的感知效率从大到小为hT1R2> rhT1R2>smT1R2>mT1R2。不同物种对紫苏葶甜味的感知存在强度差异与这些物种的进化位置相吻合[16]。

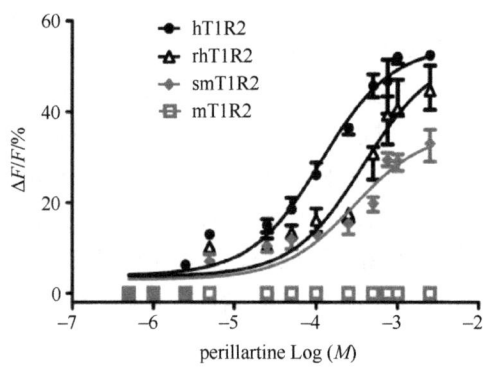

图4.23　不同物种T1R2甜味受体单体对紫苏葶甜味的感知示意图[16]

序列分析表明，猕猴（Macaca mulatta）T1R2含有2520个核苷酸，编码839个氨基酸（GenBank 收录号：ABD37678）。猕猴T1R2受体的氨基酸序列与人（Q8TE23）、松鼠猴（A3QP08）、大熊猫（XP_002926877）、大鼠（Q9Z0R7）及小鼠（Q925I4）的T1R2分别具有92%、89%、77%、72%及71%的相似性。猕猴T1R2蛋白的一级结构如图4.24所示。与已报道的人及其他物种的甜味受体和C家族G蛋白偶联受体相似，经分子建模得到的猕猴T1R2受体结构含有保守的胞外VFTM结构域与CRD、TMD及胞内结构域。此外，序列比对分析显示，人T1R2中的甜味特异性互作氨基酸残基在猕猴的T1R2中也保守存在，如阿斯巴甜和D-

---

① 1ppm=1×10^{-6}。

色氨酸的特异性互作残基 E302、S144、D142、Y103、D278 和 D307（依据人 T1R2 的序列进行编码），糖精的特异性互作残基 E382 和 R383，D-色氨酸的特异性互作残基 S165 及三氯蔗糖的特异性互作残基 P277。另外，残基 S40T 在人 T1R2 和猕猴 T1R2 之间是不保守的，与前期报道的该残基参与调节受体对阿斯巴甜甜味的感知效率的结果是一致的。以上结果暗示，各种甜味分子在人 T1R2 和猕猴 T1R2 受体上可能具有相同的结合位点。猕猴、松鼠猴、小鼠等不同物种的受体对各种甜味剂的甜味觉感知反应存在差异为研究甜味觉感知的进化提供了有益的素材。经分子建模得到的猕猴 T1R2 蛋白的三级结构如图 4.25 所示。

```
MRPRATTICSLFFLLRVLAEPAKNSDFYLPGDYLLGGLFTLHANMKGIVHLDYLQVPMCKEYETKVIGYN
LMQAMRFAVEEINNDSSLLPDVLLGYEMVDVCYVSNNVQPVLYFLAQEDDLLPIQENYSNYVPRVVAVIG
PDNSDAVMTVANFLSLFLLPQITYSAISDELRDKVRFPALLRTAPSADHHIEAMVQLMLHFRWNWIIVLV
SGDTYGRDNGQLLGDRLARGDICIAFQETLPTVQPNQNMTSEERQRLVTIVDKLQQSTARVVVVFSPDLT
LYNFFNEVLRQNFTGAVWIASESWAIDPVLHNLTELRHMGTFLGITIQSVPIPGFSEFRVRDPQAGPPPL
SRTSQRSTCNQECDSCLNGTLSFNNVLRLSGERVVYSVYSAVYAVAHALHSLLGCDHGTCTKREVYPWQL
LKEIWKVNFTLLDHEISFDPQGDMALHLEIVQWQWGLSQNPFQSVASYYPLQRQLKKIQDISWHTINNTI
PVSMCSKRCQSGQKKKPVGIHICCFECIDCLPGTFLNQTEDEYECQACPSNEWSHQSEASCFKRRLAFLE
WHEAPTIVVALLAALGFLSTLAILVIFWRHFQTPMVRSAGGPMCFLMLTLLLVAYMVVPVYVGPPKVSTC
FCRQALFPLCFTICISCIAVRSFQIVCVFKMASRFPRAYSYWVRYQGPYVSMAFITVLKMVTVVIGMLVT
GLNPTTRIDPDDPKIMIVSCNPNYRNSLFFNTGLDLLLSVVGFSFAYMGKELPTNYNEAKFITLSMTFYF
TSSVSLCTFMSAYNGVLVTIMDLLVTVLNLLAISLGYFGPKCYMILFYPERNTPAYFNSMIQGYTMRRD
```

图 4.24　猕猴 T1R2 蛋白一级结构图

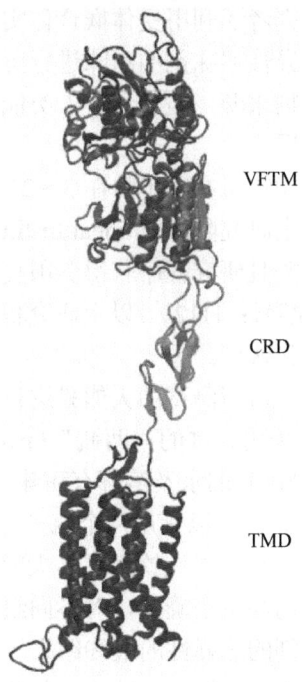

图 4.25　猕猴 T1R2 蛋白三级结构示意图[16]（彩图请扫封底二维码）

三、大熊猫的甜味受体

大熊猫学名为 Ailuropoda melanoleuca，是我国特有的珍贵动物，被称为我国的"国宝"。大熊猫专一性地食用植物竹子，使人们猜想它可能具有一个功能性的甜味觉感知系统。大熊猫的基因组测序结果也表明，其 *T1R2/T1R3* 基因是完整的，且没有无义突变。另外，因为大熊猫摄食的食物 99% 是竹子，而竹子作为单一的植物品种，其内部的糖含量相对较低，所以大熊猫可能同其他的食肉类动物一样，丢失了甜味觉感知功能。因此，有必要对大熊猫甜味受体的结构和功能进行详细的研究。

对于甜味觉来说，那些以含有糖类的植物为食物来源的物种一般具有功能性的甜味受体 T1R2/T1R3，而不消费植物的动物物种，如严格的食肉类动物，一般在进化过程中逐渐丧失了甜味觉感知功能，通过无义突变等方式，确定其甜味受体 T1R2/T1R3 没有功能。人们一般认为功能性甜味受体的作用是在摄食过程中鉴别、选择植物中的糖类成分。类似的，动物保留其苦味觉感知功能与其避免植物中某些有害成分的危害是相吻合的。

为验证以上假设，来自美国莫奈尔化学感官中心的研究人员利用味觉行为学测试及细胞学受体功能评价的方法，对大熊猫 T1R2/T1R3 甜味受体的结构与功能进行了详细研究。此外，研究者还利用受体嵌合体实验，揭示了 T1R2 或 T1R3 是哪一种单体负责对某种特异性甜味剂的甜味进行感知。研究结果显示，虽然大熊猫专一性地以竹子作为食物来源，但它们对人类能感知到甜味的数种甜味化合物也具有强烈的甜味觉感知反应。

研究者选择中国陕西省动物研究所年龄在 3~22 岁的大熊猫为研究对象。这项研究严格遵照美国国立卫生研究院（National Institutes of Health，NIH）的实验动物管理及利用条例进行，并且研究程序获得美国莫奈尔化学感官中心实验动物管理及利用部门的批准（批准号：1112）。以上研究程序也得到了中国陕西省野生动物保护与研究中心的批准和认可。

在味觉行为学测试以前，对拟测试的大熊猫进行分组并给予正常的食物和水喂养。甜味剂的行为学测试采用改进的"两瓶"（two-bottle）方法。具体为：在两个瓶子（或碗）中，分别为 1L 的水及溶解有甜味化合物的 1L 水。在每天上午 9：30，被测试的大熊猫 5min 内可以食用两个瓶子之中的任何一个。在随后的 2 天中，连续给大熊猫喂养仅为水的 2 瓶饮用品。大熊猫的甜味选择性通过测量瓶中剩余水及含有甜味剂的饮用品量来确定，对不同组被测大熊猫的所得结果进行统计分析得到其对各种甜味剂的选择性的最终结果。

该测试选择 6 种天然糖类（果糖、半乳糖、葡萄糖、乳糖、麦芽糖及蔗糖）、

5 种人工合成甜味剂（安赛蜜、阿斯巴甜、甜蜜素、纽甜及三氯蔗糖）和 1 种甜味抑制剂——降甜剂 lactisole（浓度为 2.5mmol/L）。上述 6 种天然糖类是很多常见水果和植物的糖类甜味成分，也是许多物种进行甜味觉测试的常用甜味剂。此外，选择上述 5 种人工合成甜味剂的原因是它们不仅结构多样，而且在其他食肉类动物的甜味觉感官品评测试中已经应用过。

构建大熊猫（giant panda，gp）的 T1R2 和 T1R3 表达载体，gpT1R2（NCBI 收录号为 XM_002926831.1）和 gpT1R3（NCBI 收录号为 XP_019648209.1）的全长核苷酸编码序列由美国 Biomatik 公司化学合成，并进行密码子优化，以利于其在人 HEK 细胞中表达。在 gpT1R2 的 N 端为 KpnⅠ限制性内切核酸酶酶切位点和 Kozak 序列，C 端为 NotⅠ限制性内切核酸酶酶切位点。相应的，在 gpT1R3 的 N 端为 EcoRⅠ限制性内切核酸酶酶切位点和 Kozak 序列，C 端为 NotⅠ限制性内切核酸酶酶切位点。上述基因通过上述限制性内切核酸酶酶切后，连接到 pcDNA3.1 质粒中并经 DNA 测序验证。大熊猫的 T1R2 和 T1R3 蛋白一级结构分别如图 4.26 和图 4.27 所示[15]。

MGPRARAVCFLFILLQVLAVPAENSDFHLAGDYLLGGLFTLHANVKGIIHLNFLQVPQCKEYEMKVLGYN
LLQAMRFAVEEINNHSRLLPGVLLGYEMVDVCYISNNVQPVLYFLAREDYSLPIQEDYSHYVPRVVAVIG
PDNSESTETVAHFLSLFLLPQITYSATSDELRNKQLFPALLRTVPGADHQIEAMVQLMLHFRWNWIIVLV
SSDDYGRYNSQLLNDRLATRDICIAFQETLPMPQPNLEVTQWERQRLEAIVDKLQQSSARIVVLFSPELV
LRNFFHEVLRQNFTGAVWIASESWAIDPVLHNLTELRNTGTFLGITTQSVPIPGFSEFRMRPAQAGPPEP
NRTRLGATCNQECDTCQDNTASFNAVLTLSGERVVYSVYSAVYAVAHALHSLLGCTQTTCSKRVVYPWQL
LQEIWKVNFSLLGHEIFFDKQGDMLMSLDVVQWQWDLRQNPFQSIASYYPVLRQLKTTHNVSWHTADNTI
PVSMCSKDCRPGQKKKPVGIHPCCFECLDCLPGTFLNRTADEFDCQTCPSYEWSHRNDTSCFKRRLAFLE
WHEPSTIIVAMLSVLGFLSTLAIVVVFWRHI.HTPMVRSAGGPMCFLMLIPLLLAYAMVPTYVGQPTFFTC
LCRQTFFTLCFTICISCITVRSFQIVCIFKMARRLPRAYGYWVRYHGPYVFVASFTVLKVVILVGNVLIM
SANPTARADPDDPKIMVLSCNYRKALLFNTSLDLLLSVAGFSFAYMGKELPTNYNEAKFITFCMTFYFTS
SVSLCTFMSVYEGVLVTILDLLVTVLNLLGISLGYFGPKCYMVLFYPERNTQVYFSSMIQGYTMRKD

图 4.26　大熊猫 T1R2 蛋白一级结构图

MPGLTLLGLMALVGLGAGAPLCLSRQLRMQGDYVLGGLFPLGSAEDAGLGDRTQPNATVCTRFSALGLLW
ALAVKMAVEEINNNGSALLPGLHLGYDLFDTCSEPVVAMKPSLMFMAKAGSCDVAAYCNYTQYQPRVLAVI
GPHSSELALITGKFFSFFLMPQVSYGASTDRLSNREIFPSFFRTVPSDRVQAMAMVELLQELGWNWVAAV
GSDDEYGRQGLSLFSSLANTRGICIAHEGLVPLPRAGSLRLGTVQGLLHQVNQSSVQVVVLFASARAART
LFSYSIHCRLSPKVWVASEAWLTSDLVMTLPGMARVGTVLGFLQQGAPMPEFPSYVQTRLALAADPAFCA
SLDAEQPGLEEHVVGPRCPQCDHITLENISVRLLYHRTFAAYAAVYGVAQALHNTLLCDASGCPSREPVR
PWQLLENMYNTSFRARGLVLRFDASGNVHMDYDLKLWVWQDPTPVLRTVGAFDGRLKLWHSQLSWHTPGN
QPPVSQCSRQCREGQVRRVKGFHSCCYDCVDCKAGSYQRSPDDLLCTQCDQDQWSPDRSTRCFPRRPTFL
AWQEPAVLVLLILLGLALGLVLAALGLFIWHWDSPLVQASGGPRACFGLACLGLVCLSVLLFPGQPGPAS
CLAQQPLLHLPLTGCLSTLFLQAAQIFVGSELPPSWAEQLRGCLQGPWAWMVVLLALLAEAALCAWYLVV
FPPEVVTDWWVLPTEALVRCRVRSWISFGLVHATNAVLAFLCFLGTFLVQSRPGHYNGARGLTFAMLAYF
ITWISFVPLFANVHVAYQPTVQMGAILLCALGILATFHLPKCYLLLWRPELNTPEFFLGDDAGGQGSXWY
WGEGDSGQKQVTPDPVTSPQ

图 4.27　大熊猫 T1R3 蛋白一级结构图

将 gpT1R2、gpT1R3 及 Gα16-gust44 共转化入 HEK293 细胞后,利用 neomycin（新霉素）、zeocin（博莱霉素）、hygromycin（潮霉素）进行抗性筛选,建立稳定转染的大熊猫甜味受体和 G 蛋白转染细胞系。以三氯蔗糖作为甜味刺激剂,检测稳定转染的细胞系的甜味觉感知反应,确定其功能的有效性。

大熊猫的甜味觉行为学测试结果表明,它们对 6 种天然糖类具有明显的偏好性,尤其是对果糖具有更强的喜好。在 160mmol/L 果糖浓度下,被测试的大熊猫能够将 1L 的果糖水全部饮完,而对纯水仅有极少的饮用。相反,大熊猫对半乳糖有适度的偏好性,即使半乳糖浓度达到 700mmol/L。大熊猫对麦芽糖具有一定的偏好性,但相对于纯水来说这种偏好性并不十分明显。此外,大熊猫对蔗糖的偏好性,并不能被甜味抑制剂 lactisole 所消除。另外,大熊猫对 5 种人工合成甜味剂具有选择性的甜味觉感知反应。它们对阿斯巴甜没有甜味觉感知反应,对低浓度的纽甜溶液不敏感,但对高浓度的纽甜溶液表现出排斥反应。大熊猫对低浓度的甜蜜素具有微弱的甜味觉感知反应,但对高浓度的甜蜜素、三氯蔗糖及安赛蜜具有适度的甜味觉感知反应。

通过对瞬时转染 gpT1R2、gpT1R3 及 Gα16-gust44 的 HEK293 细胞进行甜味觉信号的钙离子成像检测,发现 gpT1R2+gpT1R3 能够明显感知蔗糖和三氯蔗糖的甜味,但对其他甜味化合物仅有微弱的甜味觉感知反应。然而,对 gpT1R2、gpT1R3 及 Gα16-gust44 共转染的稳定细胞系进行甜味觉信号的钙离子成像检测,发现 gpT1R2+gpT1R3 对蔗糖和果糖表现出依赖于浓度逐渐增强的甜味觉感知反应,但对半乳糖、葡萄糖、乳糖及麦芽糖均没有甜味觉感知反应,即使这些糖类的浓度达到 75mmol/L。此外,稳定转染的大熊猫甜味受体细胞系能够对人工合成甜味剂三氯蔗糖和安赛蜜表现出依赖于浓度逐渐增强的甜味觉感知反应,但当甜蜜素浓度达到 24mmol/L 及阿斯巴甜和纽甜浓度达到 1mmol/L 时,均没有甜味觉感知反应。此外,甜味抑制剂 lactisole 不能抑制大熊猫 gpT1R2+gpT1R3 甜味受体对 5mmol/L 三氯蔗糖甜味的感知[15]。

人和大熊猫甜味受体嵌合体甜味觉信号的钙离子成像检测表明,hT1R2+gpT1R3 甜味受体能够感知结合于 T1R2 受体上的阿斯巴甜、纽甜等甜味剂的甜味,但不能感知结合于 T1R3 受体上的甜蜜素等甜味剂的甜味。相反,gpT1R2+hT1R3 甜味受体不能感知结合于 T1R2 受体上的阿斯巴甜、纽甜等甜味剂的甜味,但能够感知结合于 T1R3 受体上的甜蜜素等甜味剂的甜味。

本项研究旨在解释一个重要的科学问题,即大熊猫是否像其他以植物为主要食物的动物一样,具有功能完整的甜味受体 T1R2/T1R3。尤其是,大熊猫对肉类的成分如氨基酸及香薄荷等味道并不敏感,于是有人推测它可能像其他严格的食肉类动物一样,在长期进化过程中丢失了甜味觉感知功能。本实验结果表明大熊猫和人类及其他哺乳动物类似,对糖类化合物具有普遍的敏感性。同人类一样,大熊猫对蔗糖和果糖具有强烈的偏好性，而对低浓度的半乳糖、葡萄糖、麦芽糖及乳糖仅有微弱的甜味觉感知反应。这表明蔗糖和果糖是甜味度较高的甜味剂，浓度较高可引起大熊猫强烈的甜味觉感知反应。然而，与人类不同，大熊猫对人工合成甜味剂缺少明显的甜味觉感知反应。某些人工合成甜味剂的甜味能够被大熊猫所感知，如三氯蔗糖、甜蜜素和安赛蜜。大熊猫对阿斯巴甜没有甜味觉感知反应，对高浓度的纽甜溶液产生厌恶感。

　　基于以上结果，对大熊猫甜味受体的功能有几种可能的合理解释。第一，人类对竹子没有甜味觉感知反应，但竹子中可能存在一种尚未被发现的化合物，能特异性地激活大熊猫的甜味受体。以植物为主要食物的动物对各种甜味化合物的甜味觉感知反应明显不同，其分子机制值得进一步研究。第二，也许大熊猫在生存与进化的过程中有机会食用各种糖类化合物，导致其甜味受体没有退化，但难以解释为什么大熊猫99%的食物是竹类植物。第三，也许由于随机的原因，大熊猫没有发生甜味受体功能的假基因化，即其基因内没有发生无义或错义突变。这种假设很难加以实验验证，但似乎可说明为什么像雪貂这样严格的食肉类动物能够保持甜味觉感知功能。第四，甜味受体在口腔以外位置（如肠道和胰腺）的功能可能对于那些仅以植物为食物的动物来说是需要的，即使这些植物中没有激活甜味受体的化学成分，但这样可以防止甜味受体功能的丢失。对这种有趣解释的一种支持是在大熊猫体内可能存在一个降解纤维素的肠道微环境，从而使大熊猫能够分解纤维素而产生各种糖类物质。

　　虽然在行为学测试和甜味受体细胞学功能测试中，大熊猫对蔗糖、三氯蔗糖及果糖的反应是一致的，但是对于某些甜味剂来说，二者的测试结果有不一致的情况。这种差异可能源于异源表达受体进行细胞学功能检测的过程在技术上存在不足。一种制约因素是，在行为学测试过程中，往往需要提高甜味化合物的浓度，而在受体细胞学功能检测过程中，由于非特异性的细胞反应，甜味分子的浓度往往较低。上述大熊猫体内和体外甜味受体细胞学功能测试结果存在不一致可能还有其他的解释。例如，可能存在另一种类型的甜味受体，如葡萄糖转运蛋白或者具有ATP门控的代谢型钾离子感受器[15]。

　　比较上述研究结果还可以揭示出特定的甜味分子在甜味受体T1R2/T1R3上的具体结合位点。例如，大熊猫及其gpT1R2+gpT1R3甜味受体对阿斯巴甜均没有甜味觉感知反应，而前期研究表明仅有人类和旧世界猴物种（还包括一种小熊猫）对阿斯巴甜的甜味存在感知。比较这些物种对阿斯巴甜的甜味觉感知反应及它们基因序列的差异得出，决定感知阿斯巴甜甜味的区域位于T1R2受体的胞外VFTM结构域。本研究结果也支持上述结论，因为gpT1R2+hT1R3受体对阿斯巴甜没有甜味觉感知反应。同样，甜味抑制剂lactisole能够选择性地抑制某些物种的甜味觉感知，其与受体的结合和作用位点位于T1R3受体的TMD。大熊猫的甜味觉感知不能被 lactisole 所抑制,说明大熊猫和人 T1R3 受体中 lactisole 结合位点序列存在显著差异。但是,三氯蔗糖作为一种基本的甜味分子,能够激活包括大熊猫在内的几乎所有哺乳动物的甜味受体,说明大熊猫甜味受体的功能完整。三氯蔗糖被认为能够与 T1R2 受体的 VFTM 结构域相互作用,因此三氯蔗糖在受体上的结合位点在不同物种之间应具有较高的保守性。

但是本研究结果也存在一些尚未阐明的科学问题。例如,大熊猫对甜味剂甜蜜素具有微弱的甜味觉感知反应,但受体细胞学功能测试表明甜蜜素不能激活大熊猫的 T1R2/T1R3 受体。可能是甜蜜素能够激活大熊猫体内受体的甜味觉感知反应但在体外缺少激活其甜味受体的能力。另一种可能的解释是甜蜜素钠盐能激活大熊猫体内针对钠盐的咸味或其他味觉感知反应。对后一种推论的一种支持是,目前仅发现人类能感知到甜蜜素钠盐具有甜味。因此,看起来在此方面大熊猫和人类具有一定的相似性。此外,我们已知道甜蜜素能够结合于人 T1R3 受体的 TMD,而本研究结果表明甜蜜素不能激活大熊猫的 T1R3 受体,说明人和大熊猫甜味受体序列之间可能存在决定其甜味觉感知存在差异的关键氨基酸残基。这种差异的具体分子机制有待于进一步研究。以上研究结果阐明了大熊猫甜味受体的功能特异性及选择性,揭示了甜味觉行为学和甜味受体功能之间的联系,并为大熊猫的饲养和供食选择提供了理论基础。

参 考 文 献

[1] Shallenberger R S, Acree T. Molecular theory of sweet taste. Nature, 1967, (216): 480-482.
[2] Kier L B. Molecular theory of sweet taste. J Pharm Sci, 1972, (61): 1394-1397.
[3] Tinti J M, Nofre C. Why does a sweetener taste sweet? A new model. ACS Symposium Series, American Chemical Society, 1991, (450): 206-213.
[4] Bassoli A, Drew M G B, Merlini L, et al. A general pseudoreceptor model for sweet compounds: a semiquantitative prediction of binding affinity for sweet tasting molecules. J Med Chem, 2002, (45): 4402-4409.
[5] Nelson G, Hoon M A, Chandrashekar J, et al. Mammalian sweet taste receptors. Cell, 2001, (106): 381-390.
[6] Li X, Staszewski L, Xu H, et al. Human receptors for sweet and umami taste. Proc Natl Acad Sci USA, 2002, (7): 4692-4696.
[7] Rosenbaum D M, Rasmussen S G, Kobilka B K. The structure and function of G-protein-coupled receptors. Nature, 2009, (459): 356-363.
[8] Cui M, Jiang P, Maillet E, et al. The hetcrodimeric sweet taste receptor has multiple potential ligand binding sites. Curr Pharm Des, 2006, (12): 4591-4600.
[9] Parnot C, Kobilka B. Toward understanding GPCR dimers. Nat Struct Mol Biol, 2004, (11): 691-692.
[10] Xu H, Staszewski L, Tang H, et al. Different functional roles of T1R subunits in the heteromeric taste receptors. Proc Natl Acad Sci USA, 2004, (39): 14258-14263.
[11] Nie Y, Vigues S, Hobbs J R, et al. Distinct contributions of Tas1R2 and Tas1R3 taste receptor

subunits to the detection of sweet stimuli. Curr Biol, 2005, (21): 1948-1952.
[12] Masuda T, Taguchi W, Sano A, et al. Five amino acid residues in cysteine-rich domain of human Tas1R3 were involved in the response for sweet-tasting protein, thaumatin. Biochimie, 2013, (7): 1502-1505.
[13] Jiang P, Ji Q, Liu Z, et al. The cysteine-rich region of T1R3 determines responses to intensely sweet proteins. J Biol Chem, 2004, (43): 45068-45075.
[14] Liu B, Ha M, Meng X Y, et al. Functional characterization of the heterodimeric sweet taste receptor Tas1R2 and Tas1R3 from a new world monkey species (squirrel monkey) and its response to sweet-tasting proteins. Biochem Biophys Res Commun, 2012, (2): 431-437.
[15] Jiang P, Josue-Almqvist J, Jin X, et al. The bamboo-eating giant panda (*Ailuropoda melanoleuca*) has a sweet tooth: behavioral and molecular responses to compounds that taste sweet to humans. PLoS One, 2014, (3): e93043.
[16] Cai C, Jiang H, Li L, et al. Characterization of the sweet taste receptor Tas1r2 from an old world monkey species rhesus monkey and species-dependent activation of the monomeric receptor by an intense sweetener perillartine. PLoS One, 2016, (8): e0160079.
[17] Kim U K, Breslin P A, Reed D, et al. Genetics of human taste perception. J Dent Res, 2004, (6): 448-453.
[18] Rives M L, Vol C, Fukazawa Y, et al. Crosstalk between GABAB and mGlu1a receptors reveals new insight into GPCR signal integration. EMBO J, 2009, (15): 2195-2208.
[19] Kim S K, Chen Y, Abrol R, et al. Activation mechanism of the G protein-coupled sweet receptor heterodimer with sweeteners and allosteric agonists. Proc Natl Acad Sci USA, 2017, (114): 2568-2573.
[20] Zhang F, Klebansky B, Fine R M, et al. Molecular mechanism of the sweet taste enhancers. Proc Natl Acad Sci USA, 2010, (107): 4752-4757.
[21] Jiang P, Cui M, Zhao B, et al. Identification of the cyclamate interaction site within the transmembrane domain of the human sweet taste receptor subunit T1R3. J Biol Chem, 2005, (280): 34296-34305.
[22] Winnig M, Bufe B, Kratochwil N A, et al. The binding site for neohesperidin dihydrochalcone at the human sweet taste receptor. BMC Struct Biol, 2007, (7): 66.
[23] Winnig M, Bufe B, Meyerhof W. Valine 738 and lysine 735 in the fifth transmembrane domain of rTas1r3 mediate insensitivity towards lactisole of the rat sweet taste receptor. BMC Neurosci, 2005, (6): 22.
[24] Jiang P, Cui M, Zhao B, et al. Lactisole interacts with the transmembrane domains of human T1R3 to inhibit sweet taste. J Biol Chem, 2005, (280): 15238-15246.
[25] Masuda K, Koizumi A, Nakajima K, et al. Characterization of the modes of binding between human sweet taste receptor and low-molecular-weight sweet compounds. PLoS One, 2012, (4): e35380.
[26] 刘秋蕾, 王飞, 李磊, 等. 甜味分子与G蛋白偶联受体Tas1R2/3的相互作用及激活机制. 生命的化学, 2014, (4): 400-405.
[27] Assadi-Porter F M, Maillet E L, Radek J T, et al. Key amino acid residues involved in multi-point binding interactions between brazzein, a sweet protein, and the T1R2-T1R3 human sweet receptor. J Mol Biol, 2010, (4): 584-599.
[28] Kunishima N, Shimada Y, Tsuji Y, et al. Structural basis of glutamate recognition by a dimeric metabotropic glutamate receptor. Nature, 2000, (407): 971-977.
[29] Muto T, Tsuchiya D, Morikawa K, et al. Structures of the extracellular regions of the group II /

Ⅲ metabotropic glutamate receptors. Proc Natl Acad Sci USA, 2007, (104): 3759-3764.

[30] Tsuchiya D, Kunishima N, Kamiya N, et al. Structural views of the ligand-binding cores of a metabotropic glutamate receptor complexed with an antagonist and both glutamate and Gd^{3+}. Proc Natl Acad Sci USA, 2002, (5): 2660-2665.

[31] El Moustaine D, Granier S, Doumazane E, et al. Distinct roles of metabotropic glutamate receptor dimerization in agonist activation and G-protein coupling. Proc Natl Acad Sci USA, 2012, (40): 16342-16347.

[32] Vafabakhsh R, Levitz J, Isacoff E Y. Conformational dynamics of a class C G-protein-coupled receptor. Nature, 2015, (7566): 497-501.

[33] Guo W, Shi L, Filizola M, et al. Crosstalk in G protein-coupled receptors: changes at the transmembrane homodimer interface determine activation. Proc Natl Acad Sci USA, 2005, (102): 17495-17500.

[34] Liu B, Ha M, Meng X Y, et al. Molecular mechanism of species-dependent sweet taste toward artificial sweeteners. J Neurosci, 2011, (30): 11070-11076.

[35] Göran H, Vicktoria D. Species differences toward sweeteners. Food Chem, 1996, (56): 323-328.

[36] Glaser D, Tinti J M, Nofre C. Evolution of the sweetness receptor in primates. Ⅰ. Why does alitame taste sweet in all Prosimians and simians, and aspartame only in Old World simians? Chem Senses, 1995, (20): 573-584.

[37] 郑建仙. 高效甜味剂. 北京: 中国轻工业出版社, 2009.

第五章 甜味受体的进化

动物在长期的进化过程中，为适应环境条件及满足摄食需要，逐渐形成了功能迥异的甜味觉感知系统。此外，味觉在动物的日常进食过程中发挥着重要的作用。动物对甜味剂在行为学上产生的差异是自然选择和环境相互作用的结果，如食物选择、营养要求和甜味受体序列、结构及功能的差异均可导致动物对甜味化合物产生不同的反应。

比较基因组学的研究结果表明，甜味受体氨基酸序列的微妙变化决定了不同物种受体功能的特异性，进而影响它们对甜味剂刺激的反应。例如，对30只经近亲交配得到的小鼠进行基因型-表型相关性分析表明，T1R3受体上I60T突变与糖精（saccharin）的摄食偏好性密切相关[1,2]。人类和动物之间在甜味觉感知方面存在的差别可以通过它们各自甜味受体序列之间存在的高水平变化来解释。例如，啮齿动物和人类T1R2/T1R3表现出了70%的序列一致性。此外，猫科动物的甜味受体由于T1R2受体基因碱基对缺失和插入终止密码子而没有功能[3]。

第一节 对阿斯巴甜感知的进化

对于甜味受体进化的研究，研究者倾向于比较亲缘关系较近但具有明显不同甜味选择习性的物种。研究发现，阿斯巴甜对不同物种具有不同的刺激反应。测试者中，选择了42种灵长类动物，其中15种旧世界猴动物物种，以及人、猿、猩猩等能够感知阿斯巴甜的甜味，而24种新世界猴动物物种如松鼠猴等不能感知阿斯巴甜的甜味。研究者认为获得阿斯巴甜甜味觉感知功能是动物进化史上一个较滞后的进化事件，所有对阿斯巴甜有甜味觉感知反应的旧世界猴动物物种应该有一个共同的祖先[4]。

首先，研究者根据已报道的经过行为学或电生理实验得到的关于物种对阿斯巴甜甜味感知的信息，确定了阿斯巴甜感受者（taster）和非感受者（non-taster）。此外，还包括4种非灵长类动物，因为它们的基因序列及对阿斯巴甜甜味的感知均已报道。其中，阿斯巴甜感受者为人（human）、黑猩猩（chimpanzee）、大猩猩（gorilla）、猩猩（orangutan）、赤猴（patas monkey）、狒狒（baboon）、猕猴（rhesus monkey），阿斯巴甜非感受者为狨猴（marmoset）、松鼠猴（squirrel monkey）、绢毛猴（tamarin）、牛（cow）、狗（dog）、大鼠（rat）和小鼠（mouse）。这些物种的基因组来源于特定的科研机构或动物园，如黑猩猩、大猩猩、猩猩、赤猴、绢毛猴的基因组来源于科里尔（Coriell）医学研究中心；猕猴的基因组来源于Therion有限公司；松鼠猴和狨猴的基因组来源于美国圣地亚哥野生动物园（San Diego Zoo）；美国德克萨斯州医学研究中心提供了狒狒的基因组。然后，以这些基因组为模板，利用甜味受体特定的引物，对其进行PCR扩增，得到了不同物种甜味受体T1R2/T1R3的基因片段。最后，对这些基因进行核苷酸测序，确定其具体DNA序列。

对这些甜味受体基因序列按照三联体密码子的规则进行蛋白质序列翻译，并进一步做了蛋白质序列相似性比对，即根据一定的赋分参数，确定任意两个不同的蛋白质序列之间的相似程度（%）。从表5.1可以看出，所有阿斯巴甜感受者之间的T1R2受体具有较高的序列相似性，而所有阿斯巴甜非感受者之间的T1R2受体序列相似性较高。例如，人和猕猴的氨基酸序列相似性达94%，所有与人甜味受体的序列相似性高于这个比例的物种均对阿斯巴甜的甜味有感知。相反，人和松鼠猴的氨基酸序列相似性为92%，所有与人甜味受体的序列相似性低于这个比例的物种对阿斯巴甜的甜味均没有感知[5]。

表5.1 不同物种来源的T1R2甜味受体的序列相似性比较[4]（%）

物种	人	黑猩猩	大猩猩	猩猩	狒狒	猕猴	松鼠猴	狨猴	牛	狗	大鼠	小鼠
人		98	98	95	92	91	89	86	70	76	71	69
黑猩猩	99		99	96	92	91	88	86	70	76	71	70
大猩猩	99	99		96	92	88	87	70	71	76	71	69
猩猩	96	96	96		93	92	89	87	71	76	71	70
狒狒	94	94	94	94		99	89	87	71	76	72	71
猕猴	94	94	94	94	99		89	87	71	76	72	71
松鼠猴	92	92	92	92	92	92		92	70	75	71	70
狨猴	90	90	91	90	90	90	94		70	74	70	69
牛	77	77	77	77	76	76	77	76		72	65	66
狗	83	83	83	83	83	83	83	81	79		71	71
大鼠	78	78	78	78	79	79	79	78	72	79		91
小鼠	78	78	77	78	78	78	79	77	73	79	91	

上述分析表明，在所有不能感知阿斯巴甜甜味的物种中，松鼠猴T1R2受体与人T1R2受体具有最高的序列相似性。因此，分析人和松鼠猴T1R2受体序列之间的差异，对研究阿斯巴甜感知进化具有重要的意义。在此基础上，我们对人和松鼠猴T1R2受体进行了多序列比对（clustal W）分析，发现虽然二者都含有800多个氨基酸，但仅有约100个氨基酸存在差异。图5.1为人T1R2受体（hT1R2）和松鼠猴T1R2受体（smT1R2）VFTM结构域的序列比对图。

```
         * **..:*:. ***********:.************:**********************
hT1R2    MGPRAKTISSLFFLLWVLAEPAENSDFYLPGDYLLGGLFSLHANMKGIVHLNFLQVPMCKEYEVKVIGYNLMQAMRFAVE  80
smT1R2   MEPRVRTVCFLFFLLWVLAEPAENSDFHLPGDYLLGGLFTLHANMKGIVHLNFLQVPMCKEYEVKLSGYNLMQAMRFAVE  80

         **********:***:******:*******:****:****:**********:*********:***:*************
hT1R2    EINNDSSLLPGVLLGYEIVDVCYISNNVQPVLYFLAHEDNLLPIQEDYSNYISRVVAVIGPDNSESVMTVANFLSLFLP  160
smT1R2   EINNDSSLLPGVRLGYEMVDVCYVSNNVQPVLYFLAQEDNLLPIQEDYSNYVPRVVAVIGPENSESVTTVANFLSLFLP  160

         *******:*** *****:****:******** ******:****:***********************:******::**
hT1R2    QITYSAISDELRDKVRFPALLRTTPSADHHIEAMVQLMLHFRWNWIIVLVSSDTYGRDNGQLLGERVARRDICIAFQETL  240
smT1R2   QITYSAISDQLRDKQRFPALLRTTPSAKHHIEAMVQLMLHFRWNWISVLVSSDTYGRDNGQLLGDRLAGGDICIAFQETL  240

         *****:***.*.    :  .*:**:**: *:**** *************.*****.**:********.********** :::
hT1R2    PTLQPNQNMTSEERQRLVTIVDKLQQSTARVVVVFSPDLTLYHFFNEVLRQNFTGAVWIASESWAIDPVLHNLTELRHLG  320
smT1R2   PTLQPNQDMMPEDRQRLVSIVEKLQQSTARVVVVFSPDLTLYDFFREVLRQNFTGAVWIASESWAIDPVLHNLTGLHRTG  320

         ******.*.*****.***  **:***   *  ***:*****. ***.**** ****************************
hT1R2    TFLGITIQSVPIPGFSEFREWGPQAGPPPLSRTSQSYTCNQECDNCLNATLSFNTILRLSGERVVYSVYSAVYAVAHALH  400
smT1R2   TFLGITLQNVPIPGFNEFRVRGPHAGP-----THQRSTCNQECDTCLNSTLSFNTILRLSGERVVYSVYSAVYAVAHALH  395

         *******:* *******************:.***** *****************   .***    * *** .*:***.
hT1R2    SLLGCDKSTCTKRVVYPWQLLEEIWKVNFTLLDHQIFFDPQGDVALHLEIVQWQWDRSQNPFQSVASYYPLQRQLKNIQD  480
smT1R2   SLLGCDHSACTKRVVYPWQLLEEIWKVNFSLLDHQISFDPQGDVALHLEIVQWQWDLSQNFFQSVASYSPLQGHLKDIQD  475

         *****:*****.****
hT1R2    ISWHTINNTIPMSMCS  496
smT1R2   ISWHTVNNTIPVSMCS  491
```

图 5.1 人 T1R2 受体（hT1R2）和松鼠猴 T1R2 受体（smT1R2）VFTM 结构域的序列比对图
星号表示相同的氨基酸残基，单点和双点分别表示具有半保守和保守性质的氨基酸残基，横线表示序列比对产生的空位（gap）；方框为决定人和松鼠猴对阿斯巴甜甜味存在感知差异的关键氨基酸残基

作者与研究合作者通过分子建模与对接计算、受体嵌合体、突变体及功能评价，揭示了胞外 VFTM 结构域中两个氨基酸差异 S40（T）、D142（E）决定了人和松鼠猴甜味受体对阿斯巴甜与纽甜有不同的甜味觉感知反应，而位于结合口袋的 I67（S）残基则决定了人对这两种甜味剂有不同的甜味觉感知效率。主要结果如下。

（1）我们将松鼠猴 T1R2 的 VFTM 结构域的 2 个残基 T40、E142 替换为人 T1R2 该位点的残基 S40、D142 后，则人化的松鼠猴 T1R2 突变体直接恢复了对阿斯巴甜的甜味觉感知。阿斯巴甜的剂量效应曲线如图 5.2 所示。

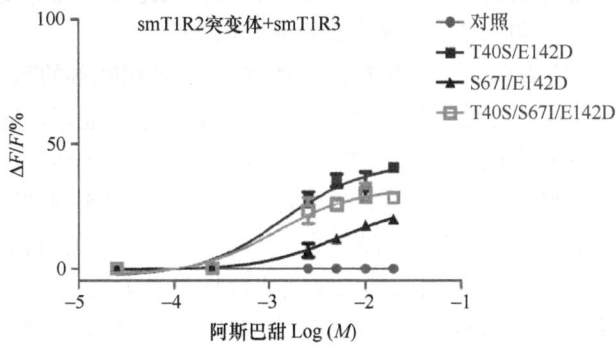

图 5.2 松鼠猴 T1R2 突变体+T1R3 对阿斯巴甜甜味感知的剂量效应曲线[6]
（彩图请扫封底二维码）

（2）根据分子建模与对接计算及生理生化和功能评价结果，我们发现松鼠猴 T1R2 的 T40 与 E142 残基比人 T1R2 的 S40 和 D142 残基具有更大的侧链（图 5.3A，B），从而直接影响了位于结合口袋的 Y103 残基侧链的构象，进而影响 N143 残基的空间取向。从图 5.3B 可以看到在松鼠猴 T1R2 结构中阿斯巴甜的苯环与 N143 残基重叠。这种空间位阻效应直接影响了阿斯巴甜与受体的结合，从而表现为松鼠猴 T1R2/T1R3 受体不能被阿斯巴甜激活。

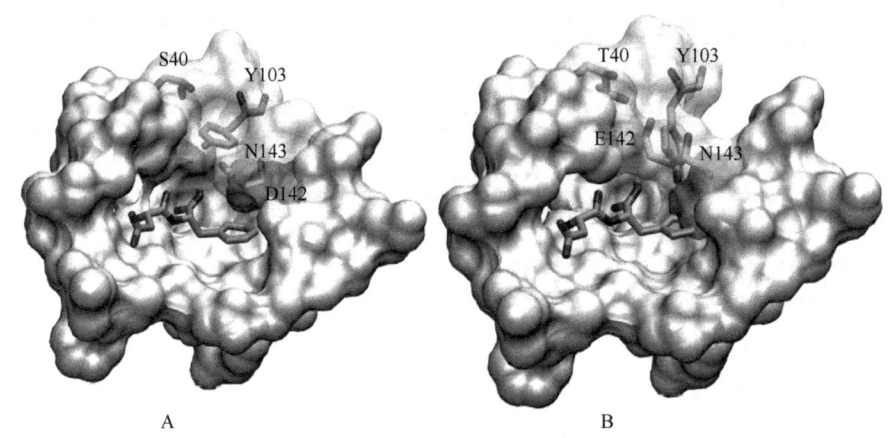

图 5.3　阿斯巴甜结合于人（A）与松鼠猴（B）T1R2 受体 VFTM 结构域的空间结构图[6]
（彩图请扫封底二维码）

阿斯巴甜（深色）及关键的作用位点残基（淡色）以棍棒模型（stick model）表示；N143 残基以棕色分子表面表示，下同

以上几个关键的氨基酸在 T1R2 受体 VFTM 结构域的位置如图 5.4 所示。上述研究结果首次鉴定了松鼠猴 T1R2 与 T1R3 甜味受体的功能，揭示了人与其他灵长类动物如松鼠猴对阿斯巴甜甜味的感知功能的可能进化机制。人与松鼠猴 T1R2/T1R3 甜味受体的高同源性（约 90%），可极大地缩小甜味受体上决定物种感知差异的关键氨基酸区域，具有重要的理论意义[6]。

此外，还有研究者分析了 6 种食肉类动物对 12 种甜味剂的甜味觉感知反应，并对它们 T1R2 受体的外显子基因序列进行了比较。结果显示，狮子对所测试的 12 种甜味化合物均缺少敏感性，其 T1R2 基因被证明是一个假基因（假基因是指丧失功能的基因，其序列不再翻译成正常的蛋白质）。其他 5 种动物对天然的糖类化合物均有敏感性，并且它们的 T1R2 受体基因均具有完整的可读框（ORF），该基因保持了正常的功能。除了对天然的糖类化合物有甜味觉感知外，小熊猫（lesser panda）对 3 种人工合成甜味剂阿斯巴甜、纽甜及三氯蔗糖均有甜味觉感知反应。这个发现推翻了先前人们一致认为的只有旧世界猴物种才对阿斯巴甜具有敏感性的论点，并指出小熊猫可能是甜味觉感知功能进化史上趋同进化的范例[4]。

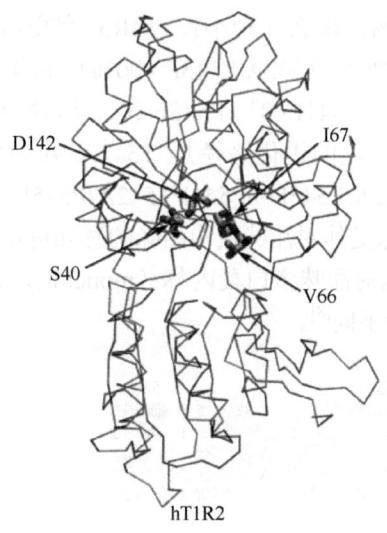

图 5.4 决定对阿斯巴甜存在甜味觉感知差异的关键氨基酸残基（S40、V66、I67 与 D142）在 T1R2 受体 VFTM 结构域上的位置[6]（彩图请扫封底二维码）

第二节 对甜味蛋白感知的进化

甜味蛋白是一类新型的蛋白类大分子甜味化合物，与对阿斯巴甜甜味的感知类似，旧世界猴动物物种能够感知甜味蛋白的甜味，而新世界猴动物物种不能感知甜味蛋白的甜味。由于甜味蛋白是大分子化合物，且其与甜味受体的相互作用机制目前尚不是很清楚，因此研究不同物种对甜味蛋白感知的进化相对具有一定的困难。

Jiang 等通过对人和小鼠甜味受体对甜味蛋白植物甜蛋白（brazzein）反应机制的系统研究，发现人和小鼠 T1R3 受体中半胱氨酸富集结构域（CRD）的 3 个氨基酸差异（F541I、T542A、P545F）决定了二者对 brazzein 刺激有不同的响应。此外，还有研究组报道 CRD 参与人和小鼠对甜味蛋白奇异果甜蛋白（thaumatin）甜味的感知反应。CRD 在甜味蛋白与甜味受体相互作用过程中的重要作用和先期研究组提出的"楔形物模型"及二者之间存在多点攻击（multiple sites attack）的结论是一致的[7,8]。

研究者分析了人和小鼠 T1R3 受体 CRD 的序列差异，并构建了多个单点突变、多点突变体及受体嵌合体（图 5.5），详细分析了它们的功能。结果显示，将小鼠 T1R3 受体（mT1R3）CRD 的 3 个氨基酸 541I、542A、545F 均突变为人 T1R3（hT1R3）相应位点的 F、T、P 后，小鼠甜味受体获得了对甜味蛋白 brazzein 的甜味觉感知功能。但是，这 3 个氨基酸经不同组合后的感知效率是不同的。如果人 T1R3 的甜味觉感知效率为 100%，那么几种小鼠 T1R3 突变组合的甜味觉感知效率为 F541I/T542A/P545F（100%）>T542A/P545F（90%）>F541I/T542A（50%）>T542A（25%）>F541I/P545F（0）、F541I（0）、P545F（0）。这说明，在对甜味蛋白 brazzein 感知进化的过程中，最可能的进化路径是 T542A→F541I/T542A→F541I/T542A/P545F 或者 T542A→T542A/P545F→F541I/T542A/P545F。以上结果说明，强烈的上位显性作用存在于甜味受体对甜味蛋白甜味的感知进化过程中。有趣的是，上述 3 个位点的组合同样影响对甜味蛋白莫内林（monellin）甜味的感知反应，但是其影响程度与 brazzein 有所不同[8]。

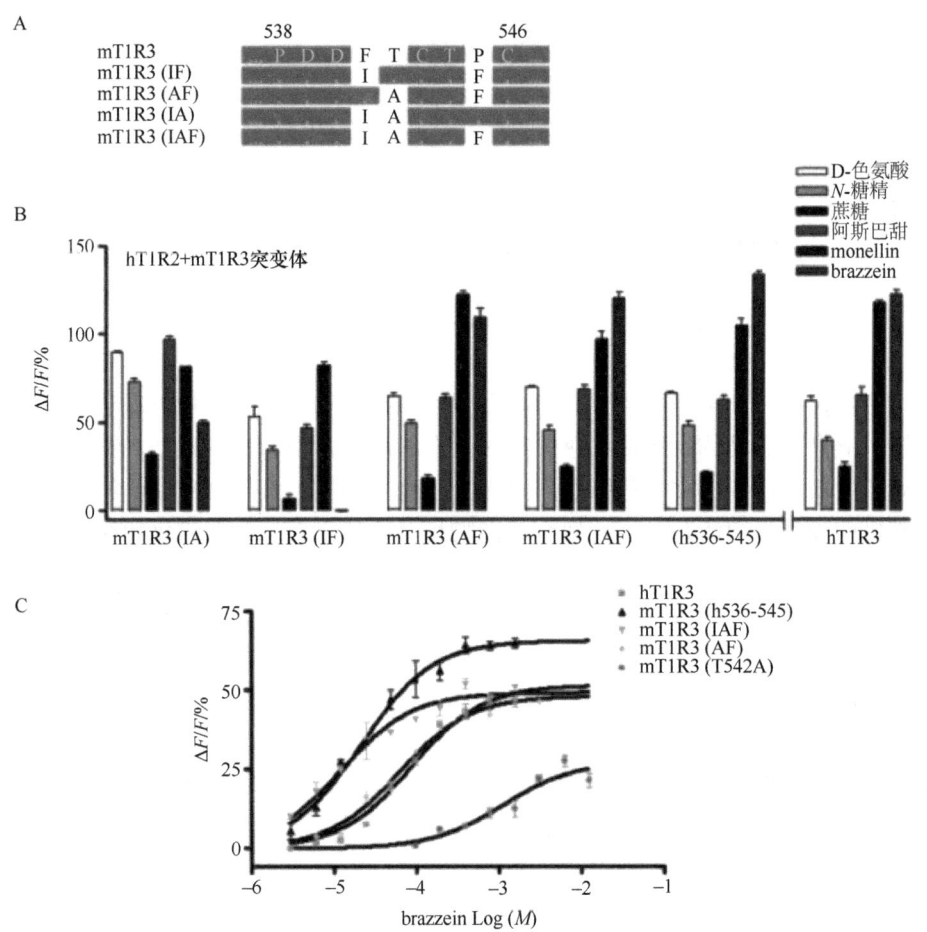

图 5.5　决定人和小鼠对甜味蛋白 brazzein 甜味存在感知差异的氨基酸位点[7]
（彩图请扫封底二维码）
A. 小鼠 T1R3 受体（mT1R3）CRD 关键氨基酸突变位点；B. 人 T1R2（hT1R2）+mT1R3 突变体对甜味蛋白 brazzein 甜味的感知反应；C. 人 T1R2（hT1R2）+mT1R3 突变体对不同浓度 brazzein 的响应曲线

基于公布的数据可知，植物甜味蛋白的甜味只有旧世界猴和更高级的灵长类动物（包括人类）才能感知。例如，通过非人灵长类动物鼓索味觉神经的电生理记录可以看出，在旧世界猴物种中经 brazzein 刺激的神经纤维有反应，而在新世界猴灵长类动物中它没有反应。狨猴（新世界猴）神经纤维经 monellin 刺激同样没有引起任何反应。thaumatin 在驯养猪和金仓鼠中没有或者引起一点反应。然而奇异果蛋白（miraculin，诱导型甜味蛋白）在黑猩猩、猕猴和狨猴中显示出具有相同的活性[9]。这可能表明，甜味蛋白和诱导型甜味蛋白在化学传感神经纤维结构上有不同的行为模式。

对比不同物种来源的甜味受体 T1R2/T1R3 的序列，所有旧世界猴灵长类动物的甜味受体与人类受体有 90%以上的序列一致性。新世界猴物种如侏儒狨猴、松鼠猴被认为不能感知真正甜味蛋白的甜味，尽管与人的序列一致性很高，但低于90%。上述甜味受体之间具有很高的序列一致性似乎是其具有和人类对甜味蛋白一样的反应所必需的，在这里 90%的序列一致性确定为阈值。啮齿动物及猫、牛和狗的甜味受体与人甜味受体之间有较低的序列一致性似乎意味着它们很难具有和人类对甜味蛋白甜味一样的感知。因此，把一些甜味蛋白添加到动物饲料和宠物食品中可能并不可行。然而，有报道称小猪的饮食中添加 thaumatin 可用来增加采食量和提高体重[10]。

第三节　鸟类从鲜味觉到甜味觉的进化

2014 年，哈佛大学的研究者发现在蜂鸟中存在一种新的甜味觉进化机制。蜂鸟（hummingbird）是一种特异的花蜜摄食鸟类，它们能够感知和利用糖类等食物资源（图 5.6）。通过对 10 种鸟类 T1R1、T1R2、T1R3 受体的基因序列进行分析，发现在鸟类中缺少 T1R2 的编码基因[11]，这引起了人们的极大兴趣。为什么鸟类缺少传统的 *T1R2* 基因，却能够感知蜂蜜等物质的甜味？

图 5.6　蜂鸟（hummingbird）[11]（彩图请扫封底二维码）

蜂鸟存在 *T1R1* 和 *T1R3* 基因，同时在这两个基因中存在正向选择信号。但是在鸡（chicken）和褐雨燕（swift）的 *T1R1* 和 *T1R3* 基因中，缺少这种正向选择信号。虽然三者都缺少 *T1R2* 基因，但蜂鸟能感知甜味，而鸡和褐雨燕不能，因此蜂鸟可能存在一种变异或特化了的 *T1R2* 基因。的确，通过比较分析蜂鸟和鸡 *T1R3* 基因之间差异找到了 19 个关键氨基酸残基（分别为蜂鸟 T1R3 受体蛋白的 165、167、211、220、221、223、225、226、227、229、230、206、235、237、254、255、257、258、263 位氨基酸），这 19 个氨基酸的组合突变确实能使 T1R1/T1R3 转化为 T1R1/T1R2，表现出在蜂鸟中存在一种新型的经进化而来的甜味受体。同时，这种受体缺失了对鲜味化合物的鲜味觉感知功能，说明蜂鸟中存在一种新型的从鲜味觉到甜味觉的进化机制。

这种新型的从鲜味受体到甜味受体的转化，颠覆了以前人们普遍认为的 5 种味觉系统酸、甜、苦、咸、鲜分别独立进化的认识，揭示了物种味觉系统进化的高度可塑性，这对我们理解哺乳动物的味觉进化过程具有里程碑式的意义。

第四节　甜味受体进化过程中的假基因现象

行为学测试表明，猫科动物及很多食肉类动物对甜味化合物缺少敏感性。鉴于 *T1R2* 基因比 *T1R3* 基因重要，研究人员最初猜测在猫科动物中 *T1R2* 可能是假基因。先前的基因组测序表明，在鸡（chicken，*Gallus gallus*）、西方无舌爪蛙（tongueless Western clawed frogs，*Xenopus tropicalis*）、3 种吸血蝙蝠（vampire bats，*Desmodus rotundus*、*Diphylla ecaudata*、*Diaemus youngi*）等物种中，*T1R2* 基因是假基因。有趣的是，大熊猫基因组中鲜味受体的单体 *T1R1* 基因是缺失的。然而，猫科动物和大熊猫除了甜味觉感知反应与其他哺乳动物不同外，其他的味觉感知反应如苦、酸、咸等都与其十分类似。因此，有必要对猫科动物的甜味觉系统进行进一步的研究。

首先研究者选取了猫科动物的 12 个物种，然后分别克隆了它们的 *T1R2* 基因。*T1R2* 基因具有 6 个外显子，需要用外显子-内含子边界区域的特异性退火引物将这些外显子片段分别扩增，之后进行拼接。在这 12 个物种中，研究者发现有 5 个物种的 *T1R2* 基因是完整的，包括土狼（aardwolf）、加拿大水獭（Canadian otter）、眼镜熊（spectacled bear）、浣熊（raccoon）及红狼（red wolf）。这些基因的长度在 2511~2517bp。然而，海狮（sea lion）、毛皮海豹（fur seal）、太平洋麻斑海豹（Pacific harbor seal）*T1R2* 基因，或缺少正确的起始密码子（如 ATG），或有由非正常终止密码子（如 TAG）导致的不完整 ORF，致使它们均具有 *T1R2* 假基因。亚洲小爪水獭（Asian small-clawed otter）第三个外显子的 360bp 处多了一个非正常插入的 T 碱基，导致出现 *T1R2* 假基因。黑斑鬣狗（spotted hyena）第二个外显子 130～131bp 处缺失 1 个碱基导致出现假基因。马岛长尾狸猫（fossa）因一个无义突变产生假基因。条纹林狸（banded linsang）有广泛的碱基缺失，导致出现假基因[3]。

由此可见，产生假基因的原因是多种多样的，但其结果均是甜味受体基因不能正确地编码为有功能的蛋白质，从而导致甜味觉感知功能丧失。研究者指出，专一的食肉类动物中 T1R2 受体呈现普遍的假基因化。此外，除了缺失 T1R2 基因外，海狮（sea lion）和宽吻海豚（bottlenose dolphin）还缺少 T1R1 和 T1R3 基因，说明它们丧失了鲜味觉感知功能（图 5.7）。从进化的角度看，净化选择（purifying selection）压力似乎在这些物种中没有发挥作用。这些物种中甜味受体的假基因化与它们的行为学特征是吻合的[12,13]。例如，海狮在吞食过程中，不需要咀嚼就可以将食物完整的摄入，因此不需要从味觉上对食物进行辨别。这些结果表明，不同动物为了适应不同的环境条件，逐渐进化出了功能迥异的甜味觉感官系统[14,15]。这些原理对动物家养产业具有重要的指导意义。我们可以根据不同动物的不同味觉习性，有针对性地对其进行喂食驯化，使其更符合人类生产生活的需要。

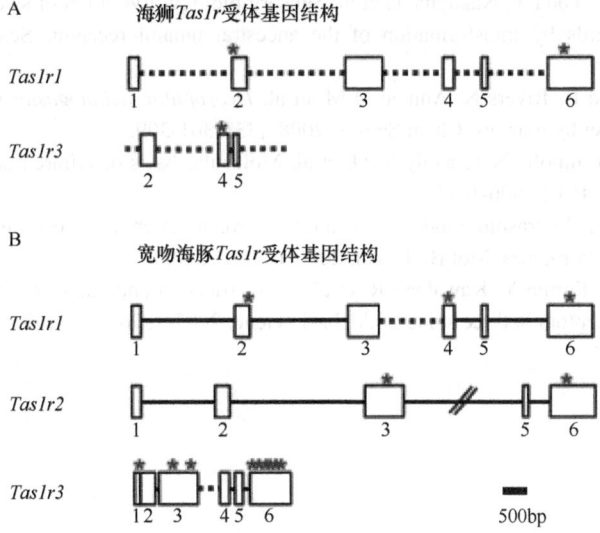

图 5.7　海狮（A）和宽吻海豚（B）甜味/鲜味受体基因（Tas1r1、Tas1r2、Tas1r3）的结构图[3]
星号表示基因结构不完整

参 考 文 献

[1] Inoue M, Glendinning J I, Theodorides M L, et al. Allelic variation of the Tas1r3 taste receptor gene selectively affects taste responses to sweeteners: evidence from 129.B6-Tas1r3 congenic mice. Physiol Genomics, 2007, (32): 82-94.

[2] Inoue M, Reed D R, Li X, et al. Allelic variation of the *Tas1r3* taste receptor gene selectively affects behavioral and neural taste responses to sweeteners in the F2 hybrids between C57BL6ByJ and 129P3J mice. J Neurosci, 2004, (24): 2296-2303.
[3] Jiang P, Josue J, Li X, et al. Major taste loss in carnivorous mammals. Proc Natl Acad Sci USA, 2012, (109): 4956-4961.
[4] Li X, Bachmanov A A, Maehashi K, et al. Sweet taste receptor gene variation and aspartame taste in primates and other species. Chem Senses, 2011, (36): 453-475.
[5] Li X, Glaser D, Li W, et al. Analyses of sweet receptor gene (*Tas1r2*) and preference for sweet stimuli in species of Carnivora. J Hered, 2009, (100): S90-S100.
[6] Liu B, Ha M, Meng X Y, et al. Molecular mechanism of species-dependent sweet taste toward artificial sweeteners. J Neurosci, 2011, (31): 11070-11076.
[7] Jiang P, Ji Q, Liu Z, et al. The cysteine-rich region of T1R3 determines responses to intensely sweet proteins. J Biol Chem, 2004, (279): 45068-45075.
[8] Assadi-Porter F M, Maillet E L, Radek J T, et al. Key amino acid residues involved in multi-point binding interactions between brazzein, a sweet protein, and the T1R2-T1R3 human sweet receptor. J Mol Biol, 2010, (398): 584-599.
[9] 郑建仙. 高效甜味剂. 北京: 中国轻工业出版社, 2009.
[10] Faus I. Recent development in the characterization and biotechnological production of sweet-tasting protein. Appl Microbiol Biotechnol, 2000, (53): 145-151.
[11] Baldwin M W, Toda Y, Nakagita T, et al. Sensory biology. Evolution of sweet taste perception in hummingbirds by transformation of the ancestral umami receptor. Science, 2014, (345): 929-933.
[12] Gordesky-Gold B, Rivers N, Ahmed O M, et al. *Drosophila melanogaster* prefers compounds perceived sweet by humans. Chem Senses, 2008, (33): 301-309.
[13] Gracheva E O, Ingolia N T, Kelly Y M, et al. Molecular basis of infrared detection by snakes. Nature, 2010, (464): 1006-1011.
[14] Shi P, Zhang J. Contrasting modes of evolution between vertebrate sweet/umami receptor genes and bitter receptor genes. Mol Biol Evol, 2006, (23): 292-300.
[15] Hashiguchi Y, Furuta Y, Kawahara R, et al. Diversification and adaptive evolution of putative sweet taste receptors in three spine stickleback. Gene, 2007, (396): 170-179.

第六章 寡肽类甜味剂及其作用机制

第一节 阿斯巴甜

一、阿斯巴甜及其特性

阿斯巴甜的英文名为 aspartame,是由美国 G. D. Searle 公司的研究人员 James M. Schlatter 在进行促胃液分泌激素的合成化学实验研究中偶然发现的,是第一个被发现的二肽类甜味剂。阿斯巴甜的学名为 N-α-L-天冬氨酰-L-苯丙1-氨酸甲酯,由一个 L-苯丙氨酸甲酯与 L-苯丙氨酸通过共价键连接形成,其分子结构式如图6.1 所示。阿斯巴甜又称甜味素、蛋白糖、天冬甜母、天冬甜精、天苯糖等,只能通过化学合成的方法获得,甜味度可达蔗糖的 200 倍。世界卫生组织食品添加剂联合专家委员会(JECFA)经过充分的评估认为,阿斯巴甜是一种安全的食品添加剂。其甜味度高且不产生过多热量,因此在饮料等行业中具有广泛的应用。迄今,阿斯巴甜已在包括美国、中国、日本在内的全世界超过 50 个国家广泛使用。比较知名的阿斯巴甜生产企业有美国纽特公司、日本味之素株式会社、韩国味元公司等。在我国,各种规模的阿斯巴甜生产企业十分普遍,如生产规模超过 1000t 的企业已有多家,其生产技术及产品性能也在日趋进步[1]。阿斯巴甜具有以下特性。

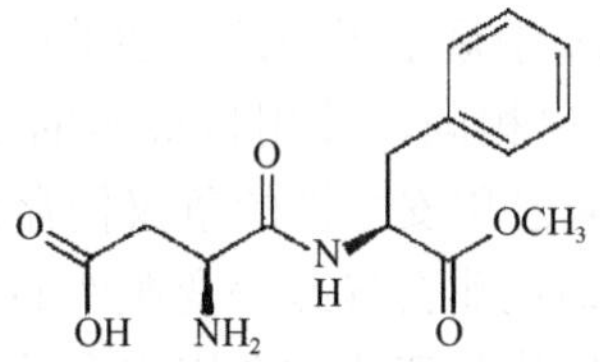

图 6.1 阿斯巴甜的分子结构式

1. 阿斯巴甜的物理性质

阿斯巴甜由必需氨基酸之一 L-苯丙氨酸(Phe,F)先与甲醇酯化后再和 L-天冬氨酸(Asp,D)缩合酰胺化所产生的一种经甲基酯化的二肽类化合物。其分子式为 $C_{14}H_{18}N_2O_5$。在常温下阿斯巴甜是白色结晶性粉末,无臭味,有强烈甜味,微溶于水,在 25℃水中的溶解度约为 1%(质量比),40℃条件下为 2%。虽然阿斯巴甜在水中的溶解度不高,但是由于其甜味度是蔗糖的 200 倍,因此可作为一种有效的甜味剂在食品中应用。此外，阿斯巴甜具有很高的热稳定性，可在常温下长期保存而不发生变质现象。在低温、pH 为 3～5 的条件下阿斯巴甜具有较高的稳定性，使用时温度过高其也会发生降解变性。因此，食品工业应用阿斯巴甜时，应注意选择灭菌处理等环节的加热稳定条件。如长期保存，应放置于低温和干燥的环境中[2]。

2. 阿斯巴甜的安全性

在自阿斯巴甜被发现后的长达 16 年（1965～1981 年）时间里，科学家及食品科研工作者进行了多种和重复的安全综合性实验，以评价其食用安全性。阿斯巴甜在市面上销售的这十几年里，没有出现过任何的安全性问题，包括孕妇在内的各类人群都可以食用。阿斯巴甜可被人体内的各种氨基酸代谢酶类所消化，产生天冬氨酸、苯丙氨酸和甲醇三种物质。其中，天冬氨酸和苯丙氨酸不仅是组成蛋白质的基本氨基酸，而且是人体的必需氨基酸，苯丙氨酸必须从食物中摄取。这两种氨基酸在我们日常的食用品中均普遍存在，能被机体正常吸收，因此阿斯巴甜不会对人体造成不良影响或危害。阿斯巴甜被联合国食品添加剂法规委员会列为 GRAS 级，是所有对人体安全的代糖中被研究得最为彻底的产品，到目前为止阿斯巴甜已在全世界多个国家的超过 6000 种产品中广泛应用。我国于 1986 年正式批准阿斯巴甜在食品中使用。阿斯巴甜已经发展为国际、国内市场上的主导强力甜味剂[1]。

然而有报道指出，阿斯巴甜及其衍生物纽甜会导致人体发生癌变、畸形等的概率上升。但动物体内毒性及人体内细胞遗传分析等实验表明，阿斯巴甜没有明显的毒性作用，对人体细胞也没有明显的致癌性。应该认识到，对于阿斯巴甜的使用，如能将使用量控制在一定范围内，对人体应该是安全无害的。我国食品添加剂国家标准 GB 2760—2014 中规定了阿斯巴甜的应用范围及限量，但不同的食品中阿斯巴甜的限量标准不尽相同，使用量最多的是胶基糖果，最大使用量是 10g/kg。但是，目前关于阿斯巴甜安全性的争议仍存在。例如，某些科研机构通过实验研究指出长期服用阿斯巴甜会导致癌变概率的提高。总结来说，在目前的科研水平下，还很难对阿斯巴甜与纽甜的食用安全性进行全面可靠的评价。尤其是，百事可乐公司宣布其旗下的健怡系列汽水将不再添加阿斯巴甜，引起对阿斯巴甜的广泛热议，不过暂时不会影响阿斯巴甜的广泛应用[3-7]。

3. 阿斯巴甜的甜味性质

阿斯巴甜甜味纯正、自然，具有和蔗糖极其近似的清爽甜味。阿斯巴甜的甜味度接近砂糖、果糖，没有其他一些人工合成甜味剂所具有的苦味、金属味及中草药味等，是到目前为止开发最成功的甜味度接近蔗糖的甜味剂之一。阿斯巴甜添加在不同的食品体系中，所表现出的甜味特性明显不同。首先，阿斯巴甜与蔗糖、葡萄糖等糖类物质复配使用时，其甜味度会高于各个甜味成分之和。其次，阿斯巴甜与一些水果物质成分复配时，可明显提高其风味。最后，阿斯巴甜可减轻咖啡的后苦味。

4. 阿斯巴甜的低热量特性

阿斯巴甜的蛋白质成分可被人体自然吸收分解，阿斯巴甜在体内与蛋白质以同样的途径被消化、吸收、代谢，阿斯巴甜的热量为 4.186kcal/g，约为蔗糖的 1/200。阿斯巴甜的甜味度是蔗糖的 200 倍，实际使用过程中阿斯巴甜的用量只需要蔗糖的 1/200，就可达到同样的甜味度。因此，阿斯巴甜特别适合糖尿病、心血管疾病、肥胖症等患者使用。

5. 阿斯巴甜与口腔健康

包裹在牙齿表面的牙釉质，大部分会形成羟基磷灰石（一种磷酸钙）晶石，在酸性条件（如 pH 小于或等于 5）下会剧烈溶出，一般情况下，人类口腔的 pH 保持在 6～7，使用含有蔗糖的乳酸是造成龋齿的主要原因，因为乳酸会将 pH 降到 4 左右，所以蔗糖的过量服用是引发龋齿的主要原因。阿斯巴甜不会造成龋齿，因为阿斯巴甜不是碳水化合物，并且不会被微生物侵染或发酵破坏，也不会发霉变质，如在美国含有阿斯巴甜的口香糖目前占据着超过一半的市场份额，和阿斯巴甜不会造成龋齿这个特性有很大的关系。阿斯巴甜和麦芽糖醇、山梨糖醇一样，pH 显酸性对它们齿垢的影响很小或没有，可显著降低热量，且不会造成龋齿，为非龋齿性甜味剂[8]。

6. 阿斯巴甜与人体代谢

阿斯巴甜与蔗糖不同，它在一定的剂量范围内可刺激胰岛素的分泌。此外，不同人群个体由于对阿斯巴甜的耐受性不同，其对阿斯巴甜的代谢反应也有差别。例如，阿斯巴甜在体内可被降解成苯丙氨酸，苯丙酮尿症患者由于代谢苯丙氨酸的能力较低，因此应控制阿斯巴甜的摄入量。

7. 阿斯巴甜的价格优势

随着阿斯巴甜产业的快速发展，国际上阿斯巴甜的价格竞争日趋激烈。例如，阿斯巴甜的价格从 1998 年的 45 美元/kg，已下降到 2002 年的 18 美元/kg。但相对于蔗糖来说，其价格约为蔗糖的 70%，因此具有较强的市场竞争力。此外，阿斯巴甜与其他甜味剂（如蔗糖）复配后，可降低其使用量。以 2003 年的阿斯巴甜市场调查报告为例，阿斯巴甜在我国的消费量在 400t 左右，低于国内的生成总量，因此，国内阿斯巴甜生产企业都把注意力转向国际市场。

二、阿斯巴甜的应用

上述阿斯巴甜的特性，使得其具有独特的应用优势，并已广泛使用于食品等行业中。例如，无砂糖糖果、胶姆糖等食品中阿斯巴甜的添加量可以超过食品质量的 2/3，而饮料中阿斯巴甜的添加量可达到 1/4。其中，美国是目前世界上最大的阿斯巴甜生产和消费国，这与欧美人对甜味食品的偏好性有直接关系。此外，阿斯巴甜还可使用于乳制品、甜味料、咸菜、保健食品、甜品及药品中。在我国，阿斯巴甜已广泛使用于包括碳酸饮料和罐头在内的各种食品中（表 6.1）。具体的，阿斯巴甜主要有以下几个方面的应用。

表 6.1　使用阿斯巴甜的代表产品及其效果[9]

分类		代表例子	使用效果
一般饮料	软饮料	汽水、可乐、果汁	1. 爽口的甜味；2. 低热量化；3. 不引起龋齿
	乳饮料	乳酸菌饮料	1. 甜味与酸味协调；2. 低热量化；3. 不引起龋齿
	粉末饮料	果汁	1. 爽口的甜味；2. 增强风味；3. 计量性优良；4. 低热量化
	含醇饮料	配制酒	赋予浓郁口味
冷饮	含乳冷饮 甜冷饮 粉末冷饮	冰激凌 果汁冰激凌 甜橙粉末	1. 爽口的甜味；2. 低热量化；3. 防止变形；4. 不引起龋齿；5. 增加风味
糖食	胶质糖 小吃食品 巧克力糖果	胶姆糖 各种谷物制品 板状巧克力	1. 爽口的甜味；2. 低热量化；3. 不引起龋齿；4. 增加风味
调味料	粉末型	粉末沙司 粉末汤料	1. 赋予浓郁口味；2. 爽口的甜味
调味食品	腌菜	酸菜	1. 爽口的甜味；2. 腌制速度快；3. 不易褐变

1. 阿斯巴甜在饮料中的应用

阿斯巴甜的产品使用范围不断扩大，碳酸饮料是应用阿斯巴甜最多的饮料，如可口可乐等。除此之外，果蔬汁、茶饮料等对阿斯巴甜的需求量、使用量也在逐渐增大，现在阿斯巴甜已经增加至在水果香味的乳饮料、粉末饮料等产品中使用。另外，一些特殊饮品（如茶饮料等）也在逐渐使用阿斯巴甜作为甜味剂[9]。

在使用阿斯巴甜或纽甜作为饮料的甜味剂时，应考虑溶液酸碱度等或其他成分对阿斯巴甜性质的影响，进而影响饮料的品质。例如，一些天然果汁中往往含有较多的蛋白酶，能够降解阿斯巴甜，因此不宜将这些果汁和阿斯巴甜复配使用。

2. 阿斯巴甜在冰激凌、冰冻甜点中的应用

冰激凌消费量巨大，但其热量高（容易使人发胖）是生产商和消费者关注的

主要问题之一。鉴于阿斯巴甜优越的低热量特性，利用阿斯巴甜开发纤维量高、热量低和无糖的冰激凌产品，给冰激凌商家带来了很多产业转型商机。此外有报道称在冻奶制作过程中，利用聚右旋糖进行膨化，并加入阿斯巴甜，可制成口感优质的冷冻牛奶。在制作明胶果冻的过程中，也可加入阿斯巴甜，以使果冻具有糖量低、热量低的性质[9]。

3. 阿斯巴甜在奶业、糖果及其他食品中的应用

为改善糖类物质摄入量过多不利于健康的现状，寻找低热量、稳定、安全高效的甜味剂替代品对糖果行业的发展至关重要。因此，阿斯巴甜有望成为糖果、巧克力的主要甜味添加化合物。此外，阿斯巴甜在婴幼儿奶粉、中老年营养品等中也有较大的应用潜力。

4. 阿斯巴甜在医药行业中的应用

阿斯巴甜对不能服用糖类的糖尿病患者具有很好的效果，即可替代食物中的糖类。此外，阿斯巴甜与一些口服药液混合使用时，可去除或掩盖其一些不良味道。例如，利用阿斯巴甜可制备甘露醇片、咀嚼片、人造蜂蜜、口服液、止咳糖浆等[9,10]。

三、阿斯巴甜与受体的相互作用机制

阿斯巴甜作为应用范围广泛的小肽类人工合成甜味剂，其激活甜味受体并触发甜味觉感知反应的机制引起了科研工作者的极大兴趣。尤其是，科研工作者一直在追求设计和合成高效、富有营养价值的新型甜味化合物，而阿斯巴甜作为由两个氨基酸构成的小肽，其结构与功能的关系可为其他甜味剂的分子设计或改造提供有益的借鉴和思路[11]。

已经有报道称，在灵长类动物中，旧世界猴动物如猕猴，以及人、猿、猩猩等能够感知阿斯巴甜的甜味，而新世界猴动物及啮齿动物如松鼠猴、狗、牛、小鼠等不能感知其甜味。对阿斯巴甜甜味存在感知差异的各种物种不仅可以用作研究阿斯巴甜味觉感知功能进化的工具，而且可以用来研究阿斯巴甜与甜味受体之间的相互作用[12]。

利用嵌合体（chimera）技术，已经确定阿斯巴甜结合于人T1R2受体的胞外VFTM结构域。那么，如何确定阿斯巴甜与受体相互作用的位点呢？首先以代谢型谷氨酸受体结构为模板对人T1R2受体进行分子建模，模拟人T1R2受体的三级结构。然后利用Docking、Autodock等分子对接技术，模拟阿斯巴甜与T1R2受体的相互结合模式。这样可初步推测阿斯巴甜与T1R2受体相互作用的关键基团或原子，以及受体上可能与阿斯巴甜相互作用的关键氨基酸残基。具体的，受体

上阿斯巴甜的结合口袋中，有 15 个关键的 T1R2 受体氨基酸残基，分别是 S40、N44、V66、Y103、D142、S144、S165、S168、Y215、D278、E302、S303、D307、R383 及 V384。它们能够与阿斯巴甜形成氢键、离子键、疏水作用等作用力，从而激活受体。此外，D142 和 L279 残基能够通过 2 个水分子的"桥梁"作用与阿斯巴甜相互作用。具体的，有以下相互作用力。

（1）D278 和 D307 残基与阿斯巴甜的 NH 基团形成氢键相互作用。

（2）R383 和 V384 残基主链上的 NH 基团原子能够与阿斯巴甜上带负电荷的羧基基团形成氢键相互作用。

（3）D142 和 L279 残基通过水分子的媒介作用，与阿斯巴甜主链上的氧原子相互作用。

（4）Y103 残基与阿斯巴甜 C9 位的甲基基团发生疏水相互作用。

（5）S165 残基与阿斯巴甜的苯环基团发生疏水相互作用。

（6）Y215 残基与阿斯巴甜的苯环基团形成 π-π 键相互作用。

（7）V66、S303、R383 残基与阿斯巴甜 C6/13 位的主链 C 原子发生疏水相互作用。

（8）S40、N44、S144、S168、E302 残基与阿斯巴甜不直接相互作用，但它们能影响阿斯巴甜刺激的受体激活后的构象变化及信号转导[13,14]。

以上关键氨基酸残基的功能已经通过定向突变技术进行了验证。这些氨基酸的突变能显著影响人甜味受体对阿斯巴甜甜味的感知效率。结合结构模拟分析，揭示了人 T1R2 受体上与阿斯巴甜结合的口袋（图 6.2）。这个结合口袋与先期报道的人 T1R2 受体 VFTM 结构域上蔗糖、三氯蔗糖等小分子化合物的结合口袋具有部分重合。这说明小分子甜味化合物的结合区域在人 T1R2 上具有一定的保守性。

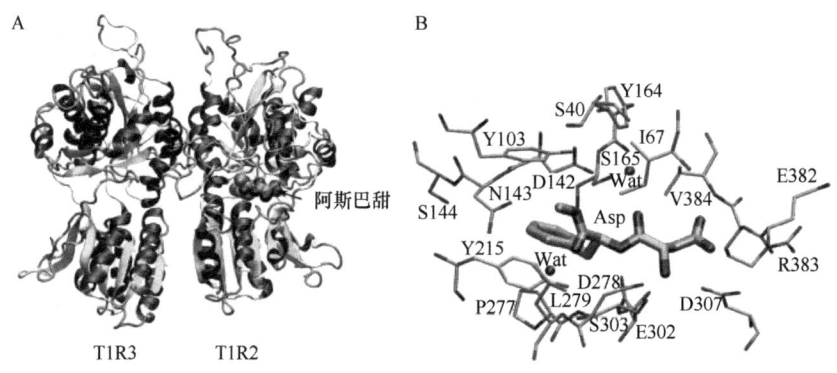

图 6.2　甜味受体 T1R2 胞外 VFTM 结构域上与阿斯巴甜结合的口袋（A）及阿斯巴甜与甜味受体相互作用的关键氨基酸位点（B）[14]（彩图请扫封底二维码）

氨基酸残基以棍棒模型（stick model）表示；Wat. 水分子，下同阿斯巴甜与甜味受体相互作用机制的研究为其他小分子甜味剂的相关研究提供了有益的借鉴。根据上述方法，甜蜜素（cyclamate）、新橙皮苷二氢查耳酮（NHDC）、甜味抑制剂 lactisole 在甜味受体上的作用位点均已经鉴定。此外，两种甜味增强剂 SE-2 和 SE-3 在 T1R2 受体 VFTM 结构域的结合位点及它们通过协同作用增强三氯蔗糖甜味的分子机制也已阐明。受体上这两种甜味增强剂的结合口袋与阿斯巴甜的结合口袋具有一定的重合。基于以上结果提出的"钳子"（pincer）模型指出，三氯蔗糖或阿斯巴甜结合到其在受体上的结合口袋后，甜味增强剂 SE-2 或 SE-3 也进入临近的区域，通过协同作用，稳定 T1R2 甜味受体 VFTM 结构域两个裂叶状（lobe）结构的关闭型（close）构象，从而稳定受体的激活状态，并增强甜味[15]。

需要指出的是，阿斯巴甜与甜味受体的结合方式是通过分子建模和实验相结合的方法得到的，仍存在一定的局限性。例如，受体某些关键氨基酸的突变可严重影响其功能，但用该模型很难解释。只有完全解析甜味受体的三级结构，再阐明受体-甜味剂复合体的空间结构，才能彻底了解阿斯巴甜与受体具体的作用方式。

第二节　纽　　甜

纽甜（neotame）是阿斯巴甜的衍生物，其化学结构与阿斯巴甜不同，纽甜可以看作是由 3,3-二甲基丁基取代了阿斯巴甜氨基氢的化合物，没有了裸露的氨基。纽甜的分子结构式如图 6.3 所示。纽甜的甜味度为蔗糖的 8000～10 000 倍，它除了保留有阿斯巴甜甜味纯正、甜味度高等特点外，其稳定性比阿斯巴甜高，从而扩展了其应用范围，如在焙烤食品中的应用。纽甜除了保持有阿斯巴甜甜味纯正、不产生热量、无致龋性等优点外，还具有更好的稳定性，如在瞬间高温杀菌条件下，纽甜不变性并能够保持原有的甜味品质，尤其是纽甜甜味度比阿斯巴甜高数十倍，因此同甜味度下纽甜的使用量大大低于阿斯巴甜，也使其市场竞争力大大增强。美国纽特公司耗资数千万美元，将纽甜产业化并投入市场。

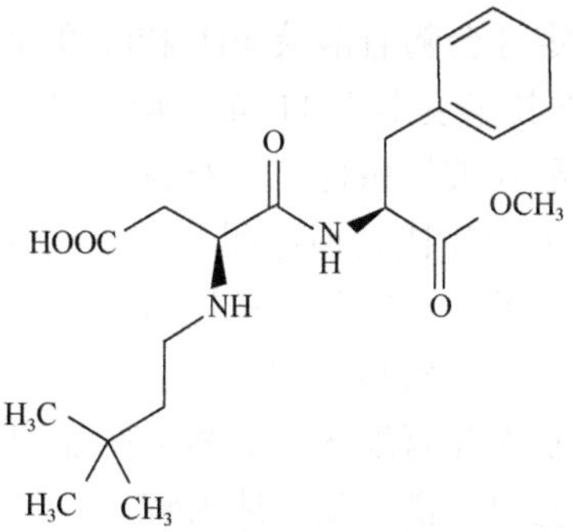

图 6.3　纽甜的分子结构式

纽甜对人体健康无不良影响，2002 年 7 月 9 日通过美国 FDA 食品添加物审核允许应用在所有食品。欧盟于 2010 年 1 月 12 日正式批准其应用，我国卫生部 2003 年第 4 号公告也正式批准纽甜为新的食品添加剂品种，适用各类食品[16]。

除了在食品等领域应用外，纽甜在饲料添加剂行业也有广泛的应用。例如，济南诚汇双达化工有限公司成功开发了含有纽甜的新型高端饲料。该产品与其他含甜味剂的饲料相比更加安全、有效、环保，并于 2015 年 10 月获得农业部下发的新饲料添加剂批准。公司也获得了农业部颁发的《新饲料添加剂证书》，是 5 年内国内唯一合法的纽甜生产供应企业。

在阿斯巴甜天冬氨酸氨基基团上连接 3,3-二甲基丁基制备的甜味化合物称为纽甜，又称乐甜。纽甜因结构上与阿斯巴甜相似，所以对其与其受体相互作用的研究多基于阿斯巴甜与其受体相互作用的研究，仅见于少数报道。本课题组及合作者指出人 T1R2 甜味受体 VFTM 结构域的 I67 残基介导了人和其他较高等动物对阿斯巴甜与纽甜甜味存在的感知差异，即 I67 残基能够与纽甜分子上的二甲基丁基形成疏水相互作用，加强了纽甜分子与受体的结合力（相比于阿斯巴甜），所以纽甜的甜味度远远高于阿斯巴甜（约 40 倍）[13]。

与阿斯巴甜不同，纽甜还可与很多食品或食品配料混合使用。例如，纽甜没有与还原糖及醛基风味物质发生相互作用的现象，这一点纽甜比阿斯巴甜具有更大的优势。

一、纽甜的化学性质

溶解在 25℃水中时，纽甜的溶解度高于阿斯巴甜，达到 12.6g/L，而阿斯巴甜为 10g/L。类似的，纽甜在无水乙醇中的溶解度是阿斯巴甜的 250 倍。另外，当纽甜以盐或与 β 环糊精形成的复合体形式存在时，其溶解度明显提高。纽甜作为一种两性化合物，其等电点约为 5.5。纽甜的的单水化合物不吸收水分，在干燥条件下很稳定，在室温及干燥条件下可以储存数年。

研究发现，纽甜的稳定性会随着溶液 pH 和温度变化而明显变化。例如，在 pH 为 3 的溶液中，25℃下其半衰期为 11 周，40℃时为 22 天，而 80℃时其半衰期仅为 30min。可见，纽甜在酸性条件下具有较好的稳定性，可添加到酸奶等食品中。此外，在中性条件下纽甜比阿斯巴甜具有更高的稳定性。例如，pH 为 7 时，30℃下阿斯巴甜的半衰期为 1.5 天，而纽甜为 6.6 天；70℃下阿斯巴甜的半衰期为 1h，而纽甜为 13h。纽甜水解后，甲酯基团水解为二甲基丁基天冬氨酰苯丙氨酸和甲醇，因二甲基丁基天冬氨酰苯丙氨酸无明显甜味，所以纽甜水解后甜味度大大下降。但对于阿斯巴甜来说，除上述水解途径外，在 pH>5 时，可通过环化反应除去甲醇生成环天冬氨酰苯丙氨酸。因为阿斯巴甜在水解过程中存在环化现象，所以其稳定性不如纽甜，在需要经高温处理的食品中应用受到一定限制[17]。

纽甜分子上的仲氨基不能通过缩合反应与还原糖和醛类物质发生相互作用，因此相比于阿斯巴甜，纽甜具有较强的惰性。这种惰性使其可与葡萄糖、果糖、麦芽糖、乳糖、糖浆等不发生化学反应，与其他香料及风味化合物不发生如Schiff碱合成等反应，因此可与多种甜味剂或食品营养物质复配，从而提高其风味。

二、纽甜的甜味性质

最初科学家认为，甜味受体T1R2/T1R3中包含两个结合甜味分子的疏水区域，阿斯巴甜可与其中一个区域结合，而其衍生物如纽甜包含疏水基团，可能结合于受体的另一个疏水区域，从而使甜味度明显提高。对阿斯巴甜的数个衍生物的化学结构及甜味度进行分析，证明取代基为3,3-二甲基丁基时，甜味度明显提高，能达到2%蔗糖溶液的约11 000倍（物质的量比）。此外，纽甜的L-苯丙氨酸甲酯部分还可由其他化学基团所取代，由此鉴定了纽甜衍生物中甜味度最高的2个化合物，其中之一为L-六氢化苯丙氨酸甲酯取代物，又称为六氢纽甜，其甜味度可达到同摩尔蔗糖分子甜味度的13 500倍；另一种高效的衍生物为S-叔丁基-L-半胱氨酸甲酯取代物，又称为赛贝甜（cybelame），其甜味度可达到同摩尔蔗糖分子甜味度的23 000倍，是目前发现的最甜的纽甜衍生物[1]。

纽甜的甜味度远远高于阿斯巴甜，其口感风味与阿斯巴甜没有明显区别，但它的甜味形成时间比阿斯巴甜晚，甜味持续时间更长。在食品中，可通过增加其他甜味调节物质如蔗糖、含氧酸及醇类等来解决纽甜这些味觉感官上的不足，扩大其使用范围。

目前，纽甜是迄今发现的甜味度最高的商品化甜味剂。此外，纽甜还可作为一种甜味调节剂，提高其他食品等的甜味品质，如提高橘子、葡萄和柠檬等酸性水果的品质及风味。

三、纽甜的生产技术

目前，纽甜一般使用化学合成的方法制备，即利用3,3-甲基丁醛（3,3-dimethyl butyraldehyde，DMBA）与阿斯巴甜经过催化加氢还原N-烷基化反应制得。DMBA在工业上一般使用1-氯-3,3-二甲基丁烷经二甲基亚砜（dimethyl sulfoxide，DMSO）氧化制备。由上述化学合成反应制备的DMBA中含有DMSO及其他分解的硫化物杂质，会严重影响后续的催化加氢还原反应的活性，因此制得的DMBA必须纯化除去含硫杂质，才能进行下一步反应。目前，对DMBA进行精制一般将其与硫酸氢钠、醇、醚等混合后过滤，然后用少量的醇或醚等混合溶剂洗涤，得到的混合物在碳酸氢钠水溶液中解析，从而制得纯度较高的DMBA。

得到纯度较高的 DMBA 后,将其和阿斯巴甜一起加入到甲醇中,然后通入氢气并加入碳钯催化剂,在一定的温度及压力条件下反应 12~16h。反应结束后,将催化剂过滤除去,甲醇洗涤滤渣,之后将得到的甲醇溶液旋转蒸发至原来体积的一半,再加入同体积的水,蒸馏去除甲醇,过滤其中的沉淀物质,在 40℃ 条件下真空干燥约 16h,得到纯度>97%的纽甜产品。

除利用上述化学合成方法制备纽甜外,还可通过利用脂肪酶或酯酶催化氢解纽甜酯制备纽甜。纽甜酯可通过几种复杂的化学合成方法来制备,而催化制备纽甜的脂肪酶或酯酶可来源于多种生物,包括动物如猪、兔、马的肝脏,植物小麦的胚芽,细菌如假单胞菌、嗜热脂肪芽孢杆菌、水生嗜热杆菌、洋葱假单胞杆菌,真菌酿酒酵母、青霉菌、假丝酵母、米曲霉、黑曲霉等。目前,制备纽甜的酯酶多来源于猪肝,而脂肪酶多来源于 B 型假单胞菌。

将纽甜酯和上述酶类混合后,在由 5%~50%的乙腈或 DMSO 等有机溶剂组成的缓冲液中,于一定的温度和酸碱条件下反应 2~48h,然后采用以硅胶或次乙酰塑料为原料的固定化酶技术,将酶和纽甜产物分离,还可实现酶的循环利用。因此,这种方法比先前所述的完全化学合成方法具有更大的优势[16, 18]。

四、纽甜的安全性

纽甜被人体吸收后,超过 90%的产物都是以排泄物的形式排出体外,其主要代谢产物为 3,3-二甲基丁基天冬氨酰苯丙氨酸(DMB-Asp-Phe)。该化合物已被证实无诱变、毒性、抑制生育、致畸、致癌等性质,因此纽甜是一种十分安全的高效甜味剂。动物实验也证明,纽甜对于狗、大鼠、兔子等动物具有较高的安全系数。

纽甜在人体内主要经酯酶水解为甲基酯,然后分解为脱酯化纽甜和甲醇。脱酯化纽甜可通过血浆循环及粪便、尿液等排出体外。放射性标记性实验证明,纽甜的代谢产物即脱酯化纽甜在外周组织中没有积累而完全排出体外。纽甜在脱酯化过程中会产生微量的甲醇,但在合理的纽甜摄入量范围内,这些甲醇量非常少,对人体造成的危害可以忽略不计。美国研究者的结果表明,纽甜的平均每日消耗量限值是 0.02mg/kg 体重。2002 年,美国 FDA 批准纽甜可以作为一种安全的食品甜味剂使用。随后,包括我国在内的许多国家开始允许纽甜使用。纽甜作为一种甜味度极高而生产成本相对较低的人工合成甜味剂,在食品等行业中具有十分广阔的应用前景[19]。

第三节 阿 力 甜

阿力甜(alitame)是一种以天冬氨酸和丙氨酸为原料合成的二肽类甜味剂,

其甜味度为蔗糖的 2000 倍以上，比阿斯巴甜的甜味度高约 10 倍，具有口感好、甜味度高和热量低的优点，性质稳定，应用范围广，是蔗糖的替代品之一，包括中国、墨西哥、澳大利亚等在内的许多国家已批准使用。

1979 年，美国 Pfizer（辉瑞）研究所开发成功了第二代小肽类甜味剂阿力甜，化学名称为 L-α-天冬氨酰-N-D-丙氨酰胺，简称天冬氨酰丙氨酰胺。其相对分子质量为 376.5，分子式为 $C_{14}H_{25}N_3O_4S \cdot 5H_2O$，分子结构式如图 6.4 所示。

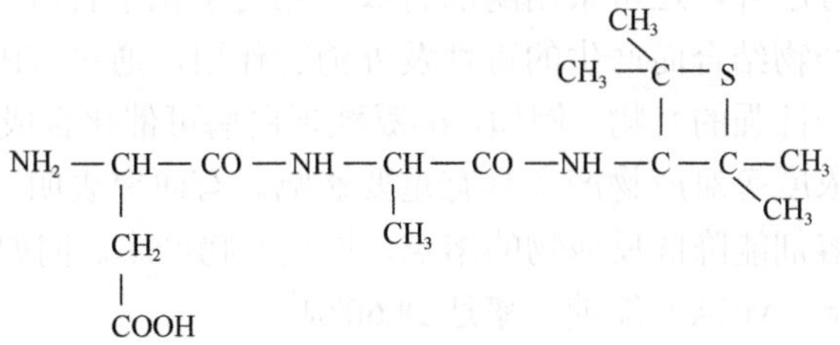

$$NH_2-CH-CO-NH-CH-CO-NH-C-\underset{\underset{CH_3}{|}}{\overset{\overset{CH_3}{|}}{C}}-S \atop \underset{COOH}{\underset{|}{CH_2}} \quad \underset{CH_3}{|} \quad \underset{CH_3}{|}$$

图 6.4 阿力甜的分子结构式

一、阿力甜的性质

阿力甜的甜味类似于蔗糖，无后苦味，耐热、耐酸、耐碱，具有优越的贮存和加工稳定性，可广泛用于食品工业。我国于 1994 年批准使用，常用于饮料、果冻、冷饮等，日允许摄入量为 1mg/(kg 体重·天)。阿力甜在酸、热等条件下均十分稳定，室温下 pH 为 5~8 的水溶液，贮存半衰期为 5 年，5%水溶液的 pH 为 5.6，无后苦味和金属碱、涩味，甜味迅速、持久且安全。阿力甜在国际食品添加剂编号系统中的编号为 INS No.956，CAS（Chemical Abstracts Service）号为 80863-62-3。

阿力甜是 L-天冬氨酸和 D-丙氨酸缩合产生的衍生物。在高温环境下稳定，可应用于烘烤食品，而且在酸碱环境中也相对稳定，无毒害、异味。另外，阿力甜是一种两性物质，即同时具有酸和碱的特性。阿力甜易溶于水、乙醇和甘油，在 pH 为 5.7 的水中溶解度为 13%。因此，阿力甜可以制作成浓缩液，方便使用。此外，阿力甜的稳定性好，在 pH 为 2~3 的条件下能稳定保存 1 年，在 pH 为 4 的条件下能稳定保存 2 年。阿力甜的以上性质使其在糖果、冰淇淋、雪糕、酸奶、果酱、饼干、蛋糕等行业中具有很大的应用价值。此外，其较高的稳定性也使其在焙烤食品中具有很好的应用效果。

二、阿力甜的生产制备

阿力甜保留了阿斯巴甜分子中的甜味关键氨基酸——天冬氨酸，而以 D-丙氨酸代替 L-苯丙氨酸，以异丙酯替代甲酯，制成的新型 L-天冬氨酰-D-丙氨酸异丙酯，克服了阿斯巴甜经高温处理后自身环化而热稳定性较差的缺点，使得二肽甜味剂的种类更加多元化，扩大了其应用范围。目前，阿力甜的生产制备采用肽化学合成方法，即采用保护基对 L-天冬氨酸的氨基和 β-羧基进行保护，然后和丙氨酸缩合生成肽键后，再去除保护基。我国学者许激扬等开发了合成阿力甜的新方法，即以L-天冬氨酸和 D-丙氨酸异丙酯反应得到阿力甜产物，产率为 80%～85%，适合于大规模工业生产。其中，D-丙氨酸衍生物的生产工艺水平决定了阿力甜的成本高低。

除化学合成方法外，还可采用酶法合成。相对于化学合成方法，酶法合成可避免有机溶剂与产物结合而产生的毒性及外消旋作用，通过有限的步骤，在非高温条件下合成专一性强的产物。例如，α-凝乳蛋白酶可催化合成阿力甜，但酶量、反应时间、底物浓度等对产物产率具有重要影响。有研究表明，在反应混合物中加入适量的有机溶剂能降低反应物的熔点，提高产物产率。例如，加入 DMSO 和 2-甲氧基乙酸乙酯（MEA）能使产率达到 60%[1]。

三、阿力甜的安全性

阿力甜具有甜味度高、热量低的特点，不会导致龋齿，不会使血糖升高，还有一定的增香效果，其安全性经过严格的检验审查，适合儿童、老年人，特别适合糖尿病、心血管疾病和肥胖症患者使用。研究者已按美国 FDA 的有关法规完成了 34 项毒理实验，包括急性毒性、亚急性及慢性实验，致肿瘤、致畸胎、二代繁殖毒性及诱变性等实验。结果均未发现阿力甜有潜在的安全性风险，可广泛应用于食品、日用化学工业作为甜味剂。

在人体和动物中的实验表明，阿力甜能够被生物体消化吸收。首先在生物体内各种酶类的作用下，阿力甜脱去天冬氨酸，然后丙氨酰胺的硫原子发生氧化作用或共轭结合，产生亚砜或砜。据报道，生物体内 77%～96%的阿力甜代谢产物以尿液形式排出体外，而 7%～22%的阿力甜不经过代谢直接排出体外。

约有 130 人参加的一项阿力甜安全性测试实验中，每人每天服用 10mg/kg 体重的阿力甜，3 个月后未发现这些被测试人出现不良反应。上述阿力甜使用剂量相当于每人每天喝 12L 碳酸饮料所摄入的阿力甜量。以微生物（细菌）和哺乳动物进行的体内外实验结果显示，阿力甜不会导致基因突变或染色体水平的变异。此外，服用阿力甜后，生物体的肾、肠胃、血糖浓度及分布、神经系统和行为表现均未出现异常。

四、阿力甜的应用

与阿斯巴甜不同，因阿力甜分子结构中不含苯丙氨酸，所以不会有"苯丙酮尿症患者不宜使用"的限制。1986 年，美国 FDA 允许阿力甜作为甜味剂和风味增强剂在 16 种食品中应用，包括糖果、口香糖和泡泡糖、蔗糖替代物、咖啡与茶饮料、乳制品类似物、乳制品、焙烤食品、即食谷物早餐食品、冰淇淋、冰糕及其预混合粉、冰冻甜点、果汁饮料、甜点心与糖糕、果酱、果冻及果脯等、非乙醇饮料及其预混合粉、明胶、蛋奶冻及夹心馅等。除美国外世界上许多国家及机构提出了针对阿力甜的应用申请，包括欧洲经济共同体食品科学委员会、FAO/WHO 食品添加剂联合专家委员会等国际组织。我国已于 1994 年将阿力甜纳入食品添加剂标准 GB 2760—1994 而允许使用，包括其他高效甜味剂不能应用的新领域，如焙烤食品和硬糖。

此外，在使用阿力甜时，还应考虑是单独使用阿力甜还是将其与其他甜味剂混合使用。我国食品添加剂标准 GB 2760—1996 规定，果汁饮料、冰淇淋与雪糕中阿力甜的使用最高量为 0.1g/kg 体重，凉果、胶姆糖的限量为 0.3g/kg，饮料、果冻的最大使用量为 0.1g/kg，杨梅干、话李、陈皮、话梅的最大使用量为 0.3g/kg[16]。

第四节 其他二肽甜味剂

阿力甜和阿斯巴甜的结构对科研工作者在甜味剂分子设计与改造方面有很大的启示。分析发现，阿斯巴甜 N 端的天冬氨酸对甜味的保持具有重要作用。阿斯巴甜的 4 个非对映体中，只有 L,L 构型具有甜味，说明甜味的呈现需要二肽保持高度的立体化学结构专一性。例如，除 L-天冬酰胺和氨基丙二酰外，将阿斯巴甜的天冬氨酸替换为包括谷氨酸在内的其他氨基酸，所得到的二肽结构均没有甜味。另外，二肽甜味剂的 N 端虽然严格保守，但其 C 端具有很大的选择性。例如，阿斯巴甜的苯丙氨酸可用其他的氨基酸所替代，即使是结构简单的胺分子。但即使这样，二肽甜味剂 C 端α-碳原子的性质及其立体化学结构也会影响甜味。

在阿斯巴甜的结构中，天冬氨酸 C2 原子位置上的氧原子可以和肽键上的氢形成氢键，对维持二肽甜味剂的甜味十分重要。将阿斯巴甜 N 端的天冬氨酸用天冬酰胺来替代，这样阿斯巴甜分子内的肽键转换为酯键，天冬酰胺上的氢虽然还可以和酯键上的氧原子形成氢键，但阿斯巴甜的甜味消失。这说明，肽键的存在对于阿斯巴甜甜味的保持至关重要[20]。

Searle 公司开发了类似于阿斯巴甜的高效二肽甜味剂 L-天冬氨酰-D,L-氨基丙二酸二酯。后来，法国学者制备出 *N*-(4-取代苯基甲氨酰基/硫代甲氨酰基)-L-天冬氨酰二肽（或者其氰基亚氨基化合物），比阿斯巴甜的甜味度高 100 倍。在此基础上，日本味之素株式会社通过在二肽甜味化合物 N 端的天冬氨酰残基上连接上另外一个氨基酸而制备得到 24 种甜味化合物，最甜的一种与阿斯巴甜的甜味度相当。但从整体上讲，三肽化合物的甜味度不如二肽甜味化合物。推测三肽或者结构更大的四肽、五肽甜味化合物由于亲水性增加或者分子结构或构象变化，难以结合到类似于阿斯巴甜在甜味受体 T1R2/T1R3 上的结合口袋中，即使甜味度下降[21]。

参 考 文 献

[1] 郑建仙. 高效甜味剂. 北京: 中国轻工业出版社, 2009.
[2] 周力. 阿斯巴甜的生产与应用. 食品科学, 1997, (7): 18-21.
[3] Abhilash M, Paul M V, Varghese M V, et al. Effect of long term intake of aspartame on antioxidant defense status in liver. Food Chem Toxicol, 2011, (49): 1203-1207.
[4] Abhilash M, Sauganth Paul M V, Varghese M V, et al. Long-term consumption of aspartame and brain antioxidant defense status. Drug Chem Toxicol, 2013, (36): 135-140.
[5] Adaramoye O A, Akanni O O. Effects of long-term administration of aspartame on biochemical indices, lipid profile and redox status of cellular system of male rats. J Basic Clin Physiol Pharmacol, 2016, (27): 29-37.
[6] Alkafafy Mel S, Ibrahim Z S, Ahmed M M, et al. Impact of aspartame and saccharin on the rat liver: biochemical, molecular, and histological approach. Int J Immunopathol Pharmacol, 2015, (28): 247-255.
[7] Amery W K. More on aspartame and headache. Headache, 1988, (28): 624.
[8] Chamberlain S M, Balart J C, Sideridis K, et al. Safety and efficacy of aspartame-based liquid versus sucrose-based liquids used for dilution in oral sodium phosphate solutions for colonoscopy preparations. Dig Dis Sci, 2007, (52): 3165-3168.
[9] 张伟. 阿斯巴甜的研究. 济南: 齐鲁工业大学硕士学位论文, 2014.
[10] 陈伯适, 欧阳贻德. 新型甜味剂阿斯巴甜. 化工商情, 2001, (12): 59-61.
[11] Garbow J R, Likos J J, Schroeder S A. Structure, dynamics, and stability of beta-cyclodextrin inclusion complexes of aspartame and neotame. J Agric Food Chem, 2001, (49): 2053-2060.
[12] Li X, Bachmanov A A, Maehashi K, et al. Sweet taste receptor gene variation and aspartame taste in primates and other species. Chem Senses, 2011, (36): 453-475.
[13] Liu B, Ha M, Meng X Y, et al. Molecular mechanism of species-dependent sweet taste toward artificial sweeteners. J Neurosci, 2011, (31): 11070-11076.
[14] Maillet E L, Cui M, Jiang P, et al. Characterization of the binding site of aspartame in the human sweet taste receptor. Chem Senses, 2015, (40): 577-586.
[15] Zhang F, Klebansky B, Fine R M, et al. Molecular mechanism of the sweet taste enhancers. Proc Natl Acad Sci USA, 2010, (107): 4752-4757.
[16] 胡国华. 功能性高倍甜味剂. 北京: 化学工业出版社, 2008.
[17] 舒小康. 新型强力甜味剂-纽甜的开发. 广州: 暨南大学硕士学位论文, 2006.
[18] 晏日安, 舒小康, 傅亮, 等. 纽甜的合成方法. 食品工业科技, 2006, (27): 157-161.
[19] Frank M, Aitken D J. On the sweetness of N-(trifluoroacetyl) aspartame. Biosci Biotechnol Biochem, 2000, (64): 1982-1984.
[20] 范长胜. 氨基酸二肽甜味剂的开发研究进展. 工业微生物, 2002, (32): 37-40.
[21] 小辰. 国内外甜味剂的应用和发展趋势. 江苏食品与发酵, 2003, (4): 39-40.

第七章 甜味蛋白

甜味蛋白最初分离于非洲热带植物的果实或种子，其优越的甜味特性使得非洲原著居民在很早以前就开始食用这类物质。但是，对甜味蛋白进行科学研究及进一步开发利用主要依赖于化学与生物学等近代科学技术的发展。迄今发现的甜味蛋白主要有 8 种，分别是奇异果蛋白（miraculin）、莫内林（monellin）、奇异果甜蛋白（thaumatin）、马槟榔蛋白（mabinlin）、喷塔汀（pentadin）、仙茅蛋白（curculin）、植物甜蛋白（brazzein）和 neoculin。其中 miraculin、neoculin 两种甜味蛋白自身无甜味但具有甜味调节功能，它们能将酸味觉变为甜味；brazzein、monellin、mabinlin、thaumatin、pentadin 这 5 种甜味蛋白本身有甜味；而 curculin 蛋白兼具上述两类蛋白质的甜味特性（表 7.1）。

表 7.1 8 种甜味蛋白特征总结

甜味蛋白种类	甜味蛋白来源	提纯鉴定时间	味觉特征	相对于蔗糖的甜味度/倍	热稳定性
miraculin	*Richadella dulcifica*	1968 年	酸→甜		50℃开始变性，100℃变性
pentadin	*Pentadiplandra brazzeana*	1969 年	甜	500	
monellin	*Dioscoreophyllum cumminsii*	1972 年	甜	3000	50℃丧失甜味
thaumatin	*Thaumatococcus daniellii*	1972 年	甜	1600	沸水 1h 保持甜味
mabinlin	*Capparis masaikai*	1983 年	甜	100	80℃保温 48h 保持甜味
curculin	*Curculigo latifolia*	1990 年	甜，酸→甜	550	50℃以下保持稳定
brazzein	*Pentadiplandra brazzeana*	1994 年	甜	2000	80℃保温 4h 保持甜味
neoculin	*Curculigo latifolia*（Liliaceae）	2008 年	甜，酸→甜	500	

奇异果蛋白（miraculin）于 1968 年从植物果实中分离纯化获得，它可以将酸味变成甜味，其甜味表现和蔗糖一致，但是不同的酸性物质和甜味蛋白 miraculin 一起表现出来的甜味有很大的差异。由于 miraculin 具有可以将其他味觉变为甜味这一特性，因此它很有希望成为新型保健食品的甜味剂[1]。

从西非热带植物 *Dioscoreophyllum cumminsii* 的果实中分离纯化得到的莫内林（monellin）蛋白具有强烈的甜味，其甜味度是等质量蔗糖的 3000 倍左右。天然的 monellin 蛋白由 A、B 两条肽链组成，分别包含 44 个氨基酸和 50 个氨基酸，该蛋白质在高温下容易失活[2]。

奇异果甜蛋白（thaumatin）于 1972 年被 Van 等科学家从西非森林热带植物 *Thaumatococcus daniellii* 中分离纯化得到。thaumatin 的甜味度大约是等质量蔗糖的 1600 倍，而且耐热性较强，在弱酸条件下，于沸水中加热数小时甜味度都不会发生很大变化[3]。

马槟榔蛋白（mabinlin）蛋白从我国云南省一种植物 *Capparis masaikai* 的种子中分离得到。至今已经发现 mabinlin 蛋白有 5 种同工蛋白，分别是 mabinlin Ⅰ、Ⅰ-1、Ⅱ、Ⅲ、Ⅳ，其甜味度约为蔗糖的 100 倍。在这些同工蛋白中，mabinlin Ⅱ 蛋白具有非常好的耐热性，在 80℃ 条件下处理数小时甜味度都不会改变[4]。

喷塔汀（pentadin）的来源和 brazzein 蛋白相同，都是从非洲植物 *Pentadiplandra brazzeana* 中分离提纯得到的，其甜味度是同质量蔗糖的 500 倍，不同的是 brazzein 是从鲜果中提取得到的，而 pentadin 是果实经过热干燥后提取得到的[5]。

仙茅蛋白（curculin）于 1990 年从马来西亚植物 *Curculigo latifolia* 的果实中提取纯化得到，和 miraculin 具有相似的性质，可以使酸味变成甜味，而且其甜味可以保持很长时间，当甜味消失后通过喝水又可以恢复。curculin 甜味度是等质量蔗糖的 430～2070 倍，但是其热稳定性较低，在 50℃ 时甜味活性就会降低[6]。

植物甜蛋白（brazzein）于 1994 年被分离提纯，其来源和 pentadin 相同，具有良好的热稳定性和酸碱稳定性，其甜味度约为等质量蔗糖的 2000 倍，在 80℃ 下处理 4h 后仍能保持相当的甜味活性[7]。

甜味蛋白 neoculin 和 curculin 属于同源蛋白，也从亚洲热带植物 *Curculigo latifolia*（Liliaceae）中分离纯化得到，它具有甜味修饰性，其甜味度约为等质量蔗糖的 500 倍[8]。

上述 8 种甜味蛋白都具有强烈的甜味，但对已经完成结构解析的甜味蛋白 thaumatin、monellin、brazzein、mabinlin Ⅱ、miraculin、curculin 与 neoculin 的三级结构比对没有发现明显的相似性。甜味受体上可能存在多个位点可使其构象改变而激活下游 G 蛋白，从而产生甜味觉信号，但是这些结合位点并不是确定的，所以这些甜味蛋白并没有结构的同源性[9]。

由于甜味蛋白本身具备了明显优于其他甜味剂的特点，世界上很多研究机构和公司对其的开发投入持续增加。美国、英国、日本、德国等国家已经批准甜味蛋白 thaumatin 应用于食品、医药和化妆品领域。甜味蛋白 monellin 本身具有的高甜味度使其比其他几种甜味蛋白更具开发潜力，美国 FDA 已经批准 monellin 为 GRAS 级的食品添加剂，但是由于该蛋白质耐受温度较低及基因工程菌表达蛋白质产量低和胞内蛋白质提取困难，因此难以大规模应用于市场[10]。随着对甜味蛋白 monellin 的研究不断发展，monellin 及其他几种甜味蛋白将有望替代糖类制剂，使人类彻底告别儿童龋齿、糖尿病及其他由糖类引发的相关疾病。

第一节 甜味蛋白的性质、结构及其评价方法

一、甜味蛋白的甜味度

一般将甜味蛋白的甜味强度、口感、品味等称为"甜味度"(sweetness)。在通常情况下,因甜味蛋白的口感等性质变化不大,所以狭义上的"甜味度"即指甜味蛋白的甜味强度。通常情况下,将甜味蛋白的甜味度与蔗糖的甜味度相比较,是衡量其甜味度的一个重要指标。有 2 种比较计算方法,一种是评价同质量分子的甜味蛋白和蔗糖各自的甜味阈值,然后计算甜味阈值及甜味度的比例;或者是将甜味蛋白稀释,确定与一定浓度(如 1mg/mL)蔗糖具有相同甜味度时的甜味蛋白浓度,然后比较二者浓度之间的倍数。另一种同上述方法类似,区别是比较同摩尔分子的甜味蛋白和蔗糖甜味阈值的比例,或者选择摩尔浓度(mol/L)作为二者之间浓度倍数计算的单位。例如,甜味蛋白 monellin 的甜味度是同质量蔗糖甜味度的约 3000 倍,而其甜味度是同摩尔蔗糖分子甜味度的约 10 000 倍。无论采用哪一种方法,都可以反映甜味蛋白甜味度的大小。

对于甜味度的评价,目前主要采取两种方法。第一种普遍采用的方法是行为学测试即甜味觉品尝评价。该方法是选择年龄不同的一组测试人群,应考虑他们没有味觉方面的缺陷或疾病史,身体健康,年龄、性别平均分布。然后将要测定的甜味蛋白(或突变体)用水稀释为一系列浓度由低至高的溶液,从低浓度开始,让每一个测试者进行品尝。在品尝两个不同浓度样品的过程中,应用蒸馏水或纯净水漱口,除去前一次品尝可能带来的余味。一般情况下,蒸馏水或纯净水还可以作为对照,用来比较被测试甜味分子的甜味存在与否。品尝者认为能够感受到某种甜味分子甜味的最低浓度即是该甜味分子的甜味阈值。因此,一种甜味剂的甜味阈值越低,那么它的甜味度就越大。甜味阈值是衡量包括甜味蛋白在内的甜味分子甜味度的一个重要指标[11]。

关于甜味蛋白的甜味阈值,有两个重要的区分指标:甜味感觉阈值(detection threshold,DT)与甜味认知阈值(recognition threshold,RT)。甜味感觉阈值是指品尝者能够感受到不同于对照的味觉存在,但不能识别为甜味时的浓度;而甜味认知阈值是指品尝者能够确定与识别被测样品甜味时的浓度。因此,一般来说,甜味认知阈值高于甜味感觉阈值[12]。

进行甜味度评价时的实验条件不同,甜味阈值会有所变化。例如,大部分情况下甜味蛋白溶解于蒸馏水或纯净水中再进行品尝,但也有报道将部分盐类缓冲液(如柠檬酸缓冲液)作为甜味蛋白的溶剂。同样,作为溶剂的水,因其成分如矿物质含量的不同,得到的甜味阈值结果也有所不同。另外,甜味度评价样品的

pH 对测试结果影响很大。同时，因甜味蛋白的性质受温度影响较大，进行甜味度评价时周围环境及样品温度对评价结果也有一定影响。表 7.2 即意大利学者对甜味蛋白 monellin 的甜味阈值评价时的不同条件，其中 E1～E6 代表了矿物质含量不同的水（A、B 两种）、测试温度、pH 等条件的组合。表 7.3 为不同条件下甜味蛋白 monellin 的甜味感觉阈值与甜味认知阈值。

表 7.2 甜味蛋白 monellin 的甜味阈值评价测试的不同组合条件[12]

实验条件	水	pH	热处理	甜味测试温度
E1	A	6.8	20℃孵育处理	20℃
E2	B	7.0	20℃孵育处理	20℃
E3	A	6.8	10℃孵育处理	10℃
E4	A	4.3	20℃孵育处理	20℃
E5	A	6.8	20～90℃升温，90℃孵育处理，15min 后再降温为 20℃	20℃
E6	A	3.8	20～90℃升温，90℃孵育处理，15min 后再降温为 20℃	20℃

表 7.3 甜味蛋白 monellin 的甜味感觉阈值（DT）与甜味认知阈值（RT）[12]

实验条件	甜味感觉阈值 DT/（mg/L）	甜味认知阈值 RT/（mg/L）
E1	1.1	1.43
E2	3.59	未检测到
E3	2.76	3.15
E4	1.1	1.43
E5	0.64	0.84
E6	0.64	1.43

另外，需要指出的是，测试者是特定的人群，其种族、饮食习惯、遗传基因、生理特征等有很大的区别，对甜味阈值测定的结果会有一定的影响。例如，西方人爱好甜食，他们对甜味化合物的敏感程度与我们东方人会有所不同，从而对甜味度评价结果产生一定的影响。

另一种评价甜味蛋白甜味度的方法是检测细胞内甜味觉信号，即第四章所述的钙离子成像检测。将甜味受体基因构建到合适的载体上（如 pcDNA3.1、peak 质粒等），然后利用常用的 Lipofectamine 2000 转染试剂转化入哺乳动物细胞（一般选用 HEK293）。这样甜味受体基因能够在哺乳动物细胞内表达出受体蛋白，并锚定到膜上的特定区域。接下来，类似于药物筛选实验设计，用一定浓度的甜味化合物刺激转化的哺乳动物细胞，甜味分子会在细胞内激发钙离子的释放从而提高胞内钙离子的浓度，而钙离子能够与特定的荧光染料（如 Fluo-4 AM）结合并增强荧光信号。荧光信号需要在一定激发波长（一般用 488nm）和发射波长（一般用 525nm）下检测。这样，可以实时检测甜味觉信号的产生，并对甜味觉信号的强弱进行精确定量。因甜味觉信号的激发是甜味剂分子加入后的瞬间过程,且荧光信号需要在一定的密闭环境下探测,所以检测信号的装置仪器应配备自动进样器,将需要测试的甜味化合物加入到细胞的培养基中[13]。

在最初的甜味受体功能研究中,激光扫描共聚焦显微镜(laser scanning confocal microscope)发挥了重要的作用。这种装置的优势是可以检测单个细胞内荧光的变化,但缺点是一次只能检测一个甜味化合物,且耗时较长,不适合大规模、多个甜味剂样品或浓度梯度的检测[14]。近年来,多功能酶标仪的发展极大地提高了甜味化合物功能检测的效率。Biotech、Tecan 等知名公司均开发了适用于味觉化合物筛选的酶标仪。酶标仪检测时细胞的载体一般为 96 微孔板,这样根据进样器装置的不同,可实现一到多个样品的同时检测。在这方面,Molecular Devices 公司开发的多功能酶标仪工作站具有很大的优势,如常用的 FlexStation 3 系统(图 7.1)能同时检测 96 个甜味剂样品的激发信号,特别适用于包括甜味受体在内的 G 蛋白偶联受体功能的检测。图 7.2 是一个典型的经 FlexStation 3 系统检测的甜味觉信号激发示意图。

图 7.1　检测甜味受体功能的多功能酶标仪工作站(FlexStation 3 系统)

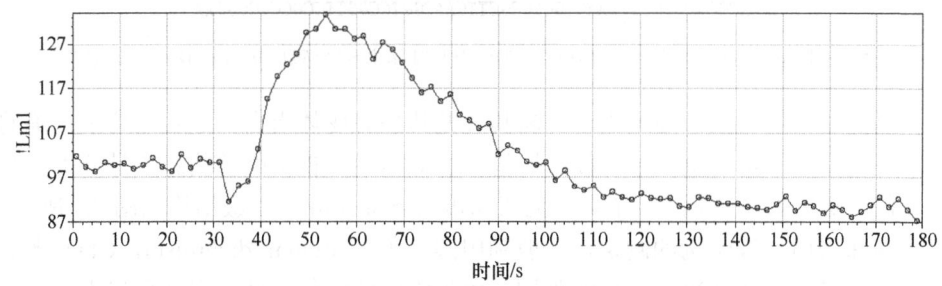

图 7.2　典型的 FlexStation 3 系统检测的甜味受体激发信号示意图

此外，能与钙离子结合的荧光染料（又称钙离子荧光探针）的发展日新月异。在这方面，Molecular Devices 公司和 Invitrogen 公司做出了重要的贡献，开发了数个适用于钙离子信号检测的染料试剂。从最初开发的 Fura-2、Indo-1 等，到后来普遍应用的 Fluo-3、Rhod-2 等系列，一直发展到现在市场上应用的 Fluo-4、FLIPR Calcium 6 Assay Kit 等，其趋势是使钙离子信号的检测越来越方便、灵敏及高效化。

二、甜味蛋白的结构

甜味蛋白的结构可以分为一级结构、二级结构及三级结构。一级结构是指甜味蛋白的氨基酸序列，而氨基酸序列是由核苷酸序列（即基因序列）按照三联体密码子的编码规则翻译而成。二级结构是指 α-螺旋、β-折叠、无规则卷曲等由一级结构构成的结构组件。三级结构是指甜味蛋白的空间结构。

甜味蛋白的一级结构可以利用多肽测序的方法获得，也可以提取甜味蛋白最初来源植物的基因组，根据甜味蛋白在基因组上的定位，利用核苷酸测序的方法获得。后来，为了使甜味蛋白更好地在其他异源宿主（如酵母、大肠杆菌）中表达，人们根据宿主的密码子偏好性，逐渐优化了各种甜味蛋白的基因编码序列。图 7.3 即本课题组设计优化的单链 monellin 蛋白（single-chain monellin protein，MNEI）的一级结构及其编码基因。基因的起始密码子 ATG 和终止密码子 TAA 分别以粗下画线和星号表示。为方便其纯化，在 N 端加入了包含 6 个组氨酸的 His-tag 序列（细下画线）[15]。

```
    M G S S H H H H H H S S G L V P R G S H
  1 ATGGGCAGCAGCCATCATCATCATCATCACAGCAGCGGCCTGGTGCCGCGCGGCAGCCAT
    M G E W E I I D I G P F T Q N L G K F A
 61 ATGGGCGAATGGGAAATTATCGATATTGGCCCGTTTACCCAGAACCTGGGTAAATTCGCG
    V D E E N K I G Q Y G R L T F N K V I R
121 GTGGATGAAGAAAATAAAATCGGCCAGTATGGTCGTCTGACCTTTAACAAAGTTATTCGC
    P C M K K T I Y E N E G F R E I K G Y E
181 CCGTGCATGAAGAAAACCATCTACGAAAATGAAGGCTTCCGTGAAATTAAAGGTTATGAA
    Y Q L Y V Y A S D K L F R A D I S E D Y
241 TACCAGCTGTATGTGTACGCGAGCGATAAACTGTTTCGTGCCGATATCTCTGAAGATTAT
    K T R G R K L L R F N G P V P P P *
301 AAAACGCGTGGCCGCAAACTGCTGCGCTTCAACGGTCCGGTTCCGCCGCCGTAA
```

图 7.3　单链 monellin 蛋白（MNEI）一级结构及其核苷酸编码序列（优化后）示意图[15]

测定甜味蛋白的二级结构对判断其（尤其是突变体蛋白）是否保持了正确的结构或构象具有重要意义。二级结构包含了 α-螺旋、β-折叠等信息，是分析蛋白质功能的重要参考依据。一个典型的甜味蛋白 monellin 的二级结构如图 7.4 所示。对于甜味蛋白二级结构的测定，一般利用圆二色（circular dichroism，CD）光谱术，分析蛋白质在 190～260nm 处圆二色吸收值的变化，从而表征甜味蛋白二级结构变化的程度。

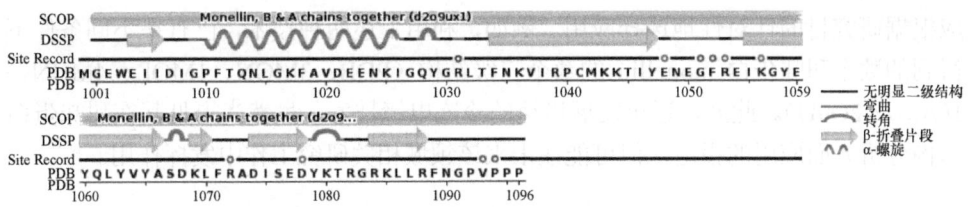

图 7.4　甜味蛋白 monellin 二级结构示意图（彩图请扫封底二维码）

圆二色光谱分析方法在研究甜味蛋白的热稳定性方面具有重要应用价值。人们可以设计按一定梯度逐步升高的温度变化过程，监测甜味蛋白从完整的天然折叠到完全热变性后变为非折叠状态的变化过程，用来指示甜味蛋白热稳定性的大小。其中一个关键参数是蛋白质达到完全变性状态一半时的温度（称为 T_m 值），T_m 值越高，说明蛋白质的热稳定性越高。

甜味蛋白的三级结构是理解其功能性质的分子基础。因此，世界上该领域的科学家对其三级结构都十分重视。另外，由于甜味蛋白的分子质量均比较小，空间体积相对较小和结构相对简单，因此对其结构解析难度不大。在这方面，和甜味受体结构的解析形成了鲜明的对比。迄今，已有不同的研究组对几十个甜味蛋白（包括突变体）的三级结构成功解析，并提交 PDB（Protein Data Bank）生物大分子结构数据库。这些结构信息为理解甜味蛋白的结构与功能提供了必要的素材，也是对其进行分子设计和改造的基础。

在蛋白质三级结构解析的技术方面，主要采取 X 射线衍射分析（X-ray diffraction analysis）和核磁共振（nuclear magnetic resonance，NMR）成像技术两种方法。X 射线衍射分析是利用 X 射线在晶体物质中的衍射效应分析物质结构的技术。采用该技术时，需要使蛋白质在一定的培养条件下生长出晶体，然后利用 X 射线衍射分析仪测定并收集数据，最后通过数据分析得出蛋白质内各个原子的精确空间坐标。很多 X 射线衍射分析的结构结果还包含了溶剂分子或配体的坐标数据。目前，在我国较为领先的蛋白质 X 射线衍射分析机构是上海同步辐射光源中心，每年接受来自国内外科研机构提交的大量分析测试工作。

NMR 是基于化学位移理论，依靠 NMR 信息的分子结构测定技术。这种技术不需要对蛋白质进行晶体培养，测定可以完全在适合的溶剂条件下进行，因此能够测定蛋白质在溶液里的天然构象。相比于 X 射线衍射分析，NMR 对实验条件要求比较简单，耗时相对较短，尤其适合对蛋白质构象方面的变化进行分析。但是 NMR 也有明显的不足，即它仅能对相对分子质量较小（一般小于 15kDa）的蛋白质进行结构测定。因此，目前对结构复杂的大分子蛋白质进行结构分析，多采用 X 射线衍射分析。

总体来说，目前采用的 X 射线衍射分析和 NMR 两种技术各有利弊，研究者应根据研究目的针对性地选择应用。例如，利用上述两种技术，已有在不同条件下得到的数个甜味蛋白 monellin 的数个三级结构（PDB：3MON、1MOL、4MON、1FA3 及 2O9U）。此外，近年发展迅速的冷冻电镜技术，虽然尚未见其在甜味蛋白结构分析方面应用的报道，但可能在未来该领域相关研究工作中发挥作用。

第二节　莫内林（monellin）

一、monellin 的性质和结构

莫内林（monellin）是一种自身具有强烈甜味的小分子天然蛋白质。它的甜味度是等质量蔗糖的约 3000 倍。1969 年 Inglett 等从西非的一种热带植物莓果 *Dioscoreophyllum cumminsii* 中分离得到一种蛋白质，并将其命名为 monellin。甜味蛋白 monellin 的分子质量为 10.7kDa，分别由具有 45 个和 50 个氨基酸的 2 个亚基组成。天然状态的 monellin 的 2 个亚基单独存在没有甜味，2 个亚基以非共价键连接后才表现出很强的甜味[16]。甜味蛋白 monellin 的二级结构由 1 个含有 17 个氨基酸残基的 α-螺旋和 5 个反相平行的 β-折叠组成，α-螺旋和 5 个 β-折叠形成相互垂直的空间结构[17]。研究发现，双链的 monellin 在高温下不稳定，易失去甜味，且对酸碱稳定性差。1989 年，美国加利福尼亚大学伯克利分校的 Sung-Hou Kim 研究小组利用基因工程手段通过甘氨酸-苯丙氨酸二肽连接器将两个自然链相连接，生成单链 monellin 基因，其热稳定性相对于天然的野生型蛋白质明显增强[18]。因 monellin 分子体积相对较小，其结构解析难度不大。利用 NMR、X 射线衍射分析等方法，已有数个 monellin 蛋白及其突变体的三级结构被解析。例如，PDB 生物大分子结构数据库收录的 monellin 或其突变体的结构有 28 个。修饰后的 MNEI 利用 X 射线仪测定的蛋白质三级结构如图 7.5 所示[20,21]。

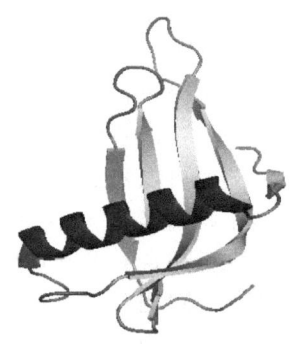

图 7.5　1.15Å 分辨率的单链 monellin 蛋白（MNEI）的 X 衍射蛋白质三级结构图（PBD：2O9U）
（彩图请扫封底二维码）
红色部分表示 α-螺旋，黄色部分表示 β-折叠，绿色部分表示 β-转角与环区域

monellin 蛋白甜味度高，热量低，甜味持久，将其与较多或甜味较强烈的甜味剂混合可以减弱 monellin 蛋白甜味的持久性，并且将显示出一种针对甜味的协同效应。天然的甜味蛋白 monellin 具有 pH 依赖性，pH 范围是 2～9（即在此范围内甜味蛋白可以保持甜味，超出甜味将丧失）。甜味蛋白 monellin 在高温下极不稳定，温度超过 50℃时将丧失自身的甜味。1989 年，研究人员根据甜味蛋白 monellin 的氨基酸序列，将 2 条肽链连接在一起合成一个单链突变体。该单链突变体在 pH 为 4～10 时稳定性会随着 pH 的增加而减弱，最高耐受温度达 60℃[19]。

甜味蛋白 monellin 2 个亚基之间的共价键相互作用对于甜味的维持十分重要。单独的 A、B 亚基即使在很高的浓度下也没有甜味。有人曾尝试在 monellin 分子内引入新的二硫键，但其甜味完全丧失。通过化学修饰方法，将 monellin 分子结构中唯一的半胱氨酸残基的巯基衍生化，不论修饰基团的性质如何，monellin 分子的甜味均完全丧失。由于甜味受体的结构尚未解析，因此目前难以阐明这个半胱氨酸残基维持该甜味蛋白甜味的具体作用机制。如果用化学药剂（如溴化氰）将 monellin 分子内的肽键切断，去除其 8 个氨基酸（KKTIYEQE），其甜味完全丧失。对 monellin 分子内的赖氨酸残基（K）甲基化，发现大约 30%的赖氨酸残基甲基化后，修饰后的 monellin 蛋白仍保持甜味，但是 monellin 蛋白分子内赖氨酸残基甲基化的数目与其甜味度的下降程度呈正相关。

monellin 的结构易遭到变性剂的破坏，而三级结构发生较大变化可导致甜味丧失。用十二烷基硫酸钠或者 50%乙醇处理 monellin，造成蛋白质的甜味完全丧失。将乙醇浓度降为 25%，甜味蛋白的甜味没有变化。同时，monellin 对高温和酸碱环境条件敏感。例如，将 monellin 的水溶液在 55～65℃或者 pH 小于 2 或大于 9 的条件下孵育，其甜味完全丧失。相对于酸性条件，monellin 在碱性条件下更不稳定。例如，在酸性条件下，monellin 发生的变性经过中和后可恢复，但碱性处理条件可造成蛋白质的不可逆变性。推测可能在碱性较高的条件下 monellin 分子内形成了二硫键，monellin 发生聚集作用而沉淀，导致蛋白质的变性不可恢复。此外，用 8mol/L 脲或者十二烷基硫酸钠等蛋白质变性剂、胰蛋白酶、糜蛋白酶及菠萝蛋白酶处理 monellin，其甜味完全丧失。

由于甜味蛋白 monellin 具有热量低、甜味度高及可降解为人类所需的氨基酸等诸多优点，因此其可能会成为一些人尤其是那些被严格限制甜味剂摄入量的糖尿病患者的非碳水化合物型的餐桌甜味替代品。但是，甜味蛋白 monellin 耐受高温的能力较弱，这严重限制了其在食品加工方面的应用。虽然甜味蛋白 monellin 已成功地在大肠杆菌及酵母中表达，但是 monellin 蛋白自身的耐热性及耐酸性较低，产量较低，难以实现工业化生产。随之人们开始将注意力转移到转基因植物上，甜味蛋白 monellin 的基因在番茄、莴苣及烟草中的成功表达意味着其他畜用或人用经济作物也可能适宜于表达外源甜味蛋白基因，从而发挥其食用潜能。随着生物技术的发展，研究人员利用转基因技术和方法将甜味蛋白的基因转入某些农作物、蔬菜及水果中，从而改良它们的品质和风味，为甜味蛋白 monellin 提供了更为广阔的应用前景。

二、monellin 与受体的相互作用机制

已有国内外研究者将注意力集中到甜味蛋白 monellin 与受体 T1R2/T1R3 的相互作用上，研究它们的结合位点及机制。若是人们能弄清楚甜味蛋白与甜味受体的结合方式，这将会成为人类在甜味觉领域的里程碑式研究成果。同时研究者针对甜味蛋白 monellin 的甜味度、热稳定性及 pH 依赖性等进行了深入的研究，并期望合成甜味度、稳定性及耐酸性高的新型甜味蛋白 monellin，monellin 蛋白应用到食品加工中，提高了食品品质。这些构思均需建立在了解 monellin 蛋白与受体相互作用并激活受体机制的基础上，从而有效地对其进行分子设计和改造。

根据人和松鼠猴甜味受体对 monellin 蛋白甜味的感知差异，人们最初想知道是 T1R2 受体还是 T1R3 受体对 monellin 存在甜味觉感知反应。有意思的是，当把人和松鼠猴的 T1R2 及 T1R3 分别互换后，得到的人-松鼠猴组合受体（hT1R2/smT1R3 和 smT1R2/hT1R3）均能够对 monellin 的刺激产生响应，这说明 monellin 能够结合于人 T1R2 或 T1R3 二者之一。在对人和松鼠猴甜味受体分别进行结构模拟的基础上，分析人 T1R2/T1R3 和松鼠猴 T1R2/T1R3 受体蛋白表面氨基酸的带电性，可以看出人 T1R2/T1R3 受体表面比松鼠猴 T1R2/T1R3 受体表面带有更多的负电荷。然后再分析 monellin 分子（PDB：2O9U）表面的电荷情况，可以看出 monellin 表面带有较多的正电荷，这种甜味蛋白-甜味受体之间的静电相互作用介导了甜味蛋白与甜味受体之间的相互结合。这个结论与先前学者提出的"楔形物模型"及人和松鼠猴甜味受体对 monellin 蛋白甜味存在感知差异的结论是一致的[22-26]。

运用分子建模技术进行 monellin 蛋白与甜味受体的对接计算是研究它们之间相互作用的传统方法。当然，分子对接程序的选择、参数及条件的设置等，对模拟的结果有很大影响。在该领域做出重要贡献的是意大利生物化学家 Piero Andrea Temussi 教授。Piero Andrea Temussi 教授于 1962 年获得化学学士学位，并于 1966 年成为那不勒斯大学化学与化学工程系最优秀的毕业研究生之一，1980 年他成为那不勒斯费德里科二世大学（Naples Federico II）普通化学系的教授。作为世界上多个知名学术期刊的编委会成员，Piero Andrea Temussi 教授专注于味觉肽类尤其是甜味蛋白结构与功能的研究，并发表了多篇高水平学术论文，是甜味蛋白作

用机制研究领域"楔形物模型"的提出者。

基于同源建模模拟甜味受体的结构，人们认为甜味受体同代谢型谷氨酸受体的结构类似，应该存在两种不同的构象。第一种称为非活性构象（rest form），其中 VFTM 结构域的两个裂叶状结构是开放状态（open），这种构象又称为 Roo 构象；第二种称为活性构象（active form），其中异源二聚体 T1R2/T1R3 的一个单体 VFTM 结构域的两个裂叶状结构是开放状态（open），而在另一个单体 VFTM 结构域的两个裂叶状结构是关闭状态（close），这种构象又称为 Aoc 构象。这两种构象之间可因为结合甜味分子与否而互相转换，从而决定受体是否处于激活状态[27]。

将 monellin 蛋白两个亚基通过非共价键连接起来并在中间加入两个连接氨基酸（Gly-Phe），构成单链 monellin 蛋白（MNEI）。MNEI 的 NMR 结构解析、设计假想的甜味手指（finger）、分子动力学（molecular dynamics，MD）模拟及设计的超甜 MNEI 突变体等研究结果均支持"楔形物模型"[28,29]。甜味蛋白突变体的功能变化，可为构建甜味蛋白和甜味受体相互作用的界面提供有力的支持。MNEI 与甜味受体的分子对接计算利用 GRAMM 程序，最终可获得 MNEI-T1R2/T1R3 复合体的结构（图 7.6）。甜味蛋白结合到受体上后，复合体为激活构象，即 Aoc（active，T1R2-open/T1R3-close）构象。

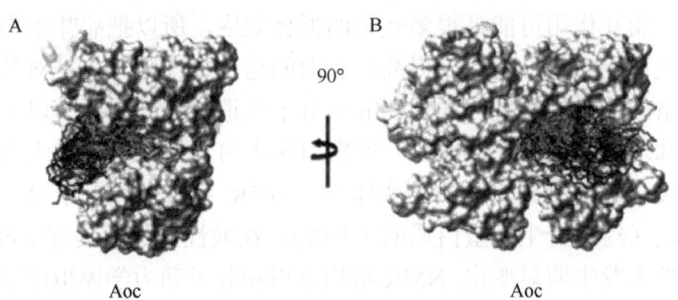

图 7.6　同源模建模拟的单链 monellin 蛋白（MNEI）与甜味受体结合形成的复合体结构示意图[25]
（彩图请扫封底二维码）
A 和 B 分别为不同角度下的复合体结构

根据上述复合体结构，可以鉴定甜味受体 T1R2/T1R3 上与 MNEI 相互作用的具体氨基酸位点，分别为 T1R2-D456、D188、D173、Q211、R457、K174、S458、D456、Q441；T1R3-R247、D215、E48、E47、S59；而在 MNEI 上，作用位点为 D7、K36、R39、K43、R72、R88。这些氨基酸之间可以形成氢键、离子键等相互作用力，并诱发甜味受体构象变化与激活[25]。

三、monellin 的分子设计与改造

基于以上 monellin 蛋白与甜味受体相互作用的模型，人们可以有针对性地对其进行分子设计与改造，以优化其性质。对 monellin 蛋白进行分子设计与改造，主要考虑以下两点：第一，在其现有甜味的基础上，增强其甜味，使其更适合人们的口感与味觉需要；第二，提高该甜味蛋白的稳定性，因为该蛋白质的热稳定性与酸碱稳定性是制约其在食品工业等领域大规模应用的一个主要因素。在这两个方面，经过科研工作者的不断努力，取得了一定的进展。作者所在的研究团队长期从事高效甜味蛋白结构与功能及分子设计方面的工作，为该领域的发展做出了一定的贡献。

在甜味蛋白 monellin 的甜味度方面，主要以蛋白质和甜味受体相互作用的机制为基础，分析甜味蛋白中和甜味受体相互作用的关键氨基酸，针对甜味蛋白和受体之间表面电荷的静电相互作用，选择 monellin 蛋白表面带电荷的氨基酸进行定向突变，然后对突变体的甜味度进行评价。分子突变主要根据以下原则：根据甜味蛋白表面正电荷与受体蛋白表面负电荷的互补性是介导二者相互作用及激活受体的关键因素，重点选择甜味蛋白表面带负电荷或者中性的氨基酸残基突变为带正电荷的氨基酸。此外，考虑到甜味蛋白表面具有众多带电荷氨基酸，它和受体之间的静电相互作用可能是很多残基的群体效应，所以把甜味蛋白表面相应的氨基酸残基进行定向组合突变，提高其表面的总正电荷数，也是对其进行改造的一个关键策略。总结甜味蛋白 monellin 的分子改造工作，主要有以下研究进展。

（1）甜味增强的突变体 Y65R。根据甜味蛋白与甜味受体的表面电荷相互作用原则，在设计的一系列蛋白质突变体中，Y65R 突变体相对于野生型蛋白质甜味度明显提高（约为野生型蛋白质的 1.7 倍），在酸性条件下具有很高的可溶性，但其热稳定性未发生明显变化。NMR 结构分析和分子动力学模拟结果表明，Y65R 突变一方面提高了蛋白质表面的正电荷数，可以加强其与受体的相互作用，另一方面 R 残基侧链能够与 D68 残基主链形成稳定的氢键[30]。

（2）甜味增强的突变体 E2N。这种突变体的甜味度可达野生型蛋白质的 3 倍以上，具有极强的甜味，其热稳定性比野生型蛋白质略有下降。E2 氨基酸残基带负电荷，位于 N 端结构表面区域，将其变为不带电荷的中性氨基酸 N 后，减少了蛋白质表面的负电荷数，从而相对地增加了正电荷数，因此其与受体结合区域的作用强度增强，甜味度增大。另外，该氨基酸的空间结构呈现明显的可塑性（plastically），又称为内在紊乱性（intrinsic disorder），可能是其可作为一个甜味关键决定位点的分子内在因素[17, 31]。

（3）C41A 突变体的甜味比野生型蛋白质略有增强, 但其稳定性没有明显变化[15]。

（4）E23 的数个突变体表现出热稳定性明显增强。例如，将其分别突变为 A、L、F、W 或 Q 后，通过圆二色光谱检测，其 T_m 值均明显升高，而 E23K 的稳定性未发生变化。E23 位于蛋白质内部疏水区域并带有负电荷，将其突变为不带电荷的中性氨基酸，解除该氨基酸的离子化状态后，其热稳定性明显增强[32-34]。

（5）Q28K/C41S/Y65R 三重突变体和 Q28K/C41S/Y65R/E23Q 四重突变体的甜味均明显增强，相对于野生型蛋白质，两种突变体的甜味阈值分别达到 0.4mg/L 和 0.28mg/L。此外，三重突变体 Q28K/C41S/Y65R 的 T_m 值为 70.1℃，而四重突变体 Q28K/C41S/Y65R/E23Q 的热稳定性明显升高，其 T_m 值达到 77.8℃。结构解析表明，E23Q 突变导致该残基构象改变，并与 Y29 和 G30 形成新的氢键，进而触发突变的 K28 残基侧链与 N90 残基形成稳定的氢键，从而形成一个相对稳定的封闭的氢键网络，从而提高突变体的稳定性（图 7.7）。这说明，甜味蛋白分子内关键氨基酸残基及其作用网络对蛋白质热稳定性具有重要影响[35]。

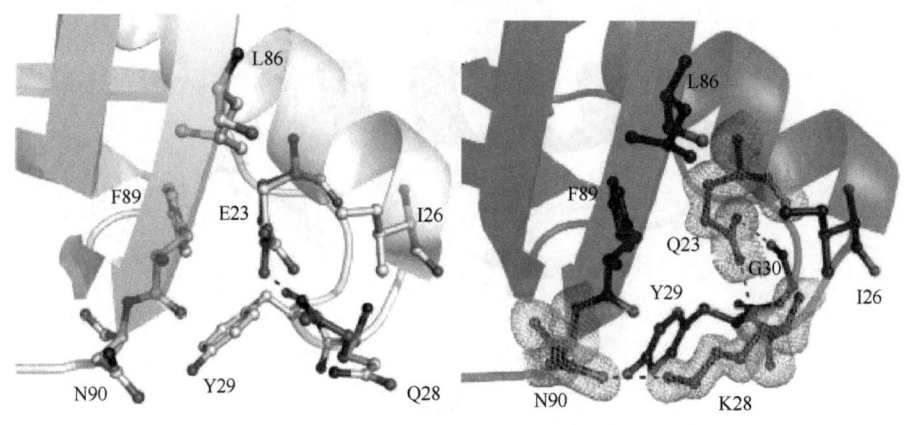

图 7.7　甜味蛋白 monellin 野生型（左）与突变体 E23Q/Q28K/C41S/Y65R（右）的部分氢键网络比较[35]（彩图请扫封底二维码）
氢键以点状线表示

（6）本课题组对已报道的 2 个甜味增强的突变体 E2N 和 Y65R，以及热稳定性增强的突变体 E23A，进行了组合突变。结果显示，E2N/E23A 和 E2N/Y65R 的甜味相对于野生型蛋白质明显增强，它们的甜味阈值见表 7.4。此外，E2N/E23A 和 E23A/Y65R 突变体的热稳定性明显升高。由此可见，加入 E2N 突变的突变体甜味均增强，而加入 E23A 突变的突变体热稳定性均升高，说明 E2 和 E23 位点分别介导甜味蛋白 monellin 的甜味和热稳定性。值得注意的是，E2N/E23A 突变体的甜味和热稳定性均明显增强，在食品工业生产中具有较大的应用潜力。这些结果为我们对甜味蛋白进行进一步分子设计与改造提供了有价值的思路。图 7.8 为 3 个突变位点在 MNEI 结构上的位置示意图[19]。

表 7.4 甜味蛋白 monellin 野生型及突变体的甜味阈值及热稳定性

甜味样品	甜味阈值/(μg/mL)	相对于蔗糖的甜味度/倍	热稳定性 T_m/℃
蔗糖	4 000	1	
野生型	1.1±0.09	3 636	74.2±0.2
E2N	0.33±0.02	12 121	68.4±0.1
E2N/Y65R	0.35±0.03	11 429	67.9±0.3
E2N/E23A	0.38±0.02	10 526	84.9±0.1
E23A/Y65R	1.35±0.12	2 963	83.1±0.2

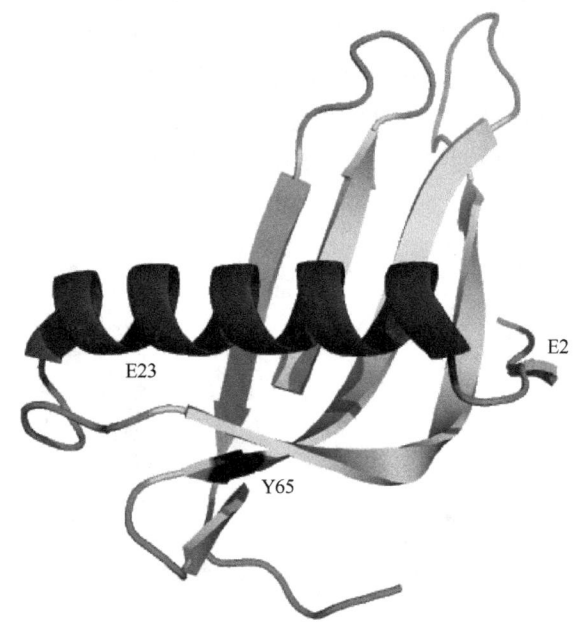

图 7.8 甜味蛋白 monellin 中决定甜味与热稳定性的 3 个关键氨基酸突变位点
(彩图请扫封底二维码)

除了上述提高甜味品质的分子设计外,科研工作者还设计了大量的 monellin 蛋白突变体用于研究其甜味性质或热稳定性。某些突变体的甜味性质虽然没有提高,但是为理解该甜味蛋白的结构和功能及进行分子设计与改造提供了有益的借鉴,主要有以下结果。

(1)利用酿酒酵母表达系统,对数个单链 monellin 蛋白(single-chain monellin,SCM,相对于 MNEI 缺少 A、B 之间的 2 个连接氨基酸残基)进行了重组表达,其主要结果如表 7.5 所示。从中可知,大部分对甜味具有影响的氨基酸残基聚集在蛋白质表面的某一局部区域。对 6~9 位的残基进行修饰后,monellin 蛋白的甜味度剧烈下降,R86E 突变体大约下降了 2 个数量级,该精氨酸残基位于第 5 个 β-

折叠片段的一个膨胀区域并且暴露于溶剂中。结构分析显示，该残基的突变可能仅导致蛋白质结构的局部变化，其侧链的定向突变与 MNEI 甜味度的变化密切相关。在 R86 残基的临近区域，R70E 突变导致甜味度下降约 25 倍。A 链 22 位的残基 D（MNEI 中该残基的编号是 D72）位于与 R86 残基相对立的一面，并且它与第 4 个 β-折叠片段的 R70 残基仅有 2 个氨基酸残基的距离。在 MNEI 的结构中，D72 残基和 R70 残基的侧链形成一个盐桥（salt bridge）。已有研究表明，将此天冬氨酸残基突变为 N 后，甜味度下降约 5 倍。因此，这 3 个残基（R70、D72、R86）构成了决定甜味蛋白 monellin 甜味度的另一个关键区域。

表 7.5　甜味蛋白 monellin 突变体的甜味度（甜味阈值）

突变体	甜味阈值/（mg/L）
MNEI（酵母表达）	3
K43E	37
R70E	80
R86E	300
K17C/F34C	3
K44C/E57C	3
K44Q/E48Q/E50Q/R51Q	3
E52Q/K54Q	无
Q59C/D72C/C41S	小于 4
F34D	20～30
G1M/E2M	0.5～0.75
E59C	9～10
C41S	3
M42V	3
W3T/I5E/M42N	3
删除 P94	15～20
删除 P92～94	20～30
删除 P90～94	40～60

6～9 位残基形成的甜味决定区域离 R70、D72、R86 的距离为 1～25Å。可能这两个区域均能够与甜味受体发生相互作用。一种可能是甜味蛋白 monellin 与受体结合的区域应该散布在甜味蛋白分子表面，或者甜味蛋白 monellin 可能和甜味受体的不同区域相结合。另一种可能是这些甜味蛋白分子的表面区域可能不直接与受体相互作用，而是在受体的激活和信号转导过程中具有其他的功能。

甜味蛋白 monellin 分子结构的另一个显著特征是有数个位于蛋白质分子表面的脯氨酸残基（proline）。这些脯氨酸残基位于 monellin 蛋白的 C 端，序列为

Pro-Val-Pro-Pro-Pro。这些残基位于蛋白质分子表面，且与第 2 个 β-折叠片段的 P40 残基相临近，形成一个近似于平行α-螺旋但位于 β-折叠相对立一面的一簇线状脯氨酸序列。研究者通过一系列的缺失突变，阐明了这 5 个 C 端残基对甜味度的影响。如表 7.5 所示，C 端氨基酸缺失的数目与甜味蛋白甜味度的下降程度呈正相关。然而，目前尚难以从分子机制方面对这个脯氨酸"尾巴"的功能进行解释。这个脯氨酸"尾巴"与蛋白质分子内部的一些疏水性氨基酸相互作用，将其缺失后可能导致蛋白质结构遭受局部破坏。另外，这个脯氨酸"尾巴"起始于第 5 个 β-折叠片段，可能对锚定该片段具有一定贡献。缺失此脯氨酸"尾巴"后，可能导致该 β-折叠片段的构象不稳定，从而影响甜味度。上述 2 种推论的可能性均被圆二色光谱技术的分析结果所证实，即缺失该甜味蛋白的 C 端脯氨酸"尾巴"后，可引起其二级结构的改变。

实验结果还表明，C41S、M42V 及 K17C/F34C 与 K44C/E57C 两个双半胱氨酸突变体的甜味度相对于野生型蛋白质无明显变化，而 K43E、F34D、E59C 等突变体的甜味度明显下降。值得注意的是，G1M/G2M 双突变体的甜味度相对于 MNEI 野生型提高了 4～6 倍。但是，尚未见对这 2 个位于 N 端残基突变体的结构分析及它们对甜味度影响的分子机制的论述[31]。

（2）来自瑞士的研究组与美国科研人员合作，对甜味蛋白表面的氨基酸残基的电荷属性如何影响其甜味度做了系统深入的研究。最初，他们以单链 monellin 蛋白（MNEI，在该文献中称为 scMn）为研究对象，对带负电荷的氨基酸进行了 Asp 至 Asn 和 Glu 至 Gln 的替代。科研人员利用圆二色光谱、荧光、NMR 等技术，通过移去蛋白质表面 6 个带负电荷的氨基酸或者加入 4 个带负电荷的氨基酸，对其表面电荷进行了较大的修饰，研究了数个突变体的结构及热稳定性，并通过甜味觉感官品评研究了其甜味度。结果显示，对蛋白质表面电荷进行修饰能影响（降低）其甜味度，但对结构和热稳定性没有影响。表明表面电荷对甜味度的影响可能取决于特异的带正电荷的氨基酸。

对 scMn 表面电荷的设计考虑了蛋白质表面的整体电荷分布，而没有考虑甜味蛋白与甜味受体的结合及相互作用模式。对表面关键氨基酸的改变仅限于 Asp 至 Asn 和 Glu 至 Gln 的替代。此外，突变点包含了额外的 C41S 突变，但这个位点的单独突变并不能改变甜味蛋白的甜味度。因为蛋白质分子内缺少二硫键，替代 Cys 残基并不会影响其主要的分子结构构成。在中性环境下，研究中表面总电荷数仅计算 R+K 的残基总数减去 D+E 的残基总数。值得注意的是，monellin 蛋白缺失组氨酸残基，因此可忽略组氨酸残基对蛋白质表面电荷的影响。由此，构建的 2 个突变体分别被称为 $scMn^{+8}$ 及 $scMn^{-2}$。

NMR 实验显示，突变体 scMn 的整体三级结构与野生型蛋白质十分相似，说明虽然对蛋白质表面的电荷进行了很大修饰，但其空间结构未发生明显变化。圆二色光谱与荧光光谱实验表明，突变体的二级结构相对于野生型蛋白质未发生明显变化[11, 36]。

（3）本课题组前期对 MNEI α-螺旋区域的氨基酸残基对其甜味度和热稳定性的影响做了较为系统与深入的研究。首先，利用大肠杆菌密码子偏好性对 MNEI 的基因编码序列（GenBank：AFF58925.1）进行优化，并在 Genescript 公司合成了该序列。随后，利用分别位于 N 端和 C 端的 *Nde* I 与 *Bam*H I 限制性内切核酸酶酶切位点，将其插入到 pET15b 载体中，并经 DNA 测序验证。最后，经过引物设计、PCR 扩增、*Dpn* I 限制性内切核酸酶酶切等步骤，构建了多个位于 monellin 蛋白α-螺旋区域的氨基酸的突变体。结合前期报道称该区域的 G16A 突变体的甜味度大大下降，我们设计了以下突变体：P10A、F11A、T12A、N14A、L15A、K17A、F18A、E19A、V20A、D21A、E22A、E23A、N24A、I26A。此外，第 2 个 β-折叠片段的 C41 残基据报道对蛋白质的折叠和稳定性具有重要影响，因此构建了突变体 C41A 并分析了其功能。

SAD-PAGE 电泳显示，甜味蛋白 monellin 野生型及上述突变体在大肠杆菌中成功表达，并利用镍离子柱亲和层析得到纯化（图 7.9，图 7.10）。甜味觉感官品评测试表明，6 个突变体（N14A、F18A、D21A、E23A、N24A 和 I26A）的甜味度与野生型蛋白质相比没有变化，但 C41A 突变体的甜味阈值比野生型蛋白质下降（0.5μg/mL），说明其甜味度提高。其他突变体的甜味阈值均明显升高，说明其甜味度下降。其中，K17A 突变体的甜味阈值大于 450μg/mL，感官品评测试表明几乎品尝不到其甜味。值得注意的是，A19E 突变体完全不能在大肠杆菌中表达，几乎得不到可溶性的目的蛋白，说明该残基位点对蛋白质的正确折叠具有重要作用（表 7.6）[15]。

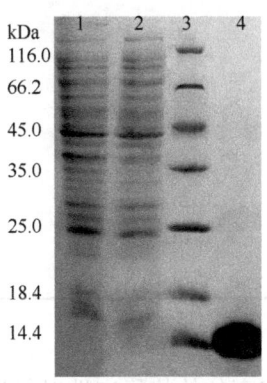

图 7.9　甜味蛋白 monellin 野生型在大肠杆菌中的表达[15]

1 为超声波破壁后得到的总蛋白质；2 为离心后的上清液；3 为蛋白质 Marker；4 为经镍离子柱亲和层析和分子筛纯化后的目的蛋白溶液

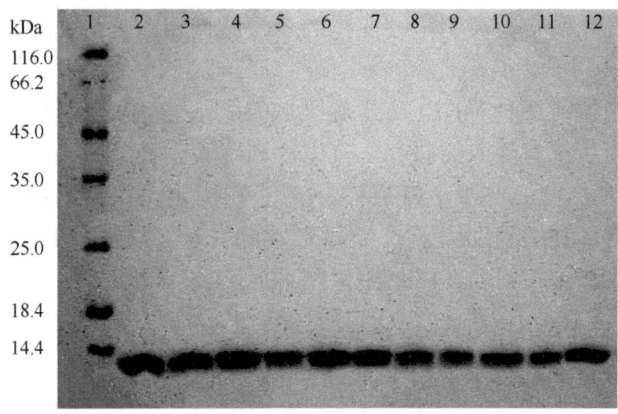

图 7.10 甜味蛋白 monellin 突变体的电泳分析[15]

1 为蛋白质 Marker；2 为甜味蛋白 monellin 野生型；3～12 分别为突变体 P10A、F11A、T12A、N14A、L15A、K17A、F18A、V20A、D21A、E22A

表 7.6 甜味蛋白 monellin 突变体的甜味度及热稳定性

甜味样品	甜味阈值/(μg/mL)	最大耐热温度/℃
蔗糖	10 000±150	
MNEI	0.8±0.05	65
P10A	3.0±0.4	70
F11A	2.0±0.25	70
T12A	10±1.1	55
N14A	0.9±0.1	70
L15A	2.0±0.2	45±5
K17A	＞450	＜40
F18A	0.9±0.05	55（50）
E19A（不可溶）		
V20A	2.5±0.5	45
D21A	1.0±0.2	65（45）
E22A	2.0±0.3	60
E23A	0.8±0.1	85
N24A	0.9±0.15	75（70）
I26A	0.8±0.05	70±5
C41A	0.5±0.05	70

注：表中括号内温度为蛋白质发生了部分变性时的温度

在该研究中，甜味蛋白突变体的热稳定性以其最大耐热温度来表示，即热处理后甜味蛋白未发生变性的最大耐热温度。结果显示，大部分突变体的热稳定性与 MNEI 野生型相比没有明显变化。其中，E23A 突变体的热稳定性明显提高，达到 85℃；突变体 P10A、F11A、N14A、N24A 和 I26A 的热稳定性有一定提高（约 5℃）。这些使 MNEI 热稳定提高的氨基酸均位于α-螺旋区域的两端，且呈对称分布。此外，我们还研究了 N 端的 His-tag 序列对蛋白质甜味度或者热稳定性的影响。结果表明，利用凝血酶将该标签序列切除后，该蛋白质甜味性质和热稳定性与带有标签的蛋白质相比几乎没有变化，说明 N 端 His-tag 序列不会导致蛋白质的空间结构变化。

（4）美国学者研究了 MNEI 的 3 个突变体 G16A、V37A 及 G16A/V37A 的甜味变化与分子结构。甜味觉感官品评测试证明，G16A 和 V37A 突变分别导致甜味度相对于野生型蛋白质下降了 10 倍和 2 倍，而 G16A/V37A 双突变体的甜味度仅下降了 4 倍。为研究这些突变体结构和功能的关系，研究者利用 X 射线衍射分析技术，解析了上述 3 个突变体的空间结构，它们在蛋白质结构数据库中的收录号分别为 3PYJ、3PXM 及 3Q2P。通过将这些突变体的三级结构和 MNEI 野生型的三级结构进行重合比较，发现它们之间的最小均方根差偏差（root mean square deviation，RMSD）为 0.68~0.86Å，说明它们的整体三级结构十分相似[37]。

比较 MNEI 野生型和突变体 G16A 的三级结构，发现二者之间局部有较小的结构差异。G16A 突变位于α-螺旋的中心区域，与短的 β2a 相对。在突变的 G16A 侧链上加入一个甲基基团，能够微妙地改变周围相邻残基的结构。例如，V37 残基侧链的末端甲基基团与 G16 位点相对，产生了大约 0.6Å 的偏离，从而避免与 A16 残基发生空间冲突。在野生型蛋白质中，V37 残基与 G16 残基之间的距离仅有 2.4Å；与 A16 残基相对的 V64 残基，其主链的羰基发生了位置转变从而朝向蛋白质疏水内部；位于α-螺旋 A16 上部的残基 Q13 的位置也发生了改变。相反的，含 V37 突变的甜味蛋白结构仅有微弱的改变，仅 V64 侧链和α-螺旋的部分区域发生了结构的重置。将 G16 和 V37 两个残基同时突变为 A 可缓和这 2 个残基之间的空间位阻冲突。例如，V64 残基在这个双突变体中具有与野生型蛋白质相同的构象。因此，G16A 突变导致的蛋白质中心区域的结构变化，可被另一个互补性的突变 V37A 所恢复，并与突变体的甜味度变化直接相关。

对于上述现象的一种解释是，蛋白质内部的突变可能通过分子内作用网络的"增值效应"影响蛋白质表面氨基酸残基。突变实验已经证明，甜味蛋白 monellin 15%~20%的氨基酸残基对其甜味具有影响。对于这些关键的氨基酸残基，其与野生型蛋白质之间总体的侧链 RMSD 值与 G16A 及 G16A/V37A 与野生型蛋白质之间的 RMSD 值是一致的。仅 5 个残基 Q13、D7、F34、K36 及 R72 的侧链结构发生了轻微的变化，但是这些变化与蛋白质甜味度之间没有直接的相关性。因此，G16A 与 V37A 这些位于蛋白质内部区域的突变不影响蛋白质分子表面的构象，进而影响其甜味度。

为测定这些突变是否也影响蛋白质的热稳定性，利用差示扫描量热

（differential scanning calorimeter，DSC）法测定了野生型及突变体蛋白质的 T_m 值。其中，野生型蛋白质（WT）的热稳定性最高，其 T_m 值达到 75.2℃。构建的 3 个突变体热稳定性较野生型均表现出下降趋势，其 T_m 值范围为 71~72.3℃，其热稳定性大小顺序为 WT>G16A>V37A>G16A/V37A。需要指出的是，上述蛋白质对蛋白酶的敏感性具有与热稳定性一样的顺序，即 WT>G16A>V37A>G16A/V37A，而对其进行化学修饰后的稳定性为 WT>G16A/V37A>G16A>V37A。以上结果表明，甜味蛋白 monellin 及其突变体的热稳定性与其甜味度之间没有明显的相关性。

利用圆二色光谱技术对甜味蛋白 monellin 二级结构进行检测的结果表明，其 C 端 3 个脯氨酸残基 P94-P95-P96 构成的 PPⅡ螺旋在 230nm 处有一个小的正峰。这个峰在野生型蛋白质和 V37A 突变体中也存在，但在 G16A 突变体中不存在，G16A/V37A 双突变体也存在这个正峰，但其强度明显减弱。这些结果说明，由 G16A 突变导致的 PPⅡ螺旋结构的改变可部分地被 V37A 突变所恢复，与突变体的甜味度变化趋势一致。由于拉曼光谱能够测定手性分子拉曼散射的微妙变化，因此用于检测蛋白质分子内构象从有序到无序的转变十分有效。拉曼光谱可检测非折叠蛋白及球蛋白折叠过程中的光谱变化，尤其是 PPⅡ螺旋在 $1318~1325cm^{-1}$ 处的一个特异条带十分灵敏，因此可用来表征 PPⅡ螺旋的结构或构象变化。MNEI 的 3 个突变体 G16A、V37A 及 G16A/V37A 均呈现出与野生型蛋白质不同的拉曼光谱变化。其中，G16A 表现出 β-折叠在 $1255cm^{-1}$ 处的吸收强度下降，以及脂肪族氨基酸侧链在 $1449cm^{-1}$ 处的吸收强度下降，指示这 2 处的侧链构象不稳定。V37A 和 G16A/V37A 也呈现出此区域的拉曼光谱发生变化，但是 G16A/V37A 的变化幅度比 G16A 小，尤其是 G16A 在 $1321cm^{-1}$ 处出现一个突出的新条带，但是野生型蛋白质、V37A 及 G16A/V37A 没有。在先前的研究中，有人报道人来源的溶菌酶在 $1321cm^{-1}$ 处的吸收条带反映了 PPⅡ螺旋构象的弹性（flexibility）变化。虽然 X 射线衍射分析的结果表明野生型蛋白质及突变体的 PPⅡ螺旋具有相同的结构，但 G16A 突变体在 $1321cm^{-1}$ 处的吸收强度变化反映其 PPⅡ螺旋在溶液中有可变性。圆二色光谱和拉曼光谱结果表明，G16A 突变体发生了结构的扰动尤其是 C 端 PPⅡ螺旋结构发生变化，以及由此导致的该螺旋与蛋白质内部结构的相互作用发生改变。这些变化与突变体甜味度的改变也具有明显的相关性，即 G16A 突变体的甜味度下降程度最大，V37A 突变能够恢复丧失的部分甜味（G16A/V37A），并表现出 PPⅡ螺旋结构的可塑性降低。

PPⅡ螺旋位于 MNEI 结构的表面，而 G16 残基位于蛋白质的内部。那么，G16A 突变是如何导致与其距离相对较远的 PPⅡ螺旋结构的改变的呢？这或许与蛋白质的溶液中其结构具有高度的无序性（disorder）有关。一种解释是，G16A 突变导致与其相近的 V37 的构象发生轻微改变，但这种结构的扰动能够通过蛋白质分子内部的疏水相互作用网络延伸到 C 端的 PPⅡ螺旋结构，诱导其构象改变

（图7.11）。这种构象的改变与甜味蛋白monellin和甜味受体相互作用直接相关，从而影响甜味蛋白的甜味度[37]。

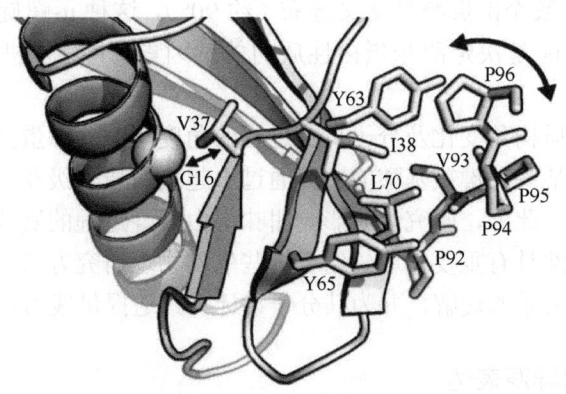

图7.11　蛋白质分子内部的疏水相互作用网络[37]
G16残基（圆球）通过该相互作用网络与C端的PPⅡ螺旋结构联系，并影响其弹性

作者认为，将来对甜味蛋白monellin等进行分子设计，应结合计算生物学、进化生物学、结构生物学、生物化学等多学科的研究方法，对甜味蛋白"分子系统"进行研究，阐明决定甜味蛋白"甜味度"的关键氨基酸、序列的特征或作用模式，揭示甜味蛋白呈现"甜味"的内在分子机制。具体的，可从以下几方面考虑开展研究工作。

（1）以甜味蛋白序列与结构为基础，从甜味蛋白-甜味受体相互作用的角度研究甜味蛋白在受体上可能的作用位点及"甜味度"决定的分子机制。通过模拟甜味蛋白与受体的相互作用，鉴定蛋白质上可能与受体作用的关键氨基酸。例如，已有报道称依据序列分析、分子建模等结果，利用化学合成方法合成了甜味蛋白上的关键多肽片段[又称为"甜指状物"（sweet finger）]，可为鉴定甜味蛋白上决定"甜味度"的关键氨基酸提供有价值的线索。

（2）从定向进化角度研究甜味蛋白"甜味度"决定的分子机制。模拟自然界蛋白质进化的可能过程，利用祖先序列重建、随机突变等手段研究甜味蛋白内氨基酸序列演化及其与功能的关系。结合研究其他蛋白质分子进化的策略，分析甜味蛋白突变体氨基酸的替代与"甜味度"变化之间的关系，有望从分子进化的角度阐明甜味蛋白"甜味度"决定的内在分子机制。

（3）从分子内通信网络的角度研究甜味蛋白内部氨基酸之间可能的联系，以及其对"甜味度"的影响。例如，Templeton等对甜味蛋白monellin的研究表明，虽然G16残基与V37残基在分子空间结构中的距离较远，但它们可通过分子内疏水相互作用网络协同影响蛋白质的"甜味度"[37]。

（4）通过对不同的甜味蛋白进行研究，揭示甜味蛋白表现"甜味"的普遍机制。例如，在前期研究中我们发现，已报道的甜味蛋白的三级结构中普遍存在一个α-螺旋与数个β-折叠呈交叉分布（约90°），这种α-螺旋与β-折叠结构之间的协调关系可能是决定甜味蛋白性质的关键因素，其分子机制有待于进一步研究。

（5）从蛋白质构象变化及分子折叠过程的角度研究甜味蛋白序列、结构及功能之间的关系。某些关键氨基酸的突变通过引起蛋白质二级及三级结构的变化，进而影响其功能。此外，研究表明影响甜味蛋白折叠过程的氨基酸残基往往对其甜味度或热稳定性具有重要作用。结合这些生物物理研究方法，可以加深对甜味蛋白结构与功能关系的理解，并为其分子设计与改造提供线索。

四、monellin 的异源表达

最初从 monellin 的原产植物 *Dioscoreophyllum cumminsii* 的浆果中利用化学方法提取纯化 monellin，但 1kg 浆果仅能获得 100～150mg。随着纯化技术的不断优化，现在的蛋白质得率可达到 3～5g[38,39]。

为了促进甜味蛋白 monellin 的广泛应用，解决从植物中提取该甜味蛋白存在的工艺复杂、产量低等困难，利用基因工程的方法，对 monellin 进行异源重组表达，并取得了长足的发展。

1. 甜味蛋白 monellin 在大肠杆菌中的表达

科研工作者人工合成单链 monellin 基因，并在大肠杆菌中成功表达了具有甜味的 MNEI。MNEI 的甜味度与天然的甜味蛋白类似，但其热稳定性更高。1999年，根据原核生物密码子的偏好性，崔洪志等合成了甜味蛋白的突变基因并在大肠杆菌 BL21 中成功表达出了蛋白质，表达的目的蛋白占总蛋白质的 22.8%。2005年，Chen 等利用 pET-22b 载体表达的甜味蛋白量已经达到了大肠杆菌 BL21（DE3）内可溶性蛋白质的 44.8%，其产量为 43mg/g 细菌细胞（干重）。这些在大肠杆菌中进行的 monellin 异源表达都采用了传统的 LB 培养基[40,41]。

最近报道了一种利用乙酸作为碳源，采用大肠杆菌 BL21（DE3）生产重组 monellin 的方法。培养基基于一种磷酸盐缓冲体系，并加入 0.5%的酵母提取物作为营养物质及采用乙酸作为附加的碳源，发现表达菌株能够对乳糖的诱导产生响应。通过优化发酵参数可知，需要对氧气和 pH 进行精确控制。通过与一种快速和有效的蛋白质纯化技术相结合，获得的 MNEI 的纯度可达 99%。该方法为工业上生产重组 monellin 蛋白提供了一种新的策略。尤其是发酵底物的优化使生产成本大大降低，其产量 180mg/L 发酵液远远高于典型的 LB/IPTG 表达系统的产量

30mg/L 发酵液[42]。

总体来说，甜味蛋白 monellin 在大肠杆菌中的表达具有简单方便、耗时短、易于纯化等特点。对该甜味蛋白突变体性质及结构的研究，多采用这种重组表达方法。然而，由于大肠杆菌是原核表达系统，重组蛋白不适合在食品中直接使用，因此又逐步开发了 monellin 在酵母等其他表达系统重组生产的技术。

2. 甜味蛋白 monellin 在芽孢杆菌中的表达

甜味蛋白 monellin 在芽孢杆菌中表达的研究相对不多，有在枯草芽孢杆菌（*Bacillus subtilis*）中成功表达的报道。利用 pHPC 表达载体，在枯草芽孢杆菌 DB403 中表达重组蛋白，其产量可达 180mg/L 发酵液[43]。

3. 甜味蛋白 monellin 在真菌中的表达

1997 年，日本研究人员得到一条甜味蛋白 monellin 的单链类似物，并将其转化到产朊假丝酵母（*Candida utilis*）细胞内进行表达，得到的 monellin 蛋白可达细胞可溶性蛋白质的 50%，得率相对较高，产量为 70mg/g 细胞（干重），且其甜味度与从植物中提取的天然甜味蛋白相比未发生明显变化[44]。自 2003 年起至今，我国研究者已根据毕赤酵母密码子的偏好性设计并人工合成了单链 monellin 基因，同时构建了载体使其在毕赤酵母（*Pichia pastoris*）中成功表达，优化发酵条件后，蛋白质表达量提高近 60%。2012 年，金筱耘等根据毕赤酵母与桑树密码子的偏好性，人工合成单链 monellin 基因，并将其与增强型绿色荧光蛋白 EGFP 基因连接，构建融合表达载体，转化至酵母中成功表达，蛋白质产物能耐 80℃高温，当环境 pH 在 3~12 时，甜味度大致为标准蔗糖的 500 倍[45]。利用大肠杆菌-酵母穿梭质粒 pYES2.0 和 GAL1 启动子及α信号肽表达系统，成功将 MNEI 在酿酒酵母（*Saccharomyces cerevisiae*）中表达，产量达到 410mg/L 发酵液，但没有评价其甜味度。此外，还有在食品级的酿酒酵母中表达 MNEI 的报道，其产量可达 675mg/L 发酵液，但未对其甜味度进行评价[46]。

本课题组利用 pGAPZaA 质粒，在毕赤酵母 GS115 中成功表达了 MNEI 野生型及突变体 E2N，分泌到胞外的蛋白质产量可达 675mg/L 发酵液。经过 Sephadex G-50 色谱柱纯化后，进行甜味觉感官品评测试，野生型及突变体 E2N 的甜味阈值分别为 30μg/mL 和 20μg/mL。这是首个在真菌宿主中表达甜味蛋白突变体的报道。结果表明，去掉重组质粒中该甜味蛋白 N 端的起始密码子甲硫氨酸（Met）后，利用酵母的甘油醛-3-磷酸脱氢酶（glyceraldehydes 3-phosphate dehydrogenase, GAPDH）启动子，促进了其在毕赤酵母中的分泌表达，且突变体的甜味度提高为野生型蛋白质的约 1.5 倍[47]。

在酵母中表达蛋白质，利用其内在信号肽，蛋白质可直接分泌到胞外，具有产量高、杂质少、易于纯化等优点，并且很多酵母品种为食品安全级的表达宿主，重组蛋白更有利于在食品工业中应用。然而，用酵母表达产生的重组蛋白也具有一定的局限性。可以看到，在酵母中表达的蛋白质的甜味度明显低于在大肠杆菌中表达的蛋白质，且突变体 E2N 甜味度提高的倍数也低于在大肠杆菌的倍数（约3倍），说明利用酵母表达产生的重组蛋白的性质可能会受蛋白质糖基化或色素等未纯化去除的杂质影响，但目前没有关于此影响机制方面的报道。

4. 甜味蛋白 monellin 在植物中的表达

1992 年，研究人员将人工合成的基因与启动子相连，导入番茄和莴苣中，经测定转基因植株的相应组织中产生了 monellin 蛋白，该基因的表达量接近于总蛋白质含量的 1%。2012 年，Lee 等在烟草的叶绿体中稳定表达 monellin 蛋白[33]。同年金筱耘等将 monellin 基因经过改造之后进行桑树遗传转化研究，并获得转化成功的桑苗[48]。国外有在番茄中成功表达 monellin 蛋白的报道，目的蛋白占番茄果实中表达的可溶性蛋白质含量的 4.5%，且纯化的蛋白质在 70℃和 pH2 时均可保持其甜味。韩国学者在烟草叶绿体内成功表达了 MNEI 突变体 MNEI-E24L、MNEI-E24F、MNEI-E24W、MNEI-E24A（将起始密码子 Met 也计算在内，实际为上面研究的 E23 位点）[33]。

研究甜味蛋白在植物中的表达具有重要的理论和应用价值。一方面，甜味蛋白最初分离于热带植物的果实，在转基因植物中进行表达类似于其天然生成过程，虽然产量不如在细菌和真菌表达系统中高，但产品更好地保留了其天然植物来源的特性；另一方面，将甜味蛋白基因转化入植物后，可提高植物果实的风味（如甜味度提高）与品质（如蛋白质含量增加），对农业果树的生产具有重要的意义。

5. 固相合成法

科研人员采用逐级固相合成法进行 monellin 蛋白的化学合成。将构成 monellin 蛋白的 2 个亚基 A、B 链分别合成，然后将其混合。结果显示，当 2 个亚基即 A、B 链的比例为 1∶1.9 时，可以获得较多的 monellin 蛋白，产量可达 25.7%[38,39]。

第三节 植物甜蛋白（brazzein）

一、brazzein 的性质和结构

brazzein，中文译为布拉奇因、巴西甜蛋白或植物甜蛋白，是一种最早于 1994 年由美国威斯康星大学的科研人员 Ming 和 Hellekant 从非洲热带植物 *Pentadiplandra brazzeana* 的果实中分离提纯得到的甜味蛋白[49]。据报道，brazzein

的甜味度为同质量蔗糖的 2000 倍左右，水溶性好，且水溶液在 80℃下经 4h 的热处理仍然保持甜味，有着良好的热稳定性和酸碱稳定性。因此，brazzein 是极具市场开发应用潜力的甜味蛋白。brazzein 是除 pentadin 外，第 2 个在西非爬行生长类植物中发现的甜味蛋白。这种植物生长于加蓬和喀麦隆等国家，其果实自古以来就被当地居民长期食用。

与其他甜味蛋白相比，brazzein 的分子质量较小（约为 6.5kDa）。它由含 54 个氨基酸残基的单链蛋白质组成，是迄今发现的分子质量和结构最小的甜味蛋白。其核苷酸编码序列及蛋白质一级结构如图 7.12 所示。目前，发现了 2 种形式的 brazzein，一种是有一个焦谷氨酸（pyroglutamic acid，pGlu）残基在其 N 端，称为主要形式（major form），而另一种是 N 端缺少这个焦谷氨酸残基，称为次要形式（minor form）。以次要形式存在的 brazzein 的甜味度是主要形式 brazzein 的 2 倍。目前研究较多的是次要形式的 brazzein 蛋白[50]。

```
  1  ATGGACAAATGTAAGAAAGTATATGAGAACTACCCGGTGTCTAAGTGCCAGCTGGCTAAC
  1   M  D  K  C  K  K  V  Y  E  N  Y  P  V  S  K  C  Q  L  A  N
 61  CAATGTAACTATGATTGCAAACTGGATAAACATGCTCGCAGCGGTGAATGTTTCTATGAC
 21   Q  C  N  Y  D  C  K  L  D  K  H  A  R  S  G  E  C  F  Y  D
121  GAGAAACGCAACCTGCAATGCATCTGCGACTACTGCGAGTAC
 41   E  K  R  N  L  Q  C  I  C  D  Y  C  E  Y
```

图 7.12　甜味蛋白 brazzein 一级结构图

此外，在 braazein 来源植物中还发现了另一种甜味蛋白，命名为 pentadin，其中文名为喷塔汀。该甜味蛋白发现于 1989 年，但目前相关的研究与应用报道均较少。然而西非当地居民与猿类食用含有该甜味蛋白果实的历史悠久。其分子质量估计为 12kDa，甜味度约为同质量蔗糖的 500 倍。类似于莫内林（monellin）和奇异果甜蛋白（thaumatin），该甜味蛋白也具有明显的余味，但其甜味觉感官品质更类似于 monellin[9,39]。

brazzein 及其突变体的数个三级结构已经通过核磁共振（NMR）、X 射线衍射分析等方法测定。例如，PDB 生物大分子结构数据库收录的 brazzein 或其突变体的结构有 10 个。它由一个 α-螺旋和 3 个反相平行的 β-折叠组成，其三级结构与 monellin 和 thaumatin 均没有相似之处。brazzein 结构的显著特征是其分子内含有 4 个平均分布的二硫键，由 8 个半胱氨酸（Cys）残基形成。通过对这 4 个二硫键进行定向突变，发现它们除明显影响蛋白质的热稳定性外，还对 brazzein 的甜味度有一定作用。典型的 brazzein 的二级结构与三级结构分别如图 7.13 和图 7.14 所示。

图 7.13　甜味蛋白 brazzein 二级结构示意图（彩图请扫封底二维码）

图 7.14　甜味蛋白 brazzein 三级结构示意图（PDB：2LY5）（彩图请扫封底二维码）

利用嗜热微生物蛋白酶酶解 brazzein，然后利用质谱法测定其分子内的 4 个二硫键，可以鉴定 brazzein 中 4 个二硫键的位置。结果表明，4 个二硫键分别形成于 8 个半胱氨酸的 C4~C52 位、C16~C37 位、C22~C47 位及 C26~C49 位之间，二硫键在分子结构内的广泛分布使得 brazzein 分子紧密折叠，其空间结构相对于 monellin 等十分牢固，因此比 monellin 具有更高的热稳定性[51, 52]。

brazzein 具有安全、热稳定性高、易溶于水（溶解度>50mg/mL）等优点，且它的甜味度与蔗糖及其他天然的糖类十分接近。与其他甜味剂如阿斯巴甜和甜菊苷相混合，brazzein 能够提高或优化它们的风味及减少余味。但由于安全性评价尚未通过批准等，迄今 brazzein 蛋白尚未实现市场化销售。

从 UniProt 数据库中检索找到了与 brazzein 同源的 17 个序列，与 brazzein 序列进行比对。同源蛋白质的搜索结果都是参考公认的胰蛋白酶抑制剂或类防御素蛋白质。然而，与 brazzein 序列亲缘关系最近的同系物，与 brazzein 序列的一致性和相似性分别为 42%和 64%。这种序列上的相互关系可大体上解释 brazzein 为何比其他化合物具有更独特的甜味。根据 brazzein 序列，通过分析两个参数（即相对频率和残基的可溶性）可以反映该甜味蛋白与其同系物之间的亲缘关系。19 个可溶的残基（至少 50%的相对可溶性）被确定为甜味蛋白的特征候选残基。几个候选残基描述为参与蛋白质的甜味形成，即 K5、K15、Q17、H31、R33、K42、R43 和 Y54，而据研究者分析，其他一些残基也可能是甜味决定位点，如 K3、E9、N10、P12、N20 和 K27[39]。

二、brazzein 与受体的相互作用机制

brazzein 是目前发现的分子质量和空间体积最小的甜味蛋白,因此许多研究者对 brazzein 如何与甜味受体相互作用产生了浓厚的兴趣。尤其是,人们更加关注如何从蛋白质-受体相互作用的角度,阐明 brazzein 的哪些关键氨基酸残基与受体相互作用,介导了其甜味产生。

人们前期对 brazzein 进行的定向突变已经鉴定了许多影响其甜味的关键氨基酸残基,但缺少蛋白质-受体相互作用的模型,很难对这些突变的功能变化作出详细的解释。最初以代谢型谷氨酸受体 I 胞外区域的三级结构为模板,利用 MOE (Molecular Operating Environment) 对人 T1R2/T1R3 进行分子建模,然后利用 GRAMM 程序(版本 1.03)进行 brazzein 和人 T1R2/T1R3 受体的分子对接计算。结果表明,模拟的甜味受体存在 2 种形式,分别称为 Form I 和 Form II。其中 Form I 是 T1R2 为关闭(close)而 T1R3 为开放(open)的构象,而 Form II 是 T1R2 为开放(open)而 T1R3 为关闭(close)的构象。通过对得到的 100 个左右的 brazzein-受体复合体结构进行评估,并结合前期已报道的 brazzein 分子突变结果,人们发现最优的结构是 brazzein 结合于 Form II,即 T1R2 为开放(open)而 T1R3 为关闭(close)的构象(图 7.15)[53]。

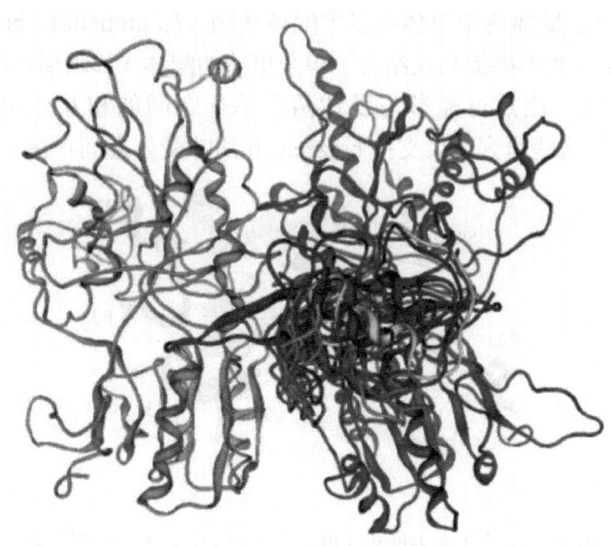

图 7.15 甜味蛋白 brazzein 与甜味受体复合体示意图[53](彩图请扫封底二维码)

对已报道的 23 个 brazzein 突变体的甜味度变化,通过 brazzein-受体作用模型进行了评估。结果发现,其中 21 个突变体的甜味度变化与该模型是一致的,即这

些氨基酸残基能够参与 brazzein 与受体的结合，并形成相互作用力，突变为其他氨基酸后可导致其甜味度的增强或减弱。另外的 2 个残基之一为 Y54，在模拟的复合体结构中，该残基与受体形成不匹配的立体联系，缺失该残基甜味度应该提高，而实验结果却表明 Y54 突变导致甜味度下降。一种解释是通过 NMR 解析的 brazzein 三级结构的 C 端（残基 52～54）具有很大的弹性，可能 Y54 残基与受体相结合时会变构为一种更为优化的构象，从而对甜味形成具有重要作用。另一个不能解释的突变体是 Q17A，在模拟的结构中，Q17 的谷氨酰胺侧链基团能够与 T1R2 受体的一个精氨酸残基侧链形成氢键，将其变为 A 后甜味度应该减少，但是 Q17A 突变体保持了野生型蛋白质的甜味度。同上所述，可能精氨酸残基的侧链具有足够的弹性，能够与 Q17A 突变的主链上的 C=O 基团形成氢键[53]。

分析 brazzein 的三级结构表明，它可能有 3 个重要的甜味度决定区域，即 loop43，N 端和 C 端区域已经临近的谷氨酸 36 残基，loop 9～19（图 7.16）。之前甜味受体的嵌合体和突变体功能实验证明，braazein 能够与甜味受体的两个单体 T1R2 和 T1R3 同时作用，其中 T1R2 受体的 VFTM 结构域对感知 brazzein 甜味至关重要。然而，依据"楔形物模型"推算的与甜味蛋白 brazzein 相互作用的受体的氨基酸残基发生突变没有显示出预想的活性变化。例如，hT1R2（人 T1R2 受体）R217A/hT1R3（人 T1R3 受体）突变体中，突变位点位于两个单体之间界面的第二个裂叶状结构处，显示出使 brazzein 活性选择性地轻微下降。因为此位点突变能提高同时结合于受体两个单体的多个配体基团（如 monellin、brazzein、三氯蔗糖）的结合效率，而不能提高仅结合于单个单体的配体（如阿斯巴甜、纽甜）的结合效率，因此这个位点可能参与受体两个单体之间的相互作用而不是直接和 brazzein 结合[54]。这些研究结果支持 brazzein 和甜味受体之间存在多点互作的模型。

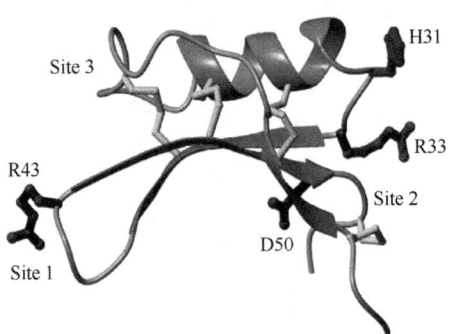

图 7.16　甜味蛋白 brazzein 的 3 个关键甜味度决定位点（Sites 1～3）[61]（彩图请扫封底二维码）
决定甜味度的关键氨基酸残基 H31、R33、R43 及 D50 以棍棒模型表示

对上述的 brazzein 甜味度决定位点 1 和 2 进行点突变实验，发现带电荷氨基酸残基对甜味度有重要的贡献，与"楔形物模型"相吻合。尤其是，当把 brazzein

的 E41 和 K42 残基互换后（E41K/K42E），使得 brazzein 蛋白在受体结合处的方向定位更加严格精确。另外，对甜味度决定位点 3 进行突变主要影响其分子内二硫键，但可能使 brazzein 蛋白的整体构象和结构改变。小分子质量蛋白质如 brazzein 分子内的二硫键对维持其稳定性十分重要，它们的改变可能导致蛋白质表面结构扭曲，进而影响其与受体的结合及相互作用。

通过分子建模得到的 brazzein-受体复合体结构显示，brazzein 分子表面的关键带电荷氨基酸残基能够与受体上带相反电荷的残基靠近并形成稳定的氢键。然而，这些在 brazzein 上带电荷的关键氨基酸并不总是碱性带正电荷的。在 brazzein 蛋白上，有 3 个残基 D40K、E41 和 K42 十分重要。D40K 在复合体结构中位于(T1R2) R457 和(T1R2) K174 两个带正电荷氨基酸之间，但它们之间的距离对形成合适的作用力并不是最优的，可能需要调整侧链的构象。发现的其他可能与甜味受体相互作用的氨基酸残基为 D2、K5、R43、D50 等，突变实验已证明这些氨基酸的突变导致甜味度变化。

利用 NMR 技术对甜味蛋白 brazzein 两个突变体的结构进行了解析。其中一个突变体是 D40K，它的甜味度比野生型蛋白质提高了约 3 倍，另一个是在 18 位和 19 位氨基酸之间插入两个残基 R 与 I（$ins_{18}RI_{19}$），该突变体的甜味几乎完全丧失。结果显示，虽然这 2 个突变体的整体三级结构和野生型蛋白质几乎相同，但它们在局部表现出构象动力学存在差别。D40K 突变使存在于野生型 brazzein 分子内的由 Q46 和 D40 残基侧链形成的有强结合力的氢键丧失，从而提高了 brazzein 分子尤其是突变位点附近残基的结构弹性。弹性的提高可能使突变蛋白质和人甜味受体的相互作用加强，从而表现为甜味度提高。同时，两个残基 R 和 I 在 loop 9～19 区域的插入（$ins_{18}RI_{19}$），导致这个环构象的扭曲及临近相关残基位点的结构弹性丧失，这些临近残基位点构象的弹性可能对 brazzein 蛋白和甜味受体发生相互作用至关重要（图 7.17）[55]。

来自伊朗的一个研究组首先比较了 brazzein 晶体与其在溶液中三级结构的差异。二者的主要差别在于溶液结构中连接α-螺旋及第 1 个 β-折叠的一个环（loop）区域，然而在晶体结构中 Q17L18A19N20 片段呈环状构象，从而将α-螺旋分为 2 个片段。随后，利用 VADAR 程序计算了 brazzein 蛋白的亲水性表面积。由于 A19 残基的疏水性侧链暴露于一个极性（亲水）环境中，因此具有很高的热不稳定性。利用 PIC 程序对 brazzein 分子内作用力进行计算表明，A19 残基的侧链能够和 Q23 及 E36 残基的主链相互作用[56]。

利用代谢型谷氨酸受体的结构为模板，对甜味受体 T1R2/T1R3 进行分子建模，然后利用 HADDOCK 程序进行 brazzein 与甜味受体的分子对接模拟。将得到的数个复合体的结构与前期已报道的结构进行比较，发现 brazzein 结合于甜味受体由 T1R2 和 T1R3 中心区域构成的洞穴中。甜味蛋白的 A19 位点紧靠着甜味受体与甜

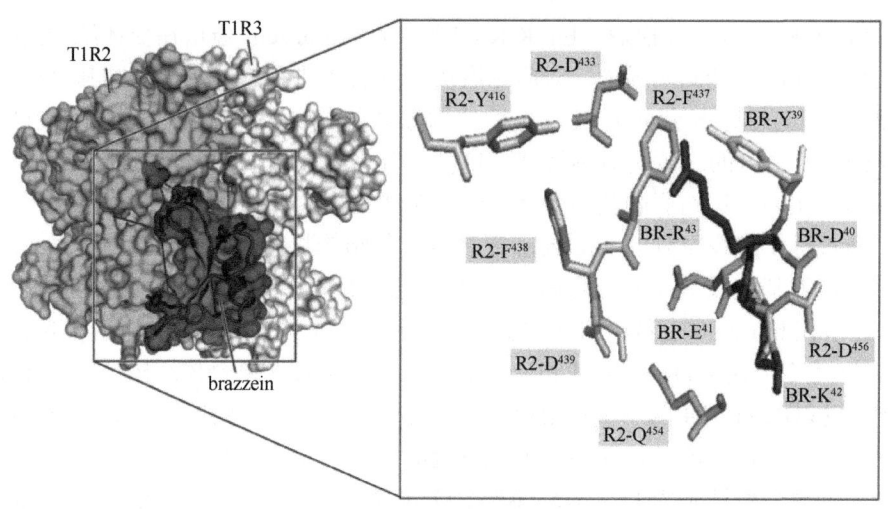

图 7.17 甜味蛋白 brazzein 与甜味受体（T1R2/T1R3）相互作用位点示意图[55]
（彩图请扫封底二维码）

味蛋白相互作用的一面，这与先前报道的 A19 位点是决定甜味蛋白甜味的关键作用位点的结论是一致的。通过对甜味蛋白 brazzein 野生型和突变体 A19K 与受体相互作用的模型进行比较，发现二者与受体相互作用位点区域的作用力有很大不同。A19K 带正电荷的侧链与甜味受体 T1R2 上 E252 和 E253 残基的距离分别为 13.43Å 和 13.35Å，这种长距离的静电相互作用可能导致甜味蛋白在受体上的结合位点区域移动，从而增强二者之间的结合力。野生型 brazzein 蛋白，仅与 T1R3 受体 D520 残基之间存在离子键；将 A19 残基突变为赖氨酸残基 K 后，brazzein 蛋白的部分氨基酸残基能够和甜味受体 T1R2 的 H50 及 E253 残基形成新的离子键：K15 与 T1R3 的 D520、K15 与 T1R2 的 E253、D25 与 T1R2 的 H50。然而，其他的一些相互作用力如 K15 与 T1R3 的 Y519、Y24 与 T1R2 的 Q255、Y39 与 T1R3 的 W487、Y39 与 T1R3 的 H488、R43 与 T1R3 的 H488 等消失，但 A19K 突变体中的 V13、S14、E17、L18、D25 及 L45 残基能够与甜味受体产生新的作用力。以上各种作用力的重新布置可导致 A19K 突变体与甜味受体 T1R2/T1R3 之间的相互作用力加强，尤其是与 T1R2 受体。对 A19G 和 A19D 突变体与甜味受体相互作用力的研究也表明，其和野生型蛋白质与甜味受体的作用力不同。以上结果充分说明，甜味蛋白 brazzein 分子表面的正电荷能够介导其与甜味受体 T1R2/T1R3 之间的相互作用，从而对其甜味产生重要影响[57]。

三、brazzein 的分子设计与改造

brazzein 具有分子质量小、易于表达纯化等优点，已被广泛用作模式甜味蛋

白来研究甜味蛋白的结构与功能，也依据其设计了大量突变体以期提高其甜味品质。相对于莫内林（monellin）和奇异果甜蛋白（thaumatin），研究者得到了更多的品质得到优化的 brazzein 突变体。先将 brazzein 突变体的性质总结如下。

（1）brazzein 的分子结构具有 3 个环（loop），分别是 loopⅠ：9～19；loopⅡ：30～33；loopⅢ：38～45。为了研究这些环区域的氨基酸残基对甜味度的影响，韩国科学家 Kwang-Hoon Kong 等针对这些位点设计了 11 个突变体，结果显示将 E41 残基分别突变为 A、K、R 后，甜味度明显提高，分别是野生型蛋白质的 5 倍、3.5 倍和 2.5 倍。然而，将 R43 残基分别突变为 K 和 E 后，甜味度明显下降。在 loopⅡ（30～33）区域内，也发现了同样的变化模式。例如，H31R 突变导致甜味度较野生型蛋白质明显提高（4.5 倍），而 H31A、K30A、K30R、R33K 突变体的甜味度却明显下降。此外，loopⅠ（9～19）的一个残基 Q17 突变为 N 后甜味度下降，分析显示 Q17 可能对 brazzein 蛋白保持整体结构完整性是必需的。这些结果说明，位于环区域的 H31 和 E41 是关键的甜味度决定位点，同时电荷属性和氨基酸侧链对 brazzein 与受体之间的多点互作具有重要作用[58]。

（2）对 brazzein 结构中 C 端的 E53A 残基进行定点突变，结果显示当 E53 突变为 A 或者 D 残基后，甜味度下降；将 E53 变为 K 后，甜味度没有变化；而 E53R 突变体的甜味度却提高了 2 倍左右。这说明，E53 残基是一个重要的甜味度决定位点，可能参与甜味蛋白与受体的相互作用，将此带负电荷的氨基酸变为带正电荷的氨基酸后，可导致甜味度升高[59]。

（3）brazzein 蛋白的 D40K 突变体的甜味度比野生型提高了约 3 倍，而另一个在 18 位和 19 位氨基酸之间插入两个残基 R 与 I（$ins_{18}RI_{19}$）的突变体的甜味几乎完全丧失。

（4）美国科学家利用 NMR 技术解析了 2 个甜味度提高的 brazzein 蛋白突变体及 3 个甜味度下降的突变体的分子结构，并研究了它们的氢键数目、分布等情况。结果显示，甜味度提高（约 2 倍）的 H31A 突变体和在 A2 位点处插入 2 个氨基酸残基的突变体有类似模式的氢键分布，而 3 个甜味度下降的突变体 R33A、R43A、D50A 均缺少了 2 个氢键：一个位于α-螺旋的中间区域，另一个位于第 2 和第 3 个 β-折叠之间。此外，2 个甜味度下降的突变体缺少连接蛋白质 N 端和 C 端的氢键。相对于野生型蛋白质，这些突变体 N 端和 C 端的结构弹性均表现为增强。这说明，甜味蛋白 brazzein 分子内的氢键分布模式与其甜味度密切相关[60]。

（5）对 brazzein 蛋白进行定点突变，然后利用钙离子成像检测技术检测这些突变体激活甜味受体 T1R2/T1R3 的活性大小，显示甜味度提高（大约 1.5 倍）的突变体有 E41A、D40K、E41K/K42E、E41Q、Y54W、D50N、D2E 等，而甜味度下降的突变体有 Y39A、K42A、R43K、R43E、R43N、Y54H。此外，K5R 突变体的活性没有变化。这些结果说明，甜味蛋白 brazzein 与甜味受体可能存在多点互作用[61]。

（6）设计一系列甜味蛋白 brazzein 的突变体，然后利用猴子的电生理和人的行为学测试，鉴定了下列突变体的甜味度变化：①甜味度提高的突变体有 D29A（1.5 倍）、D29K（1.5 倍）、D29N（1.5 倍）、E41K（2 倍）；②甜味度没有变化的突变体有 D2N、Q17A；③甜味度下降的突变体有 K5A、K6A、K6D、Y8A、K15A、K30D、H31A、R33A、R33D、E36A、E36K、E36N、R43A、D50A、Y54 缺失。根据以上结果，研究者指出残基位点 29～33 和 39～43，以及残基 36 及 C 端区域是决定其甜味度的关键区域[62]。

（7）美国学者通过对 brazzein 蛋白的 14 个突变体进行 NMR 结构解析，发现大部分突变体（13 个）的结构保持了类似于野生型蛋白质的正确折叠。然而，这些突变体的甜味度变化存在很大差异。H31A 突变体和在 A2 位点处插入 2 个氨基酸残基的突变体的甜味度提高；Y8A 和 Q17A 等突变体的甜味度没有发生变化；而下列突变体的甜味度明显下降：D2N、K15A、R33A、R43A、D50A、Y51A、Y54 缺失。这些结果说明在 brazzein 分子上存在 2 个决定其甜味度的关键区域：一个是相临近的部分 N 端和 C 端区域，另一个是 R43 残基附近的弹性环区域[63]。

（8）对先前发现的甜味度提高的甜味蛋白 brazzein 单点突变进行组合突变，得到了多重突变体 H31R/E36D、H31R/E41A、E36D/E41A、H31R/E36D/E41A。甜味觉感官品评结果表明，所有双突变体 H31R/E36D、H31R/E41A、E36D/E41A 的甜味度均高于单突变体，而三重突变体 H31R/E36D/E41A 的甜味度高于所有的双突变体（图 7.18）。这些结果一方面说明提高甜味蛋白表面的总正电荷数或减少总负电荷数会使其甜味度提高，另一方面说明甜味蛋白和受体之间可能存在多点相互作用[58]。

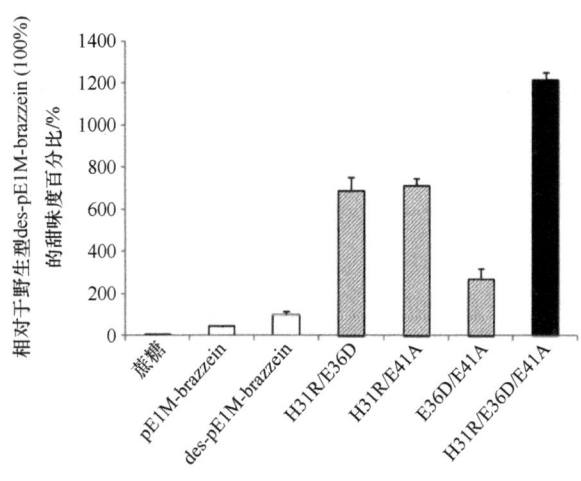

图 7.18　甜味蛋白 brazzein 组合突变体的甜味度变化示意图[58]

(9)设计 12 个甜味蛋白 brazzein 的突变体,发现有 8 个突变体(D40A、D40K、E41A、D50K、Y54W、D29A/E41K、D29N、D29K/E41K)的甜味度均比野生型蛋白质增强了 2 倍左右,而 4 个突变体(Y39A、K42A、R43N、C16A/C37A)的甜味度下降。以上结果符合通过分子模拟构建的 brazzein-受体相互作用模型,即 brazzein 结合于甜味受体 T1R2 开放(open)而 T1R3 关闭(close)的构象。

(10)来自伊朗的一个研究团队构建了 brazzein A19 残基的 3 个突变体:A19D、A19K 及 A19G。甜味觉感官品评测试显示,A19G 突变体的甜味度与野生型蛋白质相比没有变化。然而,将丙氨酸 A 突变为带正电荷的赖氨酸残基 K 后,甜味度明显升高,但将丙氨酸 A 突变为带负电荷的天冬氨酸 D 后,甜味度明显下降。圆二色光谱分析表明,野生型蛋白质和 A19G 突变体的 β-折叠结构比 A19D 与 A19K 突变体更稳定。此外,以尿素和二硫苏糖醇(dithiothreitol, DTT)作为化学变性剂,研究植物甜味蛋白变性过程中的荧光色谱,确定 A19G 突变体和野生型蛋白质具有更高的稳定性,而 A19D 和 A19K 突变体的构象具有更大的可塑性。以上结果验证了 brazzein 表面电荷属性对其与甜味受体的相互作用及其甜味度具有重要作用[56]。

进一步利用以上线索,又设计了 brazzein 的另外 2 个突变体 E9K 和 E9G。研究发现这 2 个突变体的甜味度比野生型蛋白质均提高。荧光色谱分析表明,这 2 个突变体的内部结构相对于野生型蛋白质变得更加紧密,然而它们的二级结构与野生型蛋白质相比没有明显变化。此外,等温变性实验(isothermal denaturation experiment)表明,E9K 突变体比野生型蛋白质具有更高的构象稳定性,而 E9G 突变体的构象稳定性小于野生型蛋白质。这些结果与前述关于 A19 残基的研究结果及"楔形物模型"是相吻合的[57]。

在化学修饰方面,对 brazzein 蛋白中的半胱氨酸、组氨酸、精氨酸、酪氨酸、赖氨酸进行还原或者烷基化修饰,导致 brazzein 蛋白的甜味完全丧失或甜味度明显下降。分析这些经化学修饰的 brazzein 蛋白的结构,发现其二级结构或者三级结构均明显不同于野生型蛋白质,说明其分子内结构遭到破坏是导致其甜味丧失或甜味度下降的原因。

四、brazzein 的异源表达

1. brazzein 在大肠杆菌中的表达

在 2000 年,人们利用 pET3a 载体,首先尝试将以次要形式存在即 N 端缺少焦谷氨酸基团的 brazzein(des-pGlu1-brazzein)蛋白在大肠杆菌中进行表达,但发现 70%左右的重组蛋白以不溶的包涵体形式存在。通过蛋白质复性技术,获得了可溶形式的 brazzein 蛋白,其甜味度与天然的 brazzein 蛋白几乎相同。但这种方法存在包涵体复性等环节，蛋白质纯化的工艺较烦琐，因此人们开始寻找快速简便的替代策略。2007 年，科研工作者利用 pSUMO 载体，在 brazzein 蛋白 N 端加入一个分子质量约为 12kDa 的 SUMO 序列标签，并利用 SUMO 蛋白酶将重组的 SUMO 序列切掉，获得了可溶的 brazzein 蛋白。同时，重组蛋白正确折叠形成与天然蛋白相同的空间结构，并保持了天然 brazzein 蛋白的甜味度。这种方法简便易行，且得到的重组蛋白表达量较高，对利用 brazzein 蛋白进行定点突变以研究其结构和功能之间的关系具有重要意义[64]。

韩国科研工作者利用 pET26b 载体，将合成的 brazzein 基因在大肠杆菌 BL21 Star（DE3）中进行表达，不需要包涵体复性过程，也获得了可溶的 brazzein 蛋白。最近，伊朗学者利用 pET28a 载体，在大肠杆菌 Shuffle 中对 brazzein 蛋白进行了重组表达，并对纯化的 brazzein 蛋白进行了性质研究。值得注意的是，上述利用大肠杆菌重组表达 brazzein 的不同体系，虽然最后都得到了纯化的可溶性蛋白质，但这些重组蛋白的表达量和甜味度均不相同。分析这些表达纯化体系的差异，发现 brazzein 的基因序列均经过了基于大肠杆菌偏好性的密码子优化过程，但是优化后的 brazzein 基因序列有很大差别。此外，由于表达载体和宿主存在差别，重组产生的蛋白质的性质也可能存在一定的差异。但是，对于造成这些差异的具体机制，目前尚不清楚，还有待于科研工作者进一步研究[65]。

2. brazzein 在酵母中的表达

利用 pPIC9 质粒，将以主要形式、次要形式及一种经过改造的自然界不存在形式的 brazzein 基因转化入甲醇营养型毕赤酵母（methylotrophic *Pichia pastoris*），经过 6 天的重组表达后，分别获得了约 90mg/L、90mg/L、30mg/L 的重组蛋白表达量。分别通过甜味觉感官品评测试和细胞学功能实验对重组蛋白的甜味度进行了检测，结果显示，获得的重组蛋白与天然 brazzein 蛋白的甜味度几乎一致。这是少数利用细胞学功能实验对 brazzein 蛋白的甜味度即甜味阈值进行评价的研究之一。但由于该表达体系需要利用甲醇诱导，以及纯化环节技术不完善，可能对重组蛋白的风味造成一定影响[66]。

国内对 brazzein 蛋白在酵母中重组表达的研究相对较多。例如，结合毕赤酵母密码子的偏好性，对甜味蛋白 brazzein 的序列进行改造，包含 3 个氨基酸残基的突变：D29K、H31A 及 E41K。将目的基因连接到 pGAPZαA 载体上。重组质粒经 *Avr* II 限制性内切核酸酶线性化后，电转入毕赤酵母感受态细胞。筛选阳性菌，并进行了表达条件的优化。结果显示，23℃培养 96h 后重组蛋白的含量最高，达到 10mg/L。对重组蛋白进行了甜味度评价，但未给出具体的甜味度结果。王长远等利用类似的方法，在毕赤酵母 SMD1168 中表达重组 brazzein 蛋白，26℃诱导 72h 后，重组蛋白的表达量达到 120mg/L。此表达体系利用甘油醛-3-磷酸脱氢酶（GAPDH）启动子和带有α信号肽的 pGAPZαA 载体，重组蛋白不需甲醇诱导，无毒性，操作简单。此外，选择蛋白酶缺陷型的毕赤酵母 SMD1168 菌株，避免了蛋白酶可能对重组外源蛋白的降解。甜味度检测表明，是同质量蔗糖的 500~600 倍[67]。

利用 pPIC9k 质粒，将 brazzein 基因序列电转化入毕赤酵母 GS115，经 0.5% 甲醇诱导 96h 后，在细胞裂解液中发现了约 6kDa 的目的蛋白，其含量为 329mg/L。这表明，重组蛋白能够在胞内高效表达。按照酵母密码子的偏好性对 brazzein 基因序列进行优化，同样利用 pPIC9k 质粒，通过甲醇诱导，在毕赤酵母 GS115 中表达重组蛋白，发现细胞分泌液中重组蛋白含量达 51.6%。因 brazzein 能耐 80℃高温，因此利用热处理的方法对其进行了纯化，重组蛋白经多人品尝评价后，确定其甜味度约为同质量蔗糖的 200 倍。此外，也有 brazzein 基因与一个谷胱甘肽硫转移酶（glutathion S transferase，GST）标签融合，在酿酒酵母表达的报道[68]。

以上这些方法，均实现了 brazzein 在酵母胞内或胞外表达，但重组蛋白的含量不一，测得的甜味度也有差别。除了与表达条件不一致有关外，载体选择、纯化标签、基因编码序列、宿主等都可能对其造成影响。此外，在真核细胞中表达蛋白质的后加工过程如糖基化修饰等，也可能造成重组蛋白在性质上存在差异。同时，这些研究中均没有对重组 brazzein 蛋白的二级结构及三级结构等进行研究，因此尚不能确定是否造成重组蛋白空间结构的局部改变，从而影响其甜味度等性质。今后，在提高重组 brazzein 在酵母中表达量的同时，应优化表达体系，使纯化过程更简便、经济，以便更好地促进其在食品工业中推广应用。

3. brazzein 在植物中的表达

在转基因玉米中表达重组 brazzein，含量达到 0.4mg/g 种子。将 brazzein 基因合成后，克隆到包含以下 3 种启动子的植物表达载体中：玉米 polyubiquitin 组成型启动子，胚体偏好性启动子（globulin 1）及胚乳偏好性启动子（22kDa alpha-zein）。其中，在第二种即胚体偏好性启动子（embryo-preferred promoter）的诱导下，brazzein 重组蛋白的表达量最高，且大约 4% 的可溶性蛋白质在植物种子中聚集。在 80g 玉米淀粉中，大约获得了 4.3mg 的重组 brazzein，并表现出较强的甜味[38,39]。

第四节 奇异果甜蛋白（thaumatin）

一、thaumatin 的性质和结构

奇异果甜蛋白（thaumatin）又名索马甜（或嗦吗甜），是一种分离自西非原产热带植物 *Thaumatococcus daniellii* 的具有极强甜味的蛋白质。thaumatin 由一个包

含 207 个氨基酸的单链构成，其分子质量约为 22kDa。thaumatin 的甜味度大约为同质量蔗糖甜味度的 1600 倍。在自然界中共发现 2 种以主要形式存在的 thaumatin，分别为 thaumatin Ⅰ 和 thaumatin Ⅱ。另外，还有 3 种以次要形式存在的不常见的 thaumatin，分别称为 thaumatin a、thaumatin b、thaumatin c。以主要形式存在的 thaumatin Ⅰ 分子结构中，存在 8 个二硫键。thaumatin Ⅱ 和 thaumatin Ⅰ 有 4 个氨基酸存在差异，分别是 N46K、S63R、K67R 和 R76Q[69]。目前，研究较多的是以主要形式存在的 thaumatin Ⅰ 和 thaumatin Ⅱ，它们的一级结构到三级结构都已经得到解析。图 7.19～图 7.21 分别是已经解析的 thaumatin Ⅰ 的一级结构、二级结构及三级结构示意图（PDB：1RQW）。

ATFEIVNRCSYTVWAAASKGDAALDAGGRQLNSGESWTINVEPGTNGGKIWARTDCYFDDSGSGICKTGD
CGGLLRCKRFGRPPTTLAEFSLNQYGKDYIDISNIKGFNVPMNFSPTTRGCRGVRCAADIVGQCPAKLKA
PGGGCNDACTVFQTSEYCCTTGKCGPTEYSRFFKRLCPDAFSYVLDKPTTVTCPGSSNYRVTFCPTA

图 7.19　thaumatin Ⅰ 一级结构图

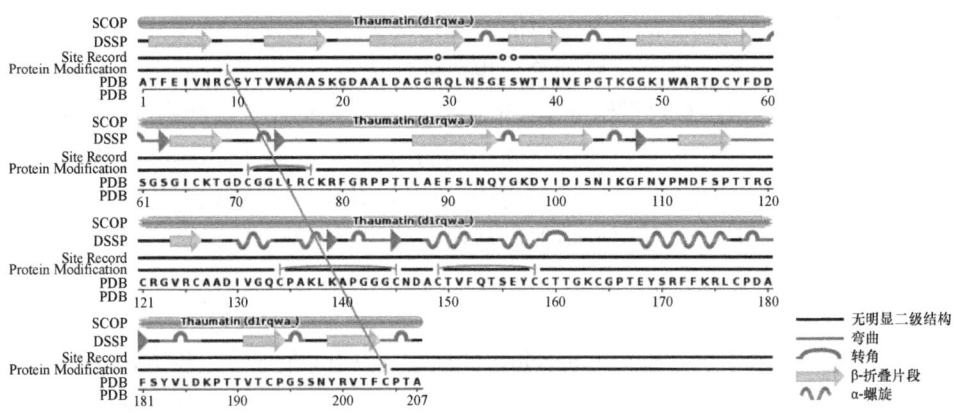

图 7.20　thaumatin Ⅰ 二级结构示意图（彩图请扫封底二维码）

图 7.21　thaumatin Ⅰ 三级结构示意图（PDB：1RQW）（彩图请扫封底二维码）

通过分析 thaumatin I 的序列，发现其 N 端和 C 端分别含有一个丙氨酸，在其分子内部未发现稀有氨基酸及残基修饰现象，其一级结构中缺少组氨酸残基。thaumatin I 和 thaumatin II 的氨基酸残基数目相同，但就所带电荷与极性而言，thaumatin II 比 thaumatin I 多 1 个精氨酸（正电荷）、谷氨酰胺（极性）、天冬氨酸（负电荷）和丝氨酸（极性）及 2 个天冬氨酰（极性）。thaumatin I 和 thaumatin II 的等电点基本相同，均在 11.5～12.5，两者的甜味特性也十分相似。因为其分子内部含有 8 个二硫键，所以结构十分稳定，并能抵抗数种变性剂[70]。

产 thaumatin 的植物 *Thaumatococcus daniellii* 早在 150 年前就被人们发现，生长在西非的热带雨林地区。1839 年，Daniel 首先在非洲西部大陆发现这种植物的红色果实，发现果实内部的肉质具有很强烈的甜味。随后 1855 年，他在《药学学报》杂志上发表了他的这项发现成果。1972 年，van der Wel 和 Loeve 首先分离了该植物果实内的甜味成分，并将其命名为 thaumatin。thaumatin 的甜味度与 monellin 类似，是同质量蔗糖分子甜味度的约 3000 倍。thaumatin 具有很好的水溶性、热稳定性和酸性稳定性，因此适合在食品行业中应用。很早以前，西非的原著居民就已食用包含 thaumatin 的植物的果实，因此 thaumatin 被认为是安全的甜味剂，并有望成为现存糖类或人工合成甜味剂的替代者。目前，该甜味蛋白的获得方式主要是从植物的果实中提取，并已经在欧美国家批准上市，主要作为一种甜味剂或风味调节剂，在食品和饲料行业中应用。该甜味蛋白的使用已经过毒理学和安全性评价测试，并得到了数个食品安全评价机构的认可。自 20 世纪 70 年代，商品化的 thaumatin 被命名为 Talin[38,39]。

thaumatin 一般以白色或奶油色粉末的形式存在，甜味清爽而无异味，但具有明显的余味。thaumatin 易溶于水，在水溶性的有机溶剂（丙二醇、山梨醇、甘油、乙醇、异丙醇等）中也具有很高的溶解性。因此，thaumatin 可添加于香精或香精油中而不会有分层现象，这样有利于香精等的长期保存，以及提高其对微生物等污染物的抗性。

因为 thaumatin 分子内部含有 8 个二硫键，因此它具有很高的热稳定性。有报道显示，thaumatin 在酸性即 pH<5.5 的溶液中，经沸水即 100℃热处理数个小时，其甜味度没有下降。因此，thaumatin 适合加入到各种酸性饮料中，并可经高温或巴氏灭菌处理。thaumatin 的以上优势可能是其相对于其他几种甜味蛋白已经开始商品化生产与应用的原因。另外，thaumatin 的热稳定性受溶液的温度、酸碱性及其他成分的影响。例如，加入蔗糖或葡萄糖后，thaumatin 的热稳定性显著增强，而加入酸性多糖则会使其甜味度下降，随着 pH 的升高，thaumatin 的热稳定性降低。有报道称 thaumatin 与 pH 为 2.7 的明胶溶液混合后，其热稳定性明显增强。

如前所述，thaumatin 等甜味蛋白分子结构表面有带正电荷的氨基酸残基，能够与带负电荷的氨基酸残基相互作用而形成盐或者聚合物，从而使 thaumatin 变性而以沉淀的形式析出。含有磺酸基的某些色素化合物与 thaumatin 混合时，可形成沉淀而析出。基于以上原因，食品科研工作者认为如果降低 thaumatin 分子表面的电荷数，则可降低其与其他成分形成沉淀的概率。例如，适量的阿拉伯胶及其酸性聚合物可阻止 thaumatin 与日落黄、酒石黄等色素发生聚合反应而沉淀。目前常用的复配方案是阿拉伯胶和 thaumatin 按比例 9∶1 混合加入，并在此基础上加入其他如麦芽糊精、乳糖等配料，调节食品的风味与稳定性。例如，饮料中加入 5mg/kg 的 thaumatin 能明显改善其风味，再加入 100mg/kg 的阿拉伯胶不但能够保持原有的品质和风味，稳定性也得到明显提高[38]。

二、thaumatin 与受体的相互作用机制

由于 thaumatin 的分子质量和空间结构比 monellin、植物甜味蛋白均大，加之如前所述受体上接受甜味蛋白的结合口袋的大小有限，因此研究 thaumatin 与受体相互结合并激活受体的工作难度相对较大。在此领域，意大利、日本等国家的科学家进行了有益的探索。

最初人们发现基于 monellin 蛋白产生的抗体与 thaumatin 具有交联反应，猜测二者可能具有相似的决定甜味度的序列特征。通过比较 thaumatin 和 monellin 的蛋白质一级结构，指出 5 处相似的 3 肽序列可能是这两种甜味蛋白相似的"甜味度决定区域"，并介导其与受体的相互作用和激活受体。此外，酶联免疫吸附测定（enzyme linked immunosorbent assay，ELISA）实验指出，thaumatin 的 Y57~D59 区域可能是该蛋白质的甜味度决定区域。Slootstra 等利用类似的方法鉴定出 thaumatin 结构上 2 个突出的环状部分 KGDAALDAGGR19-29 和 CKRFGRPP77-84 是介导蛋白质-受体相互作用的关键区域[71]。

利用分子建模与对接计算，比较了甜味蛋白 brazzein 和 thaumatin 与甜味受体结合后的 Aoc（active，open/close）形式的结构（图 7.22）。可以看出，thaumatin 比 brazzein 与受体具有更多的结合区域，而由于 thaumatin 体积较大，与受体结合的 thaumatin 分子（10 个）反而比 brazzein 分子（15 个）要少。以上结果符合蛋白质-受体相互作用的"楔形物模型"，这两种甜味蛋白均结合于由甜味受体胞外 VFTM 结构域的两个裂叶状结构形成的口袋区域[26]。

日本科学家在构建一种甜味增强的 thaumatin 突变体 D21N 的基础上，利用 GRAMM（http://vakser.compbio.ku.edu/main/resources_gramm.php）软件模拟突变体与受体之间的相互作用。分子建模描述的蛋白质-受体相互作用需符合已鉴定的突变体的功能，即突变体甜味度大小的变化与突变位点与受体的相互作用相吻合。从图 7.23 可以看到，虽然甜味受体与 thaumatin 相互作用的界面较为复杂，但主要集中在受体带负电荷的区域。thaumatin 与受体相互作用的 5 个关键氨基酸分别

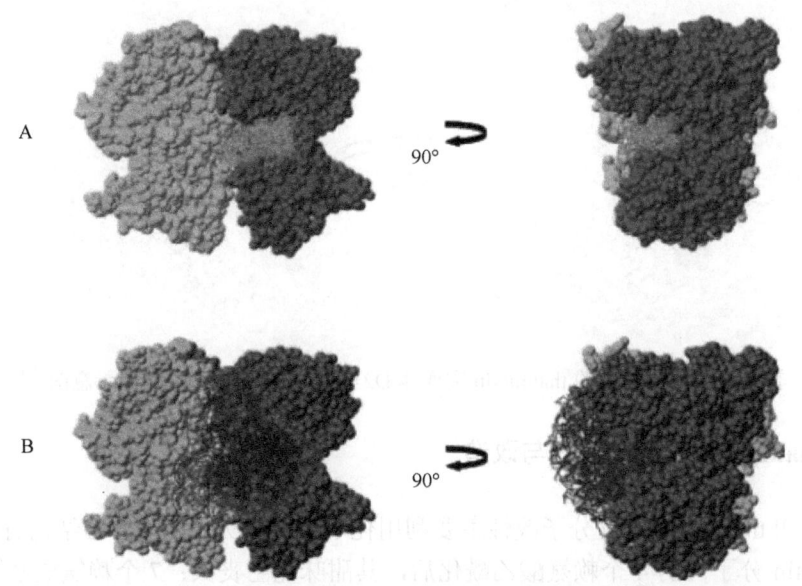

图 7.22　甜味蛋白 brazzein（A）和 thaumatin（B）与甜味受体相互作用示意图[26]

是 K49、K67、K106、K137 和 R82。它们与受体的主要接触界面如下：R82 残基的 CZ 原子与 T1R2 受体 D173 残基 CG 原子的距离是 4.97Å；K67 残基的 NZ 原子与受体 T1R3 上 E47 残基 CB 原子的距离是 4.97Å；K137 残基的 NZ 原子与受体 T1R3 上 D215 残基 CB 原子的距离是 5.36Å；K106 残基的 NZ 原子与受体 T1R2 上 D173 残基 CG 原子的距离是 4.96Å；K49 残基的 NZ 原子与受体 T1R2 上 D456 残基 CG 原子的距离是 6.02Å。这些距离足够使这些氨基酸的侧链通过构象变化产生优化的静电相互作用。D21 残基与受体上带负电荷的酸性氨基酸的最近距离是它的 CG 原子与受体 T1R2 上 D433 残基 CG 原子的距离 12.1Å，这两个带负电荷的氨基酸之间的距离使它们避免产生较强的静电排斥力。如果将 D21 残基突变为 N，则二者之间的距离可以变得更近，达到 6.1Å。此外，K67 残基除与受体 T1R3 的 E47 残基相互作用外，与受体 T1R3 的 E45 残基之间产生新的相互作用。同时，上述 5 个关键氨基酸（K49、K67、K106、K137 和 R82）与受体上相应残基的静电相互作用呈普遍增强趋势，从而表现出 D21N 突变体的甜味度提高[72]。

　　上述利用分子建模和实验相结合的方法来阐明 thaumatin 与受体的相互作用机制，虽然取得了一定的进展，并对部分突变体的甜味度变化机制进行了解释，但相比于 monellin 和 brazzein 蛋白与受体相互作用机制的研究，还显得较薄弱。今后，应以 monellin 和 brazzein 蛋白与受体相互作用机制的研究成果为参考和借鉴，对这种重要的商品化的甜味蛋白的甜味觉产生机制开展进一步的研究。

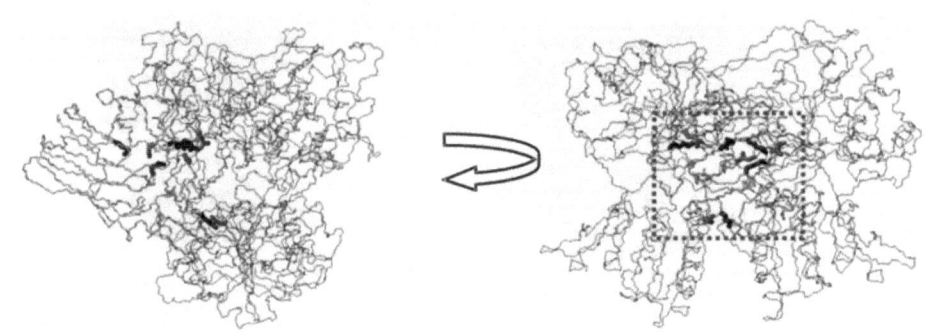

图 7.23　甜味增强的 thaumatin 突变体 D21N 与甜味受体相互作用示意图[72]

三、thaumatin 的分子设计与改造

最初 thaumatin 进行分子改性主要利用化学修饰的方法。主要的结论有：①将 thaumatin 分子内的 4 个赖氨酸乙酰化后，其甜味完全丧失；7 个赖氨酸基团甲基化后，其甜味度没有变化；而将部分赖氨酸基团琥珀甲酰化后，其甜味完全丧失。②将 thaumatin 分子内的精氨酸残基进行二羟基环己基化，11 个基团中有 6 个被改性后，其甜味度没有变化。③对 thaumatin 序列中的酪氨酸进行碘化，改变 2 个基团对甜味度没有任何影响，而改变 3 个以上基团后其甜味完全丧失。④将甲硫氨酸烷基化后，其甜味更像蔗糖。⑤将天冬氨酸酰胺化后，其甜味度提高，味觉延迟并有后味；次酰胺化后甜味度降低 30%～80%；将天冬氨酸酯化后，其甜味完全丧失。⑥将半胱氨酸的二硫键 S—S 还原后，即使仅将 8 个二硫键中的一个进行还原，其甜味也完全丧失[38]。

基于 thaumatin 甜味觉产生机制进行的分子设计与改造已取得了一定的进展，主要集中在提高蛋白质的甜味度和口感等方面。thaumatin 带正电荷的氨基酸 K49、K67、R76、K78、R79、K97、K106、K163、K137、K187 与 R82 影响其甜味度，已通过突变体进行甜味度评价实验证明，充分说明带正电荷的氨基酸残基对 thaumatin 甜味度的重要性。此外，对 thaumatin 残基 K78、K97、K106、K137、K187 进行化学修饰对其甜味具有重要影响[73]。然而，对 D21、E42、D60、A207 等残基的羧基基团进行吡哆胺（pyridoxamine）修饰对其甜味没有明显影响。迄今较成功的分子设计是构建了甜味度增强的 thaumatin I 突变体，其甜味度增加了约 1.7 倍。因天然的 thaumatin 的甜味已经很强，并且已经市场化应用，所以对其进行分子改造的研究进展相对较慢。未来，对 thaumatin 的研究可能更偏重于将它作为一种甜味增强剂，或者其与其他食品成分复配方面，以期更好地发挥其在食品产业中的应用价值。

四、thaumatin 的复配效果

研究表明，阿拉伯半乳聚糖、己糖醛酸及其盐、酰胺或内酯可以降低 thaumatin 的甜味（余味）持续时间。日本生产的一种食品"San Sweet T-100"即通过添加丙氨酸、食用酸等添加剂来缩短 thaumatin 的甜味持续时间，且可提高其甜味度。此外，一价盐如氯化钠和二价盐如氯化钙能抑制 thaumatin 的甜味，而三价盐如铝盐则能增强 thaumatin 的甜味觉感知反应。对于一价盐和二价盐抑制 thaumatin 甜味觉产生的机制，一种解释是盐类所带有的咸味与甜味混合后，可产生抑制作用，所以降低了甜味觉感知反应；另一种解释是一价盐和二价盐可能和 thaumatin 竞争与甜味受体 T1R2/T1R3 结合的作用位点，如用水将其冲洗掉后，thaumatin 的甜味又可恢复。

两种或多种甜味化合物混合复配时，可发生甜味的协同增效作用。thaumatin 可以和甜菊苷、安赛蜜、糖精等进行混合复配，如 thaumatin 可以抑制糖精所带有的苦味，继续加入某些碳水化合物型的风味调节剂如葡萄糖、岩藻糖、木糖醇、阿拉伯糖醇、乳酮糖、半乳糖、半乳糖胺、葡萄糖醛酸等，可进一步缩短 thaumatin 的甜味持续时间。其中，蔗糖是最适合和 thaumatin 混合复配的糖类。日本最早开发的 San Sweet T-1 是 thaumatin 和甘草甜素、食用酸及氨基酸复配的混合物，其甜味度比 5%～10%的蔗糖溶液高 100 倍，若去除上述混合物中的甘草甜素，甜味品质更加优越[38]。

thaumatin 还具有明显的增强甜味特性。研究发现，0.5μg/mL 的 thaumatin 溶液可使薄荷油、肉桂油、薄荷醇、姜提取物、咖啡提取物、苹果粉、巧克力粉、橘子精油、香草精油、柠檬油、草莓精油等物质的味觉感知阈值下降，即达到同样味觉效果时上述化合物的使用浓度可大大降低。例如，上述浓度的 thaumatin 溶液可以使薄荷油的阈值下降 6～10 倍。在香精香料物质中加入 thaumatin 后，能使其香味更加柔和、诱人、浓烈，香味的持续时间也更长久。thaumatin 虽然本身不易挥发，但可促进其他香气物质在鼻腔周围的扩散，因此添加 thaumatin 的香精或香油味道更加强烈，柔顺持久。

低浓度的乙醇溶液（小于 30%）对 thaumatin 的甜味没有明显影响，而随着乙醇浓度的升高，thaumatin 的甜味具有明显的延迟现象。例如，在浓度分别为 30%、40%、50%、60%的乙醇溶液中，thaumatin 的甜味分别可延迟 1min、3min、10min。同时，若将乙醇溶液的 pH 提高至 3，则甜味延迟时间明显缩短，可由原来的 10min 缩短至 6min。这些结果表明，适宜的酸性环境可使 thaumatin 保持呈现甜味的正确天然构象。此外，不同溶剂对 thaumatin 的风味调节性质有不同影响。例如，向柠檬油中加入浓度为 0.5mg/kg 的 thaumatin 水溶液，其风味提高了 2 倍。若将上

述水溶液更换为浓度为 20%～60%的乙醇溶液，但保持 thaumatin 的含量不变，柠檬油的风味提高了近 8 倍。这说明，在风味较弱的物质中添加 thaumatin 的适宜浓度乙醇溶液时，thaumatin 的风味调节性能达最大[38,39]。

五、thaumatin 的异源表达

已经在几种微生物和转基因植物中开展了重组 thaumatin 基因的异源表达。这些基因或者是原始未经改造的天然 thaumatin 的基因，或者是为促进其在宿主细胞中表达而优化了的基因序列。这些宿主表达生物主要有大肠杆菌（*Escherichia coli*）、酿酒酵母（*Saccharomyces cerevisiae*）、乳酸克鲁维酵母（*Kluyveromyces lactis*）、枯草芽孢杆菌（*Bacillus subtilis*）、变铅青链霉菌（*Streptomyces lividans*）、青霉菌（*Penicillium roquefortii*）、毕赤酵母（*Pichia pastoris*）、曲霉菌（*Aspergillus niger* var. *awamori*）与马铃薯（*Solanum tuberosum*）。Overbeeke 在 1989 年指出，与从植物中提取 thaumatin 的价格相比较，利用微生物生产该甜味蛋白的产量若能达到 1g/L 发酵液，才具有较强的市场竞争力[74]。但是，目前尚没有达到此产量的研究报道。thaumatin 已经在转基因植物马铃薯中成功表达，这种能够在非热带条件下生长的植物为 thaumatin 的进一步生产及开发利用提供了一个较好的策略。

1. thaumatin 在细菌中的表达

以大肠杆菌为代表的细菌表达系统因为速度快等优点被广泛应用于 thaumatin 的异源表达。thaumatin II 的基因第一次被 Edens 等克隆，并利用 lac/trp 启动子/操纵子系统在 *E. coli* K12 中进行表达，但是目的蛋白的产量过低以至于不能进行甜味度评价。利用 pGEX-KG 和 pET-8c 质粒分别在 *E. coli* DH5 与 BL21（DE3）中进行 thaumatin 的表达，并利用还原/氧化的谷胱甘肽复性体系对包涵体进行复性，得到了 40mg/L 发酵液的产量，且重组蛋白的甜味阈值和天然 thaumatin II 几乎一样[75]。

曾有人尝试将 thaumatin II 的 cDNA 基因导入枯草芽孢杆菌 DB104 中，虽然得到了重组的目的蛋白条带，但并未对其甜味度进行评价。在变铅青链霉菌中表达 thaumatin II 得到了约 0.2mg/L 发酵液的产量，但不能确定重组蛋白具有和天然蛋白一样的甜味度。

2. thaumatin 在真菌中的表达

有人曾尝试将 thaumatin II 基因在乳酸克鲁维酵母中进行表达，但蛋白质产量很低且未对重组蛋白的甜味度进行评价。通过化学方法合成具有酵母密码子偏好性的 thaumatin II 基因，利用酵母 3-磷酸甘油酸激酶（3-phosphoglycerate kinase，

PGK）启动子进行诱导表达，电泳等分析结果表明重组的 thaumatin 占酵母不可溶蛋白质含量的约 20%，但并没有检测到其甜味。一段酵母转化酶分泌信号肽（yeast invertase secretion signal）序列被插入到 PGK 启动子和 thaumatin 基因之间，在 5.7L 的发酵培养基中得到了大约 800mg 纯化的重组蛋白。

将天然的 thaumatin II 基因利用 *Taq* 聚合酶进行 PCR 扩增，然后基于 TA 克隆策略克隆到包含酿酒酵母α信号肽序列的载体上，之后在毕赤酵母中进行重组表达。为研究末端序列对 thaumatin 甜味度的影响，在其 N 端和 C 端通过基因修饰的方法分别添加几个氨基酸残基。结果表明，纯化的 thaumatin 的二级结构与从植物中提纯的蛋白质的二级结构几乎完全相同。此外，纯化的 thaumatin 与从植物中提纯的蛋白质具有相同的甜味度，其甜味阈值达到 50nmol/L，说明 N 端和 C 端序列对甜味度没有显著的影响。

将 thaumatin I 基因克隆到酵母穿梭载体 pPIC6α，并转化入毕赤酵母 X-33，得到约 30mg/L 发酵液的产量，并品尝到甜味，但在重组蛋白的 N 端有几个非期望的插入氨基酸残基，它们可能抑制了重组蛋白的分泌表达。用植物来源的 thaumatin 的信号肽序列替代酿酒酵母α信号肽序列，重组蛋白分泌量达到 60mg/L 发酵液，且去除了 N 端的插入氨基酸残基，同时重组 thaumatin I 蛋白的甜味度与天然的植物来源的蛋白质一样，说明发生了 Kex2 蛋白酶介导的序列剪切过程[76]。

曲霉菌来源的蛋白质被美国 FDA 评定是 GRAS 级。利用天然的 thaumatin 的信号肽序列和酿酒酵母甘油醛-3-磷酸脱氢酶（GAPDH）启动子，将 thaumatin II 基因在米曲霉（*Aspergillus oryzae*）中进行表达，得到约 50μg/L 发酵液的产量，并品尝到甜味。在青霉菌中设计了 2 套基因表达系统，第一种包含构巢曲霉（*Aspergillus nidulans*）GAPDH 启动子及 trpC 终止子，重组蛋白胞内产量达到 1～2mg/L 发酵液。第二种包含黑曲霉（*Aspergillus niger*）葡糖淀粉酶启动子及构巢曲霉 trpC 终止子，得到在胞外分泌的 thaumatin，产量达 1～2mg/L 发酵液。在黑曲霉中表达 thaumatin II 蛋白的过程中还发现了蛋白酶介导的重组蛋白降解现象及蛋白质糖基化现象。此外还有报道指出，通过优化培养基中碳源和氮源的含量，可以提高重组 thaumatin 的表达量[77]。

3. thaumatin 在植物中的表达

在马铃薯中表达的重组 thaumatin II 蛋白能够品尝到甜味，它的信号肽序列同其天然蛋白一样已经被剪切掉。近年来，thaumatin II 基因被转化入各种转基因植物中，用来提高植物风味品质，如黄瓜、梨、番茄及草莓等。在各种植物中异源表达的 thaumatin II 基因均利用 CaMV35S 启动子，并在部分植物的果实中品尝到重组蛋白的甜味，或通过免疫学分析证明了目的蛋白的存在，但其表达产量相对均较低[78]。

第五节 马槟榔蛋白（mabinlin）

马槟榔蛋白（mabinlin）是在白花菜科（Cappafidaceae）植物马槟榔（*Capparis masaikai*）的种子发现的，这种植物生长在中国云南省的亚热带地区。至少 4 个 mabinlin 同功异构体，即 mabinlin Ⅰ-1、mabinlin Ⅱ、mabinlin Ⅲ 和 mabinlin Ⅳ 是在植物果实中发现的。其中，mabinlin Ⅱ 的热稳定最高，在 80℃加热 48h 其甜味度仍然没有降低。测定 mabinlin Ⅱ 的氨基酸序列发现，它是由含 33 个氨基酸残基的 A 链和含 72 个氨基酸残基的 B 链组成的异源二聚体。编码 mabinlin Ⅱ 的 cDNA 已经得到克隆和测序，mabinlin 的前身是由 155 个氨基酸残基组成的，其中包括信号序列的 20 个氨基酸、N 端延伸肽的 15 个氨基酸残基、连接 A 链与 B 链的 14 个氨基酸残基和 C 端延伸的 1 个氨基酸残基[79,80]。mabinlin Ⅱ 蛋白 B 链的 X 射线衍射结构的初步分析已经完成了（PDB：2DS2），其一级结构、二级结构和三级结构分别如图 7.24 和图 7.25 所示。可以看到，在其分子内存在由 2 个半胱氨酸残基构成的二硫键，这也是 mabinlin Ⅱ 具有很高热稳定性的原因之一。

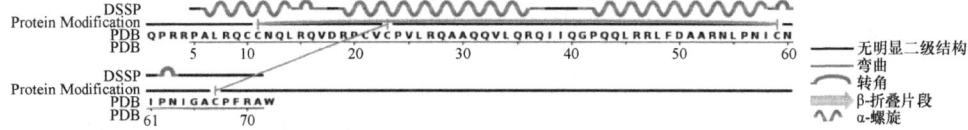

图 7.24　甜味蛋白 mabinlin Ⅱ（B 链）一级、二级结构示意图（彩图请扫封底二维码）

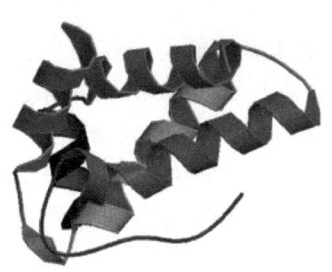

图 7.25　甜味蛋白 mabinlin Ⅱ（B 链）三级结构示意图（PDB：2DS2）
（彩图请扫封底二维码）

对 mabinlin Ⅱ 的晶体结构分析，发现它是由氨基酸数目分别为 33 个和 72 个的 A、B 两个链以非共价键结合在一起构成的，且 2 条链均含有数目较多的疏水性氨基酸，同时 E、R 等带电荷的氨基酸数目较多，但均没有 S、T、Y、M、K 等氨基酸残基。序列比较分析表明，mabinlin Ⅱ 和 curculin、monellin、miraculin 及 thaumatin 均相似。然而，该蛋白质和来源于拟南芥（*Arabidopsis thaliana*）的

2S 种子储藏蛋白具有较高的序列同源性。例如，mabinlin Ⅱ 的 A 链中 4~20 位氨基酸和 2S 白蛋白 AT2S3 具有约 71%的序列相似性，而 mabinlin Ⅱ 的 B 链中 7~69 氨基酸和 2S 白蛋白 AT2S3 具有约 52%的序列相似性。此外，这 2 种蛋白质分子内半胱氨酸的位置和数目均相同[81]。

利用基因工程技术，我国科研工作者成功地将 mabinlin Ⅱ 蛋白在大肠杆菌和食品级乳酸菌（Lactococcus lactis）中表达。首先，利用 mabinlin Ⅱ 编码基因内部没有内含子的特点，可以直接以其基因组为模板，设计引物采用 PCR 扩增 mabinlin Ⅱ 的编码基因。将得到的基因片段连接到合适的载体中，在大肠杆菌 BL21（DE3）中进行重组诱导表达。其中诱导剂异丙基硫代-β-D-半乳糖苷（IPTG）的浓度为 0.6~1mmol/L，诱导时间为 3~6h。利用蛋白质印迹（western blotting）分析技术，证实了重组 mabinlin Ⅱ 蛋白在大肠杆菌中得到表达。随后，对重组的 mabinlin Ⅱ 蛋白进行了包涵体复性和纯化。对获得的可溶性 mabinlin Ⅱ 蛋白进行了甜味度评价和热稳定性测定。结果显示，重组的 MBL-BH（包含 mabinlin Ⅱ 蛋白的 B 链及下游的 His-tag 标签序列）约为同质量蔗糖分子甜味度的 100 倍，但热稳定性明显下降。重组的 MBL-ABH（包含 mabinlin Ⅱ 蛋白的 A 链、B 链及下游的 His-tag 标签序列）没有甜味，其热稳定性也较低。另外，重组 mabinlin Ⅱ 蛋白在食品级乳酸菌中成功表达，并通过 ELISA 实验进行了证实。以上结果说明，mabinlin Ⅱ 蛋白中呈现甜味的结构形式是其 B 链[82]。此外，重组 mabinlin 蛋白在转基因马铃薯中也尝试进行了重组表达，但具体的实验细节和结果未见详细报道。

第六节 仙茅蛋白（curculin）

仙茅蛋白（curculin）是日本科学家山下春幸从马来西亚的无茎草本植物 *Curculigo latifolia* 的果实中分离得到的。curculin 同时具有甜味及味觉调节功能，即能够将酸味转变为甜味。虽然最初科学家认为 curculin 是以同源二聚体的形式存在的，但后来发现能够呈现甜味的 curculin 是以异源二聚体的形式存在的。组成该异源二聚体的两个 curculin 分子分别称为 curculin Ⅰ 和 curculin Ⅱ，它们之间有 77%的同源性。curculin Ⅰ 的一级结构、二级结构及三级结构分别如图 7.26 和图 7.27 所示。

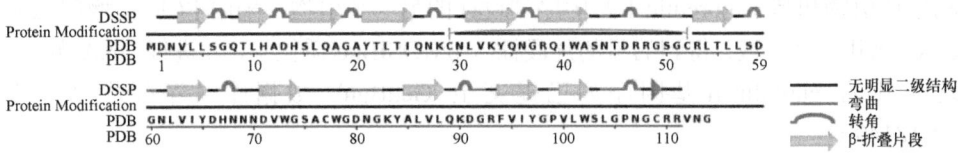

图 7.26 甜味蛋白 curculin Ⅰ 一级、二级结构示意图（彩图请扫封底二维码）

图 7.27　甜味蛋白 curculin Ⅰ 三级结构示意图（PDB：2DPF）（彩图请扫封底二维码）

curculin 含有 114 个氨基酸，含有较多的亮氨酸、天冬氨酸和甘氨酸，但未发现糖基化现象。通过序列比较分析发现，curculin 和其他已发现的甜味蛋白之间不存在相似性，但和雪花莲的植物凝血素具有 65%的序列相似性。它们之间的三级结构也很相近，都含有 4 个由 β-折叠构成的 3 个结构域及由 4 个残基组成的甘露糖连接位点（curculin 的甘露糖连接位点不发挥作用）[6]。

curculin 的甜味度是同质量蔗糖甜味度的 550 倍。此外，curculin 能将酸味转化为甜味。例如，curculin 在嘴里的甜味消失后，用柠檬酸或维生素 C 均可诱导产生强烈的甜味。人体唾液中某些物质能抑制 curculin 的甜味，如其甜味在口中消失，喝水后可恢复其较强的甜味[39]。

neoculin 是 curculin 的一种异构体形式。curculin 是由两个具有 114 个氨基酸残基的亚基构成的同源二聚体，而 neoculin 是一个异源二聚体，其中一条链与 curculin 的单体相同，而另一条链含有 113 个氨基酸残基并具有糖基化的酸性亚基。

为了获得重组的 curculin 蛋白，首先利用化学合成的方法合成 curculin Ⅰ 的基因序列，然后利用苯酚-SDS 方法提取 curculin Ⅱ 的总 RNA，最后利用 cDNA 合成试剂盒合成了 curculin Ⅱ 基因的双链 cDNA。N 端氨基酸序列测序表明，天然的 curculin 提取物含有一个与 curculin 同源的新蛋白质。其中，在这个蛋白质 N 端的 30 个氨基酸残基中，7 个位置的氨基酸发生了置换。基于 GQTLYAG 序列（下画线表示上述 N 端 7 个氨基酸置换其中的 2 个氨基酸位置），设计了以下引物：5'-GGICARACICTITAYGCIGG-3'（其中 R 为 A 或 G，Y 为 C 或 T，I 为肌苷 inosine）。利用该引物和基于 curculin Ⅰ 基因序列设计的另一个引物，采用 PCR 扩增假想的 curculin Ⅱ 基因片段。得到的目的片段插入 pMOSBlue 质粒中，并进行 DNA 测序。这种新的 curculin Ⅱ 基因序列已提交至 GenBank 数据库（序列收录号为 AB181490）。

含有 curculin Ⅰ 和 curculin Ⅱ 序列的载体分别转化入大肠杆菌 BL21（DE3），但得到的 curculin 蛋白均以包涵体的形式出现。利用 6mol/L 的盐酸胍溶液将其溶解，然后再用复性缓冲液稀释，在16℃得到了curculin I 和curculin II 的2种同源二聚体。将变性的curculin I 和curculin II 混合在一起，然后利用复性缓冲液稀释，得到了curculin I 和curculin II 的异源二聚体。curculin蛋白的同源二聚体和异源二聚体通过阴离子交换色谱（Mono S柱）进行纯化，得到的curculin蛋白分别在变性和非变性蛋白质电泳（SDS-PAGE）条件下进行分析。为了研究curculin二聚体之间二硫键的连接方式，将其二聚体利用胃蛋白酶（pepsin）裂解，然后利用反相高效液相色谱将这些酶解片段分离，随后用多肽测序仪对含有半胱氨酸片段的氨基酸序列进行分析测定[83-85]。

通过以上实验，得到了一种新的curculin蛋白异构体，其氨基酸序列与已报道的curculin蛋白具有77%的同源性，计算得到的等电点为4.7（pI）。科学家将这种新的curculin蛋白异构体称为curculin 2，即curculin II，其与curculin I 的序列比对结果如图7.28所示。结构分析显示，curculin蛋白是以二硫键连接的二聚体形式存在的，而且在curculin I 和curculin II 中，参与形成二硫键的4个半胱氨酸残基（Cys29、Cys52、Cys77、Cys109）均严格保守，说明curculin I 和curculin II 之间除形成异源二聚体外，还可形成同源二聚体。

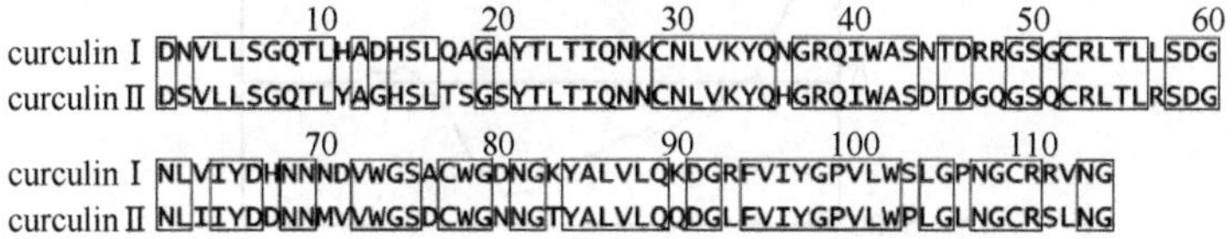

```
                10        20        30        40        50        60
curculin I   DNVLLSGQTLHADHSLQAGAYTLTIQNKCNLVKYQNGRQIWASNTDRRGSGCRLTLLSDG
curculin II  DSVLLSGQTLYAGHSLTSGSYTLTIQNNCNLVKYQHGRQIWASDTDGQGSQCRLTLRSDG
                70        80        90       100       110
curculin I   NLVIYDHNNNDVWGSACWGDNGKYALVLQKDGRFVIYGPVLWSLGPNGCRRVNG
curculin II  NLIIYDDNNMVWGSDCWGNNGTYALVLQQDGLFVIYGPVLWPLGLNGCRSLNG
```

图 7.28 甜味蛋白 curculin I 和 curculin II 的序列比对示意图[85]

研究结果显示，curculin I 和 curculin II 同源或异源二聚体内二硫键的组织方式为：Cys29 和 Cys52 之间形成一个链内的二硫键，而 Cys77 和 Cys109 分别和二聚体的另外一个单体上 Cys109 与 Cys77 之间形成 2 个链间的二硫键。

圆二色光谱分析表明，这3种以同样的二硫键组织方式形成的curculin二聚体（即curculin I 同源二聚体，curculin II 同源二聚体及curculin I 和II 异源二聚体）具有相近的圆二色光谱（图7.29），说明它们之间具有相同的折叠方式[85]。

对上述3种二聚体的甜味和甜味调节功能进行研究后显示，curculin I 和II 异源二聚体同时具有甜味和甜味调节功能，而curculin I 同源二聚体与curculin II 同源二聚体均缺少上述2种活性。此外，重组表达的curculin I 和II 异源二聚体具有与天然curculin蛋白类似的甜味度。同时，因为curculin I 和curculin II 蛋白表面分别含有较多的碱性和酸性氨基酸，所以其分子表面的电荷分布可能对这2种curculin蛋白的性质具有重要影响。

由于不同的甜味蛋白之间存在一些序列相同的三肽序列，它们与抗体结合后丧失了甜味或甜味调节功能，因此科学家认为甜味蛋白上某些氨基酸残基拉伸后，

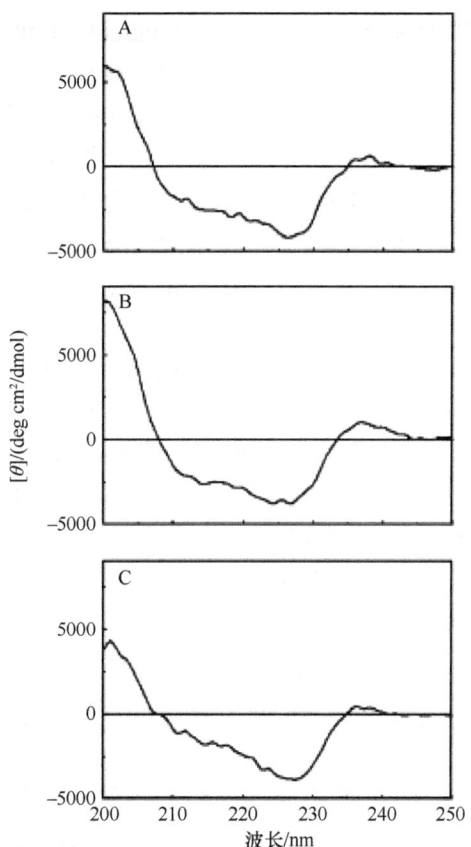

图 7.29 curculin I 同源二聚体（A）、curculin II 同源二聚体（B）及 curculin I 和 II 异源二聚体（C）二级结构的圆二色光谱分析示意图[85]

[θ]. 摩尔椭圆率

可能形成有利于其与甜味受体相互作用的分子构象。例如，curculin 和 monellin、miraculin 及 thaumatin 分别具有 2 个、5 个、6 个相同的三肽序列，而蛋白质印迹实验表明，curculin 的抗血清仅和 miraculin 发生微弱的反应，但与 monellin 和 thaumatin 不发生任何反应。值得注意的是，curculin 和 miraculin 均为具有甜味调节功能的蛋白，但研究发现 curculin 不和 miraculin 的专一性抗血清反应，说明 curculin 的抗原决定因子和 miraculin 不同。curculin 和 miraculin 含有 5 个相同的三肽，研究者推测可能其中的某个三肽是其甜味调节活性位点[85]。

最初科学家认为 curculin 与甜味受体相互作用的位点和小分子甜味剂与受体相互作用的位点相似，如糖分子和阿斯巴甜等的作用位点。然而，由于甜味受体的分子结构尚未阐明，基于 curculin 蛋白与甜味受体相互作用的机制来解释其所具有的甜味调节功能十分困难。而比较这两种 curculin 蛋白自身分子结构的差异，可为研究其性质的起源提供有益的线索。为此，科学家利用 X 射线衍射分析解析了 curculin Ⅰ 同源二聚体的三级结构（PDB：2DPF），显示为 β-prism（棱镜）Ⅱ 折叠方式。随后，将该结构与 curculin Ⅰ 和 Ⅱ 异源二聚体的结构进行重叠比对分析，结果显示它们之间具有明显相似的骨架折叠和结构域排列方式（图 7.30）[84]。

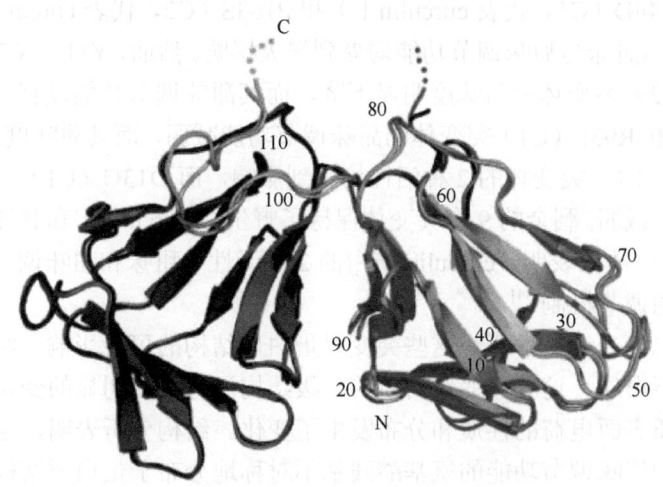

图 7.30　curculin Ⅰ 同源二聚体与 curculin Ⅰ 和 Ⅱ 异源二聚体三级结构的比对分析示意图[84]
（彩图请扫封底二维码）
氨基酸编码位置以数字表示

　　curculin Ⅰ 和 curculin Ⅱ 亚基最明显的差异存在于 103~108 位氨基酸。这些差异氨基酸主要位于 curculin Ⅰ 和 curculin Ⅱ 亚基的不规则环（loop）区域。curculin Ⅰ 和 curculin Ⅱ 单体之间的 RMSD 为 0.54Å。随后，利用核磁共振（NMR）技术对 curculin Ⅰ 同源二聚体的溶液结构进行研究。结果显示，含有 105~114 个氨基酸残基的 C 端片段表现出具有高度的运动性和可塑性，说明此部分区域的低电子云密度及其构象可变性是由此区域残基的高度"柔性"所致。

　　基于以上结构的差异，研究者设计了一系列性质改变的 curculin 蛋白突变体。由于 curculin Ⅰ 和 curculin Ⅱ 亚基之间发生异源聚体化是该蛋白质保持甜味和甜味调节功能的先决条件，因此这 2 个亚基的非保守性氨基酸存在差异可能是决定其性质的关键因素。序列分析表明，这 2 个亚基之间 26 个氨基酸存在差异，其中 16 个（占总数的约 62%）涉及氨基酸极性的不同。因此，curculin Ⅰ 同源二聚体与 curculin Ⅰ 和 Ⅱ 异源二聚体表面具有明显不同的电荷分布，而 curculin Ⅰ 和 curculin Ⅱ 单体的构象相似又说明如果交换二者之间存在差异的氨基酸残基，对其整体结构和构象的影响可能很小。所以，突变设计主要基于这两个亚基之间具有电荷差异的氨基酸之间的转变。同时，弹性的 C 端环区域对蛋白质的性质也可能具有重要影响。通过将 curculin Ⅰ 亚基内部 47 位和 48 位的精氨酸（R）对分别突变为 curculin Ⅱ 亚基相应位置的氨基酸残基，curculin Ⅰ 亚基 C 端的 R111～V112 也进行了相应的突变，最终构建了包含了 22 个残基位点的 18 个突变体。

18 个突变体均成功地在大肠杆菌中实现异源表达和纯化，并检测了其性质。结果显示，N44D（C1，代表 curculin Ⅰ）和 P103S（C2，代表 curculin Ⅱ）/L106P（C2）突变体的甜味与甜味调节功能均受到很大影响。然而，Y11H（C2）、57L（C2）和 D67H（C2）突变体的甜味度明显下降，而其甜味调节功能没有变化。相反，H36N（C2）和 R93L（C1）突变体的甜味调节功能减弱，而其甜味度无明显变化。此外，R93L（C1）突变体的 2 种活性均受到影响，而 D13G（C1）突变体仅甜味调节功能轻微减弱。剩余的 9 个突变体保持了野生型 curculin Ⅰ 和 Ⅱ 异源二聚体的 2 种活性。这些结果表明，curculin 蛋白的 2 种活性（甜味和甜味调节功能）具有独立且不同的调节机制[84]。

利用圆二色光谱技术研究这些突变对蛋白质结构的可能影响。结果显示，相对于野生型蛋白质，这些突变蛋白质的二级结构没有发生明显的变化，说明突变仅导致蛋白质表面电荷的性质和分布发生了变化。结构分析表明，这些同时影响蛋白质甜味和甜味调节功能的氨基酸残基不对称地分布于蛋白质结构的表面，主要位于 curculin Ⅰ 单体 β-prism 结构的上部（N44 和 R93）及 curculin Ⅱ 单体 C 端可变环区域（P103 和 L106）。仅对甜味有影响的氨基酸残基（curculin Ⅱ Y11、R57、D67）位于 curculin Ⅱ 单体 β-prism 结构的表面。这 2 个区域的氨基酸残基组成一个位于异源二聚体表面的连续的"甜味表面"（sweet surface）。另外，仅对蛋白质甜味调节功能有影响的氨基酸残基（curculin Ⅰ D13，curculin Ⅱ H36 和 Q90）位于与上述"甜味表面"相对的另一侧面（图 7.31）。这样，影响甜味和甜味调节功能的氨基酸残基呈部分重叠，但分布在 curculin 异源二聚体表面的不同区域。这些结果暗示，curculin 与甜味受体 T1R2/T1R3 的结合与相互作用存在 2 种截然不同的模式。一种模式为"甜味表面"激活受体，以及由此呈现蛋白质的甜味，另一种模式是在中性 pH 条件下，甜味受体处于非激活状态，但是当 pH 降低时，甜味受体发生了构象的改变，变为激活状态。介导甜味调节功能的位点包括位于 curculin Ⅱ 单体的 H36 残基，很可能是这个组氨酸残基的质子化触发了甜味受体 T1R2/T1R3 发生构象转变及信号转导。

对上述观点的实验性支持是，curculin 呈现出依赖于 pH 的甜味调节活性，以及 H36 残基通过 NMR 实验解析呈质子化状态。然而，为了得到关于 curculin 激活甜味受体 T1R2/T1R3 依赖于 pH 条件的确切证据，需要在细胞学水平对甜味受体 T1R2/T1R3 的功能进行检测。总之，上述实验结果为我们揭示了 curculin 呈现不同甜味性质的初步分子机制，对基于甜味蛋白的结构对其进行有针对性的分子设计与改造，以优化、提高其甜味品质，具有重要的科学意义。

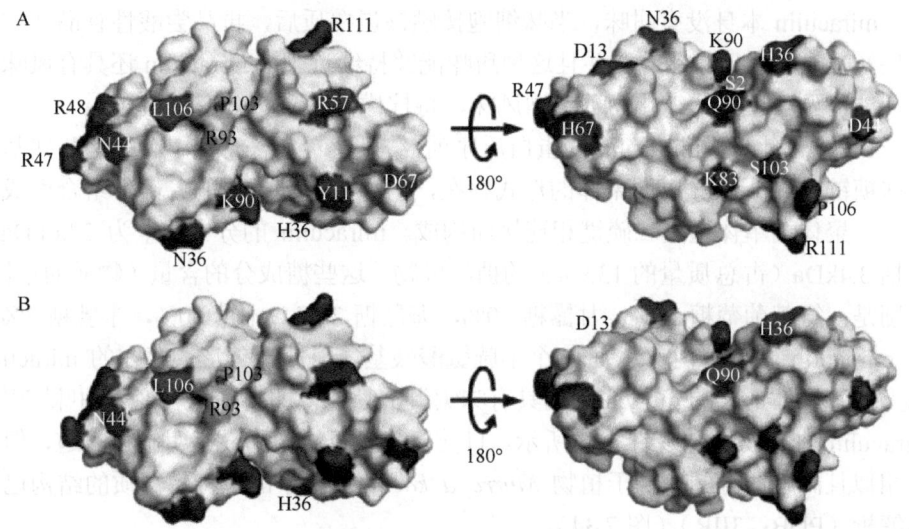

图 7.31 影响 curculin 异源二聚体甜味（A）及甜味调节功能（B）的关键氨基酸位点[84]
（彩图请扫封底二维码）

第七节 奇异果蛋白（miraculin）

奇异果蛋白又称奇异果素，英文名为 miraculin，来源于西部非洲热带植物 *Synsepalum dulcificum* 的浆果（图 7.32）。这种浆果又称为神秘果，最早由法国探险家 Chevalier des Marchais 记录。1919 年美国人 Fairchild 在啤酒中加入该浆果发现会产生强烈的甜味。日本科学家栗原坚三教授最早提取了 miraculin 内的活性成分，并于 1968 在《科学》（*Science*）杂志发表了其研究成果。从奇异果内提取的具有味觉调节功能的化合物即奇异果素，经分析显示是一种糖蛋白[39]。

图 7.32 *Synsepalum dulcificum* 的浆果（彩图请扫封底二维码）

miraculin 本身没有甜味，当味细胞接触该蛋白质后，再品尝酸性食品（如柑橘果）时能够感受到甜味，并且这种甜味能够持续近 1h。miraculin 还具有风味调节功能，如可将醋味转化为葡萄酒风味，将柠檬汁的酸味转变为甜味。

1989 年测定了 miraculin 的蛋白质序列，结果显示它含有 191 个氨基酸残基及一些糖链。miraculin 以四聚体的形式存在，由 4 个单体构成的二聚体组合而成。每个二聚体由单体通过二硫键相连接而构成。miraculin 的分子质量为 24.6kDa，包括 3.4kDa（占总质量的 13.9%）的糖组成物。这些糖成分的含量（物质的量比）分别是：氨基葡萄糖 31%，甘露糖 30%，海藻糖 22%，木糖 10%，半乳糖 7%。在 miraculin 的分子内部，有 7 个半胱氨酸残基，以四聚体形式存在的 miraculin 和天然二聚体形式的 miraculin 均具有味觉调节功能，即将酸味转变为甜味[38,39]。miraculin 的一级结构如图 7.33 所示。目前，其三级结构尚没有明确的报道，但与其相似且高度同源的来源于植物 *Murraya koenigii* 种子的一种蛋白质的结构已得到解析（PDB：3IIR）（图 7.34）。

MKELTMLSLSFFFVSALLAAAANPLLSAADSAPNPVLDIDGEKLRTGTNYYIVPVLRDHGGGLTVSATTP
NGTFVCPPRVVQTRKEVDHDRPLAFFPENPKEDVVRVSTDLNINFSAFMPCRWTSSTVWRLDKYDESTGQ
YFVTIGGVKGNPGPETISSWFKIEEFCGSGFYKLVFCPTVCGSCKVKCGDVGIYIDQKGRRRLALSDKPF
AFEFNKTVYF

图 7.33　miraculin 一级结构图

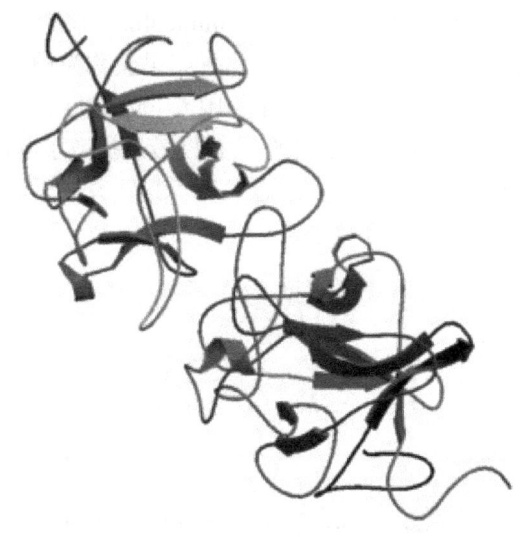

图 7.34　miraculin 同源蛋白质三级结构示意图（PDB：3IIR）（彩图请扫封底二维码）

miraculin 的味觉调节活性及其强度受多种因素的影响，如蛋白质浓度、酸度、miraculin 在口腔中的保留时间。此外，miraculin 在高温处理下不稳定，当加热到

100℃以上时其甜味调节活性消失。在室温及 pH<2 或 pH>12 时，miraculin 的活性丧失。其甜味调节活性在温度为 5℃及 pH 为 4 的乙酸溶液中，可持续 6 个月。然而，过量服用 miraculin 可能会对胃或口腔等器官造成强烈刺激[86]。

因为 miraculin 具有易溶性和一定的稳定性，所以可添加到酸性食品中。日本科学家已能成功地将其进行异源表达。虽然早期已将 miraculin 在酵母和烟草中进行异源表达但并未成功，现已能将其在大肠杆菌、莴苣、番茄中进行重组表达[87]。每克莴苣叶子已能够收获约 40mg 的 miraculin。2g 莴苣叶子能生产相当于 1g 奇异果树浆果产生的该蛋白质。

miraculin 迄今尚没有被美国 FDA 批准作为一种甜味剂使用，但已被欧盟承认可作为一种新型的食品，日本也批准 miraculin 可作为一种无害的食品添加剂使用。

miraculin 与甜味受体相互作用的分子机制目前尚不是很清楚。有研究者指出，miraculin 可能会改变口腔味细胞上甜味受体的分子结构，这种甜味受体结构或构象的改变可导致其被酸性物质激活。该蛋白质上的 2 个组氨酸残基（H30 和 H60）对其甜味调节功能具有重要作用。其中，一个组氨酸残基负责与膜蛋白锚定而另一个残基（与木糖和阿拉伯糖结合）负责在酸性环境条件下激活甜味受体。来自东京大学的研究者利用人甜味受体 T1R2/T1R3 在各种酸性条件下对 miraculin 的反应来揭示其味觉调节功能的分子机制。目前已知，miraculin 能够结合到人甜味受体上，但是在非酸性条件下不能激活受体。在酸性条件下，miraculin 自身的构象可被诱导改变，并可改变与其结合的甜味受体的构象导致甜味觉产生。一旦酸性物质被移走或吞咽后，miraculin 恢复为它原来的非激活构象。

有趣的是，miraculin 由酸味转化而来的甜味可被甜味抑制剂 lactisole 所抑制。已经阐明，lactisole 通过结合于 T1R3 受体的跨膜结构域（TMD）来抑制甜味受体的活性。为进一步研究这种由酸变甜的分子机制，科学家进行了细致的细胞学受体功能实验。因为这种由酸味转化而来的甜味在人的味觉感官中可持续 1h 左右，所以认为遇到酸性环境条件时，miraculin 可能直接并紧密地结合到甜味受体上。为验证这个假设，开展了利用人 T1R2/T1R3 受体在细胞学水平上模拟 miraculin 与受体相互作用的实验。首先，miraculin 先和表达人甜味受体的细胞及钙离子荧光染料指示剂（fura-2AM）共同孵育，然后将 miraculin 和染料指示剂去除，用酸性物质刺激受体，发现发生响应的细胞数比在中性条件下刺激明显增多。对照实验显示，当不加入 miraculin 或人 T1R2/T1R3 受体进行孵育时，酸性化合物不引起细胞的感知反应。此外，当 pH 下降即酸性条件增强时，细胞的感知反应增强，在 pH 为 6.5～7.4 时（接近中性环境条件），几乎观察不到细胞的感知反应。以上实验证明了 miraculin 激活人甜味受体依赖于酸碱条件，且酸性增强时，激活受体的效率提高（图 7.35）[88]。

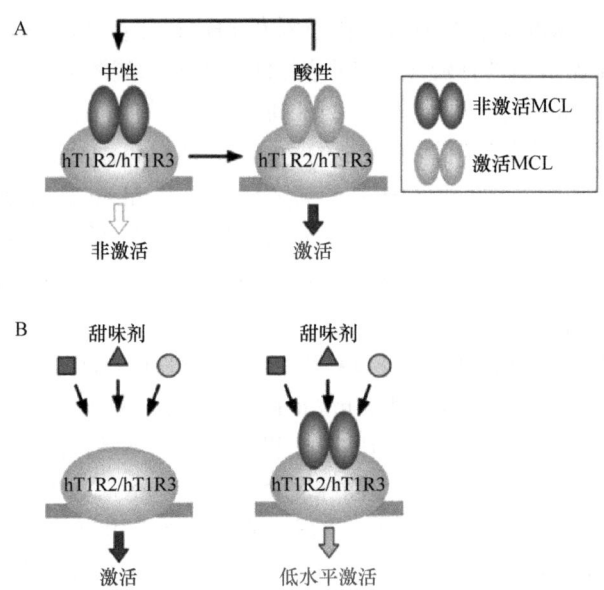

图 7.35　甜味受体（hT1R2/T1R3）在不同环境条件下的激活状态（A）及甜味分子（sweetener）激活甜味受体（B）示意图[88]（彩图请扫封底二维码）

MCL. 奇异果蛋白（miraculin）

令人感兴趣的是，虽然 miraculin 自身在中性环境下不能产生甜味，但当它与一个其他的甜味化合物在中性条件下共同刺激甜味受体时，出现 miraculin 依赖于浓度抑制该化合物甜味的现象。这个结果暗示，miraculin 可能直接结合于人甜味受体，即使在没有激活甜味受体的情况下。同时，这种结合作用力应该十分强烈。那么，miraculin 是如何抑制已经结合于受体上的甜味分子的活性的呢？这个问题目前学术界还没有较为统一的认识，值得科研工作者进一步研究探索。

第八节　溶　菌　酶

溶菌酶英文名为 lysozyme，又称鸡蛋白、胞壁酸酶（muramidase）或 N-乙酰胞壁质聚糖水解酶（N-acetylmuramide glycanohydrlase），是能水解致病菌中黏多糖的碱性酶，通过破坏细胞壁中 N-乙酰胞壁酸和 N-乙酰氨基葡糖之间的 β-1,4 糖苷键，使细胞壁不溶性黏多糖分解成可溶性糖肽，导致细胞壁破裂、内容物逸出而使细菌溶解。溶菌酶为白色或微白色冻干粉，溶于水，可作为一种具有杀菌作用的天然抗感染物质，有抗菌、抗病毒、止血、消肿止痛及加快组织恢复等作用。

一、溶菌酶的分子结构

溶菌酶因具有一定的甜味，所以被认为是一种甜味蛋白。它是一个由 129 个氨基酸残基组成的单链蛋白，分子质量约为 14 500Da。溶解酶的三级结构已分别利用 X 射线衍射分析及 NMR 技术测定（PDB：2CDS；1E8L）。与其他甜味蛋白明显不同的是，溶菌酶可很容易地从鸡蛋清中获得，而不是从热带植物的果实中提取。然而，溶菌酶的甜味阈值比 monellin 和 thaumatin 高约 200 倍，意味着它具有比这两种甜味蛋白明显低的甜味度（约 200 倍）。其一级结构、二级结构及三级结构分别如图 7.36～图 7.38 所示。

KVYGRCELAAAMKRLGLDNFRGYSLGNWVCAAKFESNFNTHATNRNTDGSTDYGILQINSRWWC
NDGRTPGSRNLCNIPCSALLSSDTIASVNCAKKIVSDGNGMNAWVAWRKRCKGTDVNAWTRGCRL

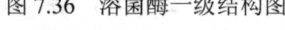

图 7.36　溶菌酶一级结构图

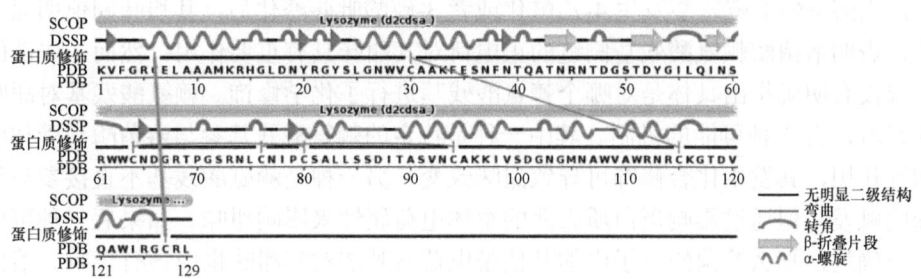

图 7.37　溶菌酶二级结构示意图（彩图请扫封底二维码）

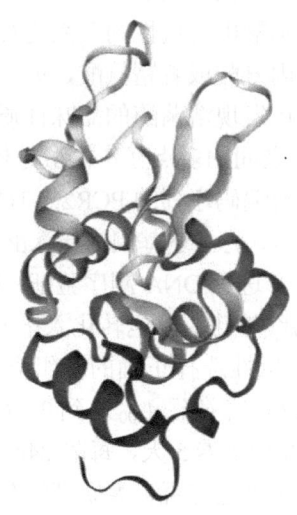

图 7.38　溶菌酶三级结构示意图（PDB：2CDS）（彩图请扫封底二维码）

溶菌酶的三级结构显示，它含有 2 个结构域。其中，6 个关键区域组成了其裂解细胞壁的酶催化活性中心，氨基酸残基 E35 和 D52 是决定其催化活性的关键氨基酸。化学修饰其催化活性关键氨基酸残基的羧基基团，发现溶菌酶的酶催化活性与其甜味度没有直接的关联或依赖性。此外，从鸡蛋中提取的溶菌酶与从鹅蛋中提取的溶菌酶有明显不同的结构与分子质量（鸡蛋来源溶菌酶的分子质量为 14.5kDa，而鹅蛋来源溶菌酶为 20.5kDa），但呈现相似的甜味度。研究人员感兴趣的是，是否同其他甜味蛋白一样，溶菌酶分子表面带正电荷即碱性氨基酸决定了其甜味度，虽然溶菌酶分子整体上呈碱性。

二、溶菌酶分子内赖氨酸残基的功能

研究人员对溶菌酶序列中的赖氨酸（Lys，K）残基进行了特异的化学修饰，结果显示当修饰的赖氨酸残基不多于 2 个时，溶菌酶的甜味阈值并没有改变。但是，当溶菌酶的赖氨酸发生 4-乙酰化或者 3-磷酸吡哆醛化后，其甜味阈值明显上升，表明溶菌酶赖氨酸残基侧链的正电荷对其甜味具有重要作用。然而，先前的研究没有明确指出具体是对哪个赖氨酸残基进行了化学修饰。赖氨酸残基对甜味的影响，有 2 种可能的机制。其中一种是特定的赖氨酸残基参与溶菌酶与受体的相互作用，其发生化合修饰可导致甜味改变。另一种是赖氨酸残基不直接参与甜味的触发，但通过影响蛋白质表面的整体电荷属性来影响甜味。如果后一种可能是正确的，那么溶菌酶分子内的其他带电荷氨基酸对其甜味也应该有影响。溶菌酶分子内含有 6 个赖氨酸残基和 11 个精氨酸残基，精氨酸的数目大约是赖氨酸的 2 倍。研究人员构建了上述关键氨基酸的突变体，并通过毕赤酵母表达系统获得了重组蛋白，对其甜味与氨基酸电荷属性的关系进行了研究。突变体的构建主要是将其分子内赖氨酸突变为丙氨酸或者精氨酸，或者是将精氨酸残基突变为丙氨酸。通过以上实验，科研人员发现溶菌酶的甜味性质与氨基酸电荷属性的关系和已建立的甜味蛋白-甜味受体之间的多点互作模型是相吻合的[89]。

基于已构建的包含溶菌酶编码序列的 PCR2.1-TOPO 载体，利用 *Xho* I 和 *Not* I 限制性内切核酸酶切位点，将上述基因连接入酵母穿梭质粒 pPIC6α，随后转化入 XL$_1$-Blue 感受态细胞，并进行 DNA 测序验证。包含突变位点的 pPIC6α 质粒用 *pME* I 限制性内切核酸酶线性化后，电转化入毕赤酵母 *Pichia* X-33 菌株，利用杀稻瘟菌素（blasticidin）抗性选择正确的重组克隆。小规模的溶菌酶表达在 200mL 的 BMG 培养基中，28℃培养至 A_{600} 达到 2~6。离心收集细胞后，用 BMM 缓冲液重悬至 A_{600} 为 1，并继续培养 5 天，每隔 24h 加入甲醇诱导。收集上清液，通过细胞溶解活性检测溶菌酶表达与否。大规模的溶菌酶表达在 3L 的发酵罐中，通过加入 25%的氢氧化铵调节 pH 为 5.0，通过一个氧气供应装置保持溶液中的氧气含量不低于 20%。利用阳离子交换色谱方法对蛋白质进行纯化，目的蛋白在 0～0.5mol/L 的 NaCl 浓度梯度下洗脱。通过 SDS-PAGE 分析蛋白质的纯度，并对其进行定量分析。利用埃得曼（Edman）降解法对蛋白质的 N 端序列进行测定。溶菌酶的活性利用其降低藤黄微球菌（*Micrococcus luteus*）浑浊度的速率来衡量。此外，对溶菌酶分子内的精氨酸残基进行 1,2-环己二酮化修饰，随后利用感官品评测试对得到的溶菌酶突变体（或经化学修饰）进行甜味阈值测定，以评价其甜味度。

通过异源重组表达，可得到大约 500mg/L 的溶菌酶，并经 SDS-PAGE 电泳验证。分析表明，重组溶菌酶与鸡蛋清中的溶菌酶具有相同的 N 端氨基酸序列。另外，重组溶菌酶的甜味阈值为 7μmol/L，与天然溶菌酶的甜味阈值基本相同。此外，重组溶菌酶对藤黄微球菌的酶活性与天然溶菌酶也相同。以上结果表明，毕赤酵母表达系统能够生产具有活性的溶菌酶。溶菌酶纯化后在 SDS-PAGE 电泳中显示单一的条带，有趣的是，如果其分子内赖氨酸残基被精氨酸残基所置换，这单一条带会发生明显的移动。荧光光谱分析表明，突变体的荧光光谱与重组溶菌酶的荧光光谱相同，但在 6mol/L 的盐酸胍溶液中，二者的荧光光谱存在差别。这些结果表明，突变没有导致溶菌酶分子内部的色氨酸微环境改变及其整体构象发生变化。基于以上分析，推测突变的引入可能仅导致溶菌酶三级结构中局部个别的氨基酸侧链发生变化。

在溶菌酶的分子结构中，有 6 个赖氨酸残基（K1、K13、K33、K96、K97 与 K116）。其中，K1、K13 与 K116 位于溶菌酶分子结构的表面，而 K33、K96 与 K116 残基的部分侧链位于分子结构的内部。在甜味度方面，K96A 突变导致甜味阈值从 6.7μmol/L 升高到 18.3μmol/L，即重组突变体的甜味度相对于野生型蛋白质下降了近 3 倍。这说明，K96 残基对溶菌酶的甜味维持具有重要作用。先前的报道指出，对溶菌酶分子中少于 2 个的赖氨酸残基进行磷酸吡哆醛化（phosphopyridoxylation）后，其甜味度没有改变。而本研究指出，对特定的赖氨酸残基进行突变能够导致溶菌酶甜味度改变。同时，构建的双突变体 K96A/K97A 的甜味阈值为 16.7μmol/L，说明不同于 K96 残基，K97 残基对溶菌酶甜味度的贡献与影响不大。以上结果被进一步利用双突变体 K33A/K97A 进行的实验所验证，即 K33A/K97A 双突变体的甜味阈值为 5.8μmol/L，与野生型蛋白质的甜味阈值几乎相同，说明 K33 和 K97 残基对甜味度没有影响。这两个赖氨酸残基位于溶菌酶分子的表面，并被证明是化学修饰过程中反应性最强的残基。这说明，K33 和 K97 残基在溶菌酶分子中虽然发生了化学修饰，但这些修饰对溶菌酶的甜味度并没有影响。

此外，对溶菌酶分子内的其他残基，如 K1、K13 与 K116 等对甜味度的贡献也进行了研究。将 N 端的赖氨酸残基突变为丙氨酸（K1A）后，其甜味阈值与野生型蛋白质基本相同。双突变体 K116A/R125A 的甜味度与野生型蛋白质也基本相同。这些结果说明 K1 和 K116 均未参与溶菌酶的甜味诱发过程。但是，K13A 突变体的甜味阈值大大上升达到 16μmol/L，说明 K13 残基在溶菌酶的甜味诱发过程中具有重要功能。双突变体 K1A/K13A 及三重突变体 K1A/K13A/K33A 的甜味阈值与 K13A 突变体基本相同。这说明，K1 和 K33 对溶菌酶的甜味没有影响，而仅 K13 对其甜味产生发挥重要作用。由于利用毕赤酵母表达系统难以对 K13A/K96A 突变进行重组表达，因此对于此 2 个关键赖氨酸残基突变的组合对溶菌酶甜味的影响难以进行评价。

为了进一步研究带正电荷的赖氨酸残基的侧链结构与长度对甜味的影响，将赖氨酸残基突变为精氨酸，并评价了溶菌酶的甜味度。由于 K13A 和 K96A 突变均导致甜味度明显下降，因此分别将其突变为精氨酸 R。结果表明，K13R 和 K96R 突变体的甜味及酶活性均与野生型蛋白质相同。以上结果说明，精氨酸残基的胍基（guanidino）及赖氨酸残基的 ε 氨基基团均可诱发溶菌酶甜味的产生。其他赖氨酸残基如 K1、K33、K97 及 K116 等突变为精氨酸 R 后，溶菌酶的甜味及酶活性与野生型蛋白质相比也没有明显变化。由于精氨酸残基的 pKa 比赖氨酸残基略高，赖氨酸突变为精氨酸后，溶菌酶表面的碱性会升高。然而，对构建的溶菌酶赖氨酸残基的 2~6 重突变体的功能研究显示，它们的甜味和酶活性均没有明显的变化，说明溶菌酶分子内赖氨酸的组合模式及表面的电荷数对其甜味与酶活性均没有影响。

溶菌酶分子内赖氨酸残基突变为丙氨酸残基后，其酶活性为鸡蛋清中溶菌酶活性的 48%~97%。同时，随着赖氨酸残基突变数目的上升，突变体的酶活性逐渐下降。此外，K96A/K97A 及 K1A/K13A/K33A 突变体的酶活性分别为鸡蛋清中溶菌酶活性的 49% 和 48%，说明赖氨酸残基侧链上的正电荷通过电荷相互作用影响溶菌酶的酶活性。在此前的结果中，研究人员已表明对溶菌酶分子内的赖氨酸残基进行乙酰化及 3-磷酸吡哆醛化修饰后，其酶活性及甜味度均会逐渐下降。赖氨酸残基侧链的正电荷会影响溶菌酶的酶活性，发生 K13A 和 K96A 突变后其甜味度明显下降，但酶活性没有变化，说明溶菌酶的酶活性和甜味度没有明显的相关性。在溶菌酶分子的 6 个赖氨酸残基中，K13 和 K96 对其甜味度具有重要作用，但对其酶活性没有明显作用。在溶菌酶的三级结构中，这 2 个赖氨酸残基位于催化活性中心口袋的不同侧。值得注意的是，经四重乙酰化修饰的溶菌酶的甜味阈值为 15μmol/L，与 K13A 或 K96A 单突变体的甜味阈值基本相同，可能是经四重乙酰化修饰的溶菌酶分子包含 K13 或者 K96 残基，以至于对其侧链的修饰使其电荷发生变化，进而导致其甜味度发生改变。

三、溶菌酶与受体的相互作用机制

为验证溶菌酶对甜味受体 T1R2/T1R3 的激活作用，研究人员分别利用体内感官品评测试和体外细胞学功能实验对溶菌酶的甜味特性进行了评价。如本书前面所述，对甜味受体进行细胞学功能实验，学术界多采用钙离子成像检测实验，用于研究甜味化合物对受体的激活。然而，受体的激活效率受下游所结合的 G 蛋白的影响很大。有报道指出，甜味受体被激活后，在转染 T1R2/T1R3 甜味受体及表达 Gα15 蛋白的 HEK293 细胞中，可通过检测细胞内 cAMP 浓度的变化来反映受体的激活效率。因此，研究组尝试利用细胞内生的 G 蛋白来偶联激活的甜味受体，用于研究溶菌酶对受体的激活。

研究结果显示，随着溶菌酶浓度升高，细胞内 cAMP 的积聚浓度逐渐减低，说明溶菌酶能够抑制细胞内 cAMP 的聚集（图 7.39）。这说明，通过细胞内生的 G 蛋白的信号转导，溶菌酶能够有效地激活甜味受体。细胞学功能实验反映的溶菌酶甜味活性与味觉感官品评测试的结果相吻合。同时，甜味抑制剂 lactisole 能够有效地降低溶菌酶的甜味度。此外，在感官品评测试中，研究人员测得的甜味阈值为 7.5μmol/L，而在溶菌酶溶解于 NaCl 的情况下，测得的甜味阈值为 307.5μmol/L。这说明，NaCl 能够特异性地降低溶菌酶的甜味度。另外，实验结果表明 NaCl 还能够降低 thaumatin 的甜味度，但是不能降低小分子甜味剂如蔗糖、阿斯巴甜等的甜味度。如前所述，甜味蛋白表面的正电荷与 T1R2/T1R3 甜味受体表面的负电荷之间的静电相互作用对甜味蛋白的甜味度及受体的激活至关重要。因此，NaCl 可能抑制了这些关键的电荷相互作用，从而影响了甜味蛋白的甜味度。研究人员的结果还表明，当 NaCl 被 KCl、NH_4Cl、N-methyl-D-glucamine chloride（N-甲基-D-葡糖胺氯化物）等替代后，也能够降低甜味蛋白的甜味度，说明降低效果取决于溶液中的离子强度[89,90]。

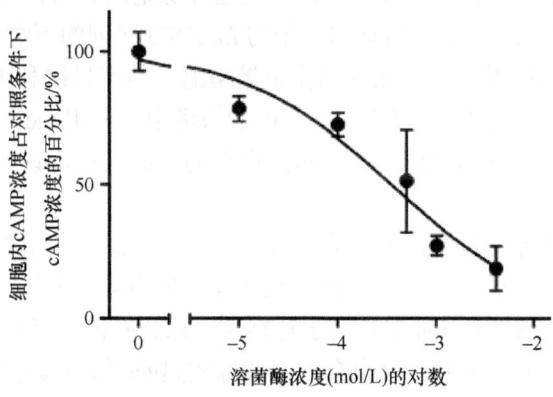

图 7.39 溶菌酶刺激导致的细胞内 cAMP 浓度变化[89]

有趣的是，研究人员还发现，虽然在转染 T1R2/T1R3 甜味受体的细胞内，溶菌酶能够显示出依赖于其浓度的受体激活效率（抑制 cAMP 浓度），但是在没有转染 T1R2/T1R3 甜味受体的细胞内，高浓度的溶菌酶（如 4mmol/L）也能够抑制细胞内 cAMP 的聚集。其机制可能为溶菌酶能够与细胞中某些内生的其他 G 蛋白偶联受体结合，或者直接激活与细胞膜结合的 Gαi/o 蛋白。例如，Naim 报道了甜味蛋白莫内林（monellin）能够激活从牛脑细胞膜上纯化的 Gαi/o 蛋白。此外，一些研究还表明，溶菌酶能够穿透细胞膜并被小鼠的肠道所吸收。这些结果说明，高浓度的溶菌酶可能能够直接穿透细胞膜并激活味细胞中的 Gαi/o 蛋白。虽然这些研究结果揭示了溶菌酶能够与甜味受体 T1R2/T1R3 相互作用并激活受体，但是目前还缺少从结构方面解释二者相互作用的报道。

四、溶菌酶的重组表达

最初人们尝试将溶菌酶编码基因在大肠杆菌中进行表达，但得到的重组蛋白以不溶的包涵体形式存在，并且在其 N 端含有一个多余的甲硫氨酸（methionine）残基，因此必须对包涵体复性。然而，对 N 端含有甲硫氨酸残基的溶菌酶进行复性比对天然的溶菌酶进行复性更加困难。此外，N 端含有的额外甲硫氨酸会破坏人溶菌酶蛋白分子内氢键网络，并会影响许多蛋白如α-乳白蛋白（α-lactalbumin）等的稳定性和正确折叠。

溶菌酶在大肠杆菌中的表达利用一种新的 pKPl500 载体，该载体包含有 tac 启动子、*lacZ* SD 序列、特异的限制性内切核酸酶切位点（*Eco*RⅠ、*Sma*Ⅰ、*Bam*HⅠ、*Sal*Ⅰ、*Pst*Ⅰ和 *Hin*dⅢ）及 pKK223-3 质粒的 rrnB 终止子序列。但是，其复制起始位点与 pUC9 质粒相同。这种表达体系的优点在于存在依赖于温度的质粒复制数目及依赖于 tac 启动子的表达调控，从而基于选择压力能够在低温条件下超表达外源蛋白，也可在高温条件下表达外源基因。当含有起始密码子 ATG 的鸡溶菌酶 cDNA 片段插入到 tac 启动子与 *lacZ* SD 序列的下游后，pKPl500 重组质粒可产生占细胞总蛋白质量 25%的重组溶菌酶，其产量比利用 pKK223-3 质粒获得的重组溶菌酶量高 10 倍以上。在此前的报道中，利用 tac 启动子重组表达真核生物的外源基因，目的蛋白往往占总蛋白质的比例很小，说明了该体系的相对优越性。

甲基营养型毕赤酵母是高水平表达外源蛋白的理想真菌宿主表达体系。几种类型的溶菌酶，如 c 型和 g 型溶菌酶已在毕赤酵母中得到表达。大部分体系均采用 *Pichia pastoris* GS115（his⁻）作为表达宿主，以含有酒精氧化酶 1（AOX1）启动子的 pPIC9 作为重组载体，且含有酿酒酵母成熟的α信号肽序列和 HIS4 选择性标记。利用此组氨酸选择性标记，15%~60%的转化子是 *HIS4* 基因的逆向转化产物且不含有重组质粒。因此，人们需要花费很多时间去构建含有多个重组整合质粒的菌株。最近，有报道称利用pPIC9ZαA载体对不稳定的溶菌酶H5蛋白在 *Pichia pastoris* X-33 宿主中进行有效的重组表达，虽然得到的溶菌酶 H5 重组蛋白量用于进行生化及生理活性检测是足够的，但不能满足食品及病理学研究，如评价重组溶菌酶的甜味活性[90]。

利用 *Xho* I 和 *Not* I 限制性内切核酸酶酶切位点，鸡蛋溶菌酶（hen egg lysozyme，HEL）的基因被成功引入重组的 pPIC6α 质粒中。利用杀稻瘟菌素选择抗性对含有重组质粒的酵母菌株进行筛选。杀稻瘟菌素是一种能有效地抑制原核生物和真核生物中蛋白质合成的核苷型抗生素，它对哺乳动物细胞特别有效，相对于吉欧霉素（Zeocin）和 G418 具有更低的细胞致死浓度（大约 10μg/mL）。利用 *Pme* I 限制性内切核酸酶对重组 pPIC6α 质粒进行线性化后，将其电转化入毕赤酵母细胞。在低浓度的杀稻瘟菌素（50μg/mL）筛选条件下，2 天后大约得到 1000 个重组克隆。继续用 300μg/mL 的杀稻瘟菌素进行筛选，得到了 180 个重组克隆。最后，大约有 30 个（大约占起始筛选克隆的 3%）重组克隆用 500μg/mL 的杀稻瘟菌素筛选一星期后得到。因此，杀稻瘟菌素是一种筛选毕赤酵母重组表达子的有效抗生素。

在诱导表达过程中，首先尝试将毕赤酵母的碳源甘油换为甲醇，并在摇瓶中对其进行扩大培养,在 150h 后大约得到了 10mg/L 分泌到培养液中的重组溶菌酶。随后对溶菌酶进行发酵液大规模培养显示，以甘油为碳源，细胞的湿重能够达到 90.8g/L；继续培养 6.5h 后，细胞湿重达到 306g/L。为促进溶菌酶的诱导表达，每升发酵液中加入含有 10mL PTM1（一种用于促进毕赤酵母中蛋白质表达的微量元素母液）的 100%甲醇。随着诱导时间的延长，重组溶菌酶的含量逐渐升高，其最大产量可达到 400mg/L。在起始含有甲醇的诱导阶段,可溶性氧气的含量保持在30%以下，诱导 12h 后，可溶性氧气的含量可达到 50%以上[92]。

得到的发酵液用装有氮气压力装置的分子质量为 10kDa 的膜超滤系统浓缩 10 倍以上，随后用阴离子交换柱纯化。得到的蛋白质用蒸馏水透析后，N 端测序表明与天然溶菌酶的 N 端序列一致（KVFGR）。此外，还得到了在溶菌酶 N 端加入了 9 个多余氨基酸残基（EEGVSLEKR）的多肽片段，推测可能是由重组质粒表达过程中的信号肽加工所致，但具体的机制有待于进一步研究。酶活性实验显示，重组溶菌酶的酶活力为 61 000U/mg，与天然溶菌酶的活力（60 000U/mg）基本一致。甜味觉感官品评测试表明，重组溶菌酶的甜味阈值为 6.7μmol/L，与鸡蛋清来源溶菌酶的甜味阈值（7μmol/L）大体相同。这种溶菌酶在真菌毕赤酵母中重组表达体系的建立，有利于对溶菌酶进行突变设计或定向改造，为进一步研究溶菌酶与甜味受体的相互作用机制提供了有益的素材。

第九节 甜味蛋白的热稳定性

甜味蛋白的热稳定性是甜味蛋白的重要性质之一，对其在食品等领域中应用具有重要意义。例如，在食品加工及储存等过程中，往往需要对食品进行灭菌处理（如常用的巴氏灭菌法），这就需要其内在的各种组分能够耐受较高的灭菌温度。然而，很多天然来源的甜味蛋白的热稳定性较差，增加了运输、储藏及灭菌处理的难度，限制了其大规模应用。因此，利用蛋白质工程的方法，对甜味蛋白进行异源表达，并对其进行分子设计与改造，优化其品质并提高其热稳定性，对甜味蛋白产业发展及提高人类健康水平具有重要意义。

甜味蛋白易溶于水等溶剂，因此可添加于各类食品中，从而发挥其效能。然而，影响甜味蛋白推广使用的一个关键问题是甜味蛋白的稳定性普遍较差，在高温或某些酸碱条件下很容易变性而失去甜味。此外，某些甜味蛋白会发生聚集（aggregation）现象。

在所有的已发现的甜味蛋白中，植物甜蛋白（brazzein）是热稳定性最高的蛋白质，有报道称在100℃加热4h后其甜味并未丧失。但大部分甜味蛋白热稳定性普遍较差，如天然的甜味蛋白monellin在50℃下即变性失活，增加了运输、储藏及灭菌处理的难度，限制了其大规模应用。在前期研究中，科研工作者以甜味蛋白的三级结构为基础，对影响其热稳定性的分子机制做了有益的探索，主要有以下进展。

（1）天然的甜味蛋白monellin由2个亚基（A链和B链）构成，将以非共价键（氢键和疏水作用）结合的A链和B链通过共价键连接起来，构建单链蛋白，其热稳定性由50℃提高到65℃，说明甜味蛋白分子内氨基酸之间的连接方式及其作用力对甜味蛋白的热稳定性具有重要影响[18]。

（2）甜味蛋白brazzein的热稳定性明显高于monellin，达到80℃。结构分析表明，brazzein蛋白分子内含有由8个半胱氨酸构成的4个二硫键，对维持其热稳定性有关键作用[93]。

（3）我们及其他研究组的结果表明，将单链甜味蛋白monellin分子内部带负电荷的谷氨酸残基E23分别突变为不带电荷的A、L、F、W等氨基酸后，其热稳定性提高约10℃，表明蛋白质内部疏水区域关键残基的离子化状态与热稳定性密切相关[19]。

（4）Serena等构建了甜味蛋白monellin四重突变体E23Q/Q28K/C41S/Y65R，其热稳定性进一步提高达到77.8℃（T_m值）。结构解析表明，E23Q突变导致该残基构象改变，并与Y29和G30形成新的氢键，进而触发突变的K28残基侧链与N90残基形成氢键，从而形成一个相对稳定的封闭的氢键网络，提高了甜味蛋白的热稳定性（图7.7）。这说明，甜味蛋白分子内关键残基及其相互作用力组织方式对热稳定性具有重要影响[35]。

甜味蛋白对酸碱条件敏感也是限制其应用的一个重要因素。蛋白质折叠动力学研究表明,在 pH 从 4 到 10 变化的过程中,甜味蛋白 monellin 的稳定性明显下降。Aghera 等通过研究发现,这种现象由 C 端螺旋区域第 23 位的一个谷氨酸残基所致(在 Aghera 等的文献中,该谷氨酸残基被定义为第 24 位,因为其统计氨基酸位次时将起始密码子甲硫氨酸也计算在内)。该氨基酸残基(E23)位于蛋白质结构中一个疏水性口袋内,其侧链基团表现出较高的解离常数(pK_a)。解离常数(pK_a)是溶液中具有一定解离度的溶质的极性参数,K_a 增大,其 pK_a 越小,其酸性增加;K_a 减小,其 pK_a 越大,其碱性增加。通常内部折叠区域含有带电荷的离子化残基的蛋白质,常发现具有这种依赖于 pH 的稳定性变化。折叠动力学研究表明,在天然状态下,E23 侧链的 pK_a 大约为 7.5。在溶剂 pH 由中性条件向碱性条件变化的过程中,随着蛋白质解折叠过程中该残基侧链的逐渐暴露,E23 侧链的 pK_a 明显下降,这是导致该蛋白质稳定性随 pH 变化下降的原因。Serena 等为确定 E23 残基在蛋白质折叠过程中对稳定性的贡献,基于已解析的蛋白质三级结构,利用多构象连续静电计算(multi conformation continuum electrostatics calculation)及分子动力学模拟(molecular dynamics simulation)方法,分析了该残基侧链的 pK_a 变化。她们还设计了一个新的单链 monellin 蛋白(MNEI)突变体 E23Q,其热稳定性明显增强。结构分析表明,E23 残基侧链羧基基团上的质子和 G30 残基羰基基团上的氧原子会发生强烈的氢键相互作用,从而形成一个稳定的封闭的氢键相互作用网络来维持其结构的整合性,从而保持其完整性。此外,去除 E23 残基离子化的侧链消除了蛋白质依赖于 pH 的稳定性。E23Q 突变避免其侧链过分扭曲,保持了正确的构象,所以蛋白质甜味度没有明显下降。图 7.40 为分子动力学模拟显示的 E23Q 突变体结构内氢键网络示意图[32]。

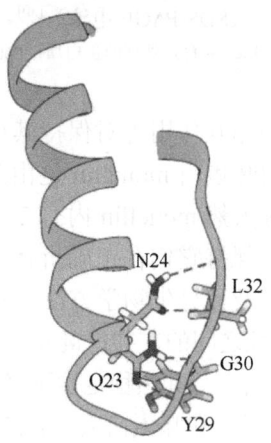

图 7.40　分子动力学模拟显示的 E23Q 突变体结构内氢键网络示意图[32](彩图请扫封底二维码)

蛋白质聚集也是影响甜味蛋白稳定性的一个重要因素。甜味蛋白聚集受样品浓度、pH、温度、缓冲液成分及蛋白质自身结构等多种因素的影响。例如，在对 monellin 蛋白 Y65R 突变体研究的过程中，发现了明显了聚集现象。最初人们发现在 pH2.5、86℃条件下将该蛋白质孵育处理一段时间后，发生了不可逆的聚集现象。蛋白质聚集可导致沉淀或蛋白质聚体形成和分子质量增大，因此可以用 SDS-PAGE 电泳来检测其聚集化状态。在 pH5.1、4℃条件下处理 24h，野生型 MNEI（未发生突变的）和 Y65R 突变体均未发生明显的聚集现象。但是，在同样的 pH 条件下，当温度提高到 60℃时，这两种蛋白质均出现了不可溶的二聚体及多聚体，但 Y65R 突变体的二聚体多以可溶形式存在。另外，当 pH 升高到 6.8 时，这两种蛋白质的聚集表现形式几乎一样。随着温度的升高，两种蛋白质的可溶性都逐渐下降，都出现了明显的不可溶的二聚体和多聚体沉淀（图 7.41）[30]。

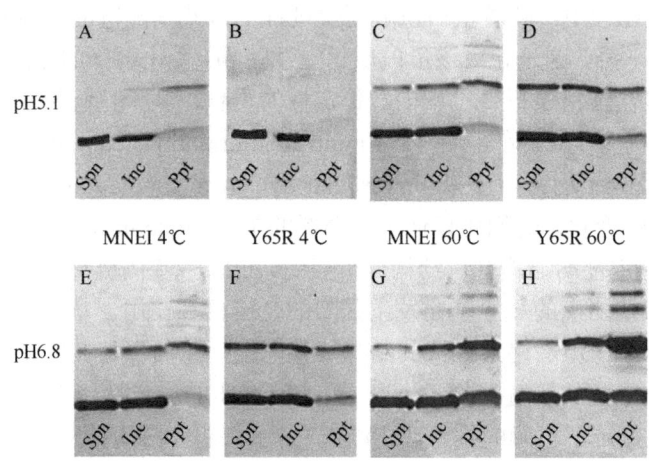

图 7.41　不同温度及 pH 条件下单链 monellin 蛋白（MNEI）的稳定性分析
（SDS-PAGE 电泳）[30]

Spn. 可溶性蛋白质；Inc. 孵育热处理的蛋白质；Ppt. 不可溶沉淀蛋白质

此外，甜味蛋白分子内的相互作用力对保持其可溶状态和防止其聚集具有重要作用。我们知道，天然的甜味蛋白 monellin 是由两个单链通过非共价键作用力结合在一起形成的。有报道称天然 monellin 内有 2 个聚集敏感区域，这 2 个区域通过多点非共价键相互作用来保持它们在正确折叠的蛋白质结构内部有正确的构象。利用生物化学、生物物理及计算生物学方法，对天然 monellin 的 5 个突变体进行研究，发现减弱这 2 个区域之间的非共价键相互作用力可增大蛋白质的聚集倾向。此外，蛋白质聚集倾向的增大与其热稳定性下降呈现明显的正相关。这些结果指出，特定的分子内作用力是维持甜味蛋白天然状态及防止其聚集的关键因素[94]。

本课题组利用 X 射线衍射分析方法，成功解析了上述甜味度和稳定性均明显提高的 monellin 双突变体 E2N/E23A 的三级结构,并已提交至生物大分子结构数据库(PDB:5Z1P)。结构比较分析表明,E23 位于分子内部一个疏水区域,将其突变为 A 后导致该疏水区域内部氢键网络的重构:在野生型蛋白质结构中,E23 的侧链表现出明显的弹性并具有 2 种构象,其中一种构象可与 Q28 残基侧链形成一个氢键(图 7.42A)。E23 突变为 A 后其侧链仅有 1 种构象,导致 A23 主链上 O 和 N 原子可分别与 G27 和 V20 主链上 N 与 O 形成新的氢键,尤其是 A23 突变可与 F89 残基形成作用力更强的 C—H···π 键,从而增强其稳定性(图 7.42B)。

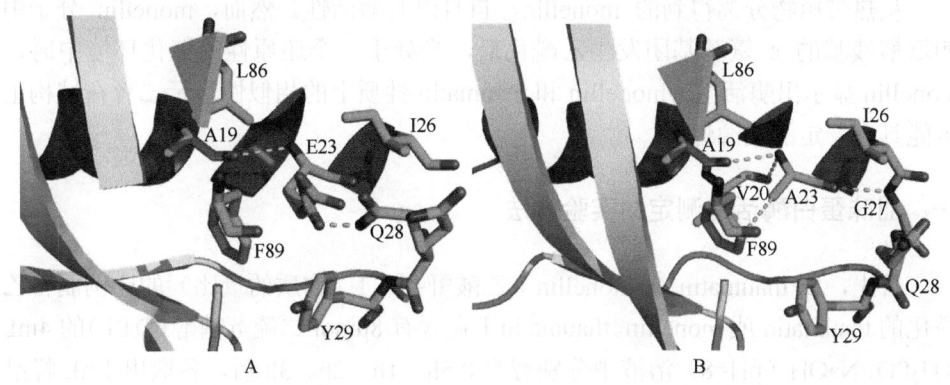

图 7.42　野生型(A,PDB:2O9U)与甜味蛋白 monellin 双突变体 E2N/E23A(B,PDB:5Z1P)的 23 突变位点区域的结构比较(彩图请扫封底二维码)
氢键以黄色点状线表示

根据以上分析并进一步比较野生型蛋白质及突变体的结构,发现上述分子内作用力变化介导的结构优化,是 E2N/E23A 突变体热稳定性增强的根本原因。主要有:①分子内氢键网络重构使蛋白质的结构更加紧密,从而增强了其稳定性;②去除蛋白质分子内部带电荷或极性氨基酸,使分子内部残基之间的疏水作用力增强;③通过改变部分残基的构象(如 E23A),可导致其与其他残基形成新的作用力,从而提高蛋白质结构的"刚性"(rigidity)。

理解以上这些影响甜味蛋白稳定性的机制,对进行甜味蛋白分子改造具有重要的理论指导意义。

第十节　甜味蛋白的酶学性质

在对奇异果甜蛋白(thaumatin)分子结构中的二硫键进行部分还原后,发现其存在明显的快速自裂解(rapid autodigestion)现象。在提供适合的蛋白质与多肽类底物时,发现部分还原后的 thaumatin 具有蛋白酶、酰胺酶及酯酶活性。硫醇封闭试剂如氯化汞等能够抑制 thaumatin 的上述酶活性。在 thaumatin 的 5 个异构体 thaumatin b、thaumatin c、thaumatin Ⅰ、thaumatin Ⅱ 与 thaumatinⅢ（其等电点逐渐增加）中，thaumatin Ⅰ 表现出酶活性最低。thaumatin Ⅰ、thaumatin Ⅱ、thaumatinⅢ 的酶活性逐渐升高。利用乙酸酐对 thaumatin 分子中赖氨酸残基的 ε 氨基基团进行乙酰化修饰，降低其碱性，导致其酶活性明显提高，且酶活性升高的程度与分子内发生乙酰化残基的数目呈正相关。比较 thaumatin Ⅰ 和植物来源的半胱氨酸蛋白酶的氨基酸序列，发现二者之间没有序列同源性。此外，thaumatin Ⅰ 序列缺失组氨酸残基，而组氨酸是催化活性中心的组成残基之一[95]。

从热带植物分离得到的 monellin，自身没有酶活性。然而，monellin 分子中赖氨酸残基的 ε 氨基基团发生乙酰化后，当处于一个还原性的催化环境中时，monellin 显示出酶活性。monellin 和 thaumatin 性质上的相似性显示二者在结构上可能具有一定的同源性。

一、甜味蛋白酶活性测定的实验方法

首先，以 thaumatin 或 monellin：乙酸酐=2：1（物质的量比）的比例制备乙酰化的 thaumatin 或 monellin。thaumatin Ⅰ 在含有 8μmol 二硫苏糖醇（DTT）的 4mL KH_2PO_4/NaOH（pH=8）溶液中分别孵育 0.5h、1h、2h、3h 后，各取出 1mL 样品在 Sephadex G-25 柱子上进行分子筛过滤纯化。随后，对得到的每个蛋白质片段的 N 端序列进行鉴定。对经过 2h 裂解的多肽片段进行超滤，并对得到的片段进行测序分析。thaumatin 自身裂解活性的 pH 依赖性按照 Kunitz 报道的方法进行测定[96]。

thaumatin 和 monellin 的蛋白酶活性按照木瓜蛋白酶活性的测定方法检测，每 10min 取蛋白酶解片段进行分析。酰胺酶的活性利用分光光度计以 Bz-Arg-Nan 为底物，按照 Erlanger 等报道的方法测定。通过加入不同浓度的 DTT 溶液，检测其对 thaumatin 酶活性的激活作用。不同 pH 对上述酶活性的影响通过添加以下缓冲液测定：pH3.7～6.0，乙酸/氢氧化钠缓冲液；pH6.6～9.0，Tris/HCl 缓冲液；缓冲液的离子强度均为 I=0.064mol/L。对 thaumatinⅢ 的酰胺酶活性测定以 0.1～1.92mmol/L 的 Bz-Arg-Nan 为底物，加入浓度为 0.498μmol/L 的 thaumatinⅢ，在 pH 为 7.4 的条件下反应。monellin 的酰胺酶活性采用上述相同的测定方法，其中 monellin 的浓度为 21.6μmol/L。反应进行 20min 后，加入超过激活剂 DTT 中硫醇基团含量 10%的氯化汞或者碘乙酸溶液，以抑制甜味蛋白的酰胺酶活性。

酯酶活性的测定以 Cbz-Gly-ONp 为底物，在 400nm 的波长下测定其吸光度的变化。标准的反应体系如下：3mL 的 DTT（0.187mmol/L），20mmol/L 的 KH_2PO_4/NaOH 缓冲液，pH6.8，0.1～5μmol/L 的 thaumatin，0.2mL 溶解在乙腈溶液中的 Cbz-Gly-ONp（浓度为 2mmol/L）。乙酰化的 thaumatin 利用 SP-Sephadex

C-25 阴离子交换柱，以 pH7.65、20mmol/L 的 Tris/HCl 缓冲液与 0～0.25mmol/L 的氯化钠浓度梯度进行洗脱，随后对得到的经过乙酰化修饰的目的蛋白进行酶活测定[96]。

二、甜味蛋白 thaumatin 和 monellin 的酶活性

thaumatin 的自裂解结果显示，经过 3h 的自裂解过程，thaumatin 几乎全部分解为小的多肽片段。thaumatin I 的 Sephadex G-25 柱分子筛实验显示，起初出现的峰是没有裂解的 thaumatin，随后小的峰是被降解的 N 端包含氨基酸 V、L、I、P、K 和 F 等的 thaumatin 片段（图 7.43）。肽图（peptide mapping）分析显示，至少存在 20 个分离的肽图谱，证明了 thaumatin 发生了自裂解（图 7.44）。thaumatin I 的自裂解酶活性的最适 pH 为 8.0，而 thaumatin II 的自裂解酶活性的最适 pH 为 8.2。

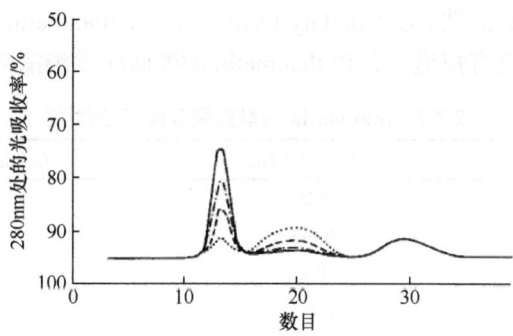

图 7.43　甜味蛋白 thaumatin I 的自裂解片段[96]

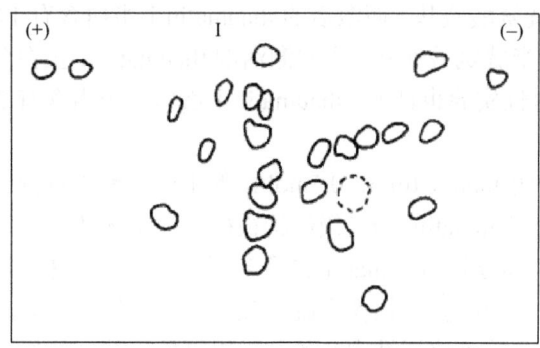

图 7.44　甜味蛋白 thaumatin I 自裂解片段的多肽影像分析[96]

乙酰化的 thaumatin I 和 thaumatin II 及 monellin 通过离子交换色谱柱纯化。

thaumatin 在 DTT 作为激活剂的条件下，对酪蛋白起明显的蛋白酶活性。thaumatin Ⅰ、thaumatin Ⅱ 和 thaumatinⅢ的酪蛋白酶解活性的最适 pH 为 9.0。thaumatinⅢ显示具有最大的酶活性，且在激活剂加入 10min 内酶活性保持最大。达到 thaumatinⅢ的最大酶活性时 thaumatin Ⅰ 与 thaumatin Ⅱ 所需的浓度分别为 thaumatinⅢ的 9.8 倍和 2 倍。

以 Bz-Arg-Nan 和 Cbz-Gly-ONp 为底物，thaumatin 显示出明显的酰胺酶和酯酶活性。随着离子强度的提高，thaumatin Ⅰ、thaumatin Ⅱ 和 thaumatinⅢ的酰胺酶活性逐渐提高。在 pH 为 3 的 Tris/HCl 缓冲液中，离子强度 I 为 0.128mol/L 时，thaumatin Ⅱ 和 thaumatinⅢ的酰胺酶活性达到最大，而在离子强度 I 为 0.064mol/L 时，thaumatin Ⅰ 的酰胺酶活性达到最大而保持平衡。另外，底物的浓度为 1mol/L 时，每升反应体系中，能够激活 thaumatin Ⅰ、thaumatin Ⅱ 和 thaumatinⅢ酰胺酶活性的 DTT 的量分别为 111mol、320mol 和 360mol。添加适量的氯化汞和碘乙酸后，能够抑制 thaumatin 对 Bz-Arg-Nan 的水解活性。然而，在各种 pH 条件下，monellin 没有检测到有酰胺酶活性。以 Cbz-Gly-ONp 为底物，thaumatin 具有明显的酯酶活性，但具体的细节没有报道。各种 thaumatin 的酰胺酶及酯酶活性见表 7.7 所示。

表 7.7 thaumatin 的酰胺酶及酯酶活性[96]

thaumatin	酰胺酶活性（A_{410}）	酯酶活性（A_{400}）
b	0.25	无
c	0.145	无
Ⅰ	0.1	0.147
Ⅱ	0.418	0.244
Ⅲ	0.901	1.209

对激活的 thaumatin Ⅰ 蛋白分子内的二硫键 S—S 进行分析，天然的 thaumatin Ⅰ 蛋白含有 16 个半胱氨酸残基，而激活的 thaumatin Ⅰ 蛋白含有 14 个半胱氨酸残基及 2 个羧甲基化的半胱氨酸残基，说明激活的 thaumatin Ⅰ 蛋白分子内的 1 个二硫键被破坏。C^{14} 放射性实验也证明，thaumatin Ⅰ 蛋白分子内含有 2 个羧甲基化的半胱氨酸残基[96]。

最初有报道表明 thaumatin 和 0.5mol/L 的半胱氨酸进行混合孵育后，其甜味完全消失，原因是 thaumatin 的三级结构被破坏。上述研究表明，还原性试剂如 DTT 或半胱氨酸能够导致 thaumatin 自裂解而使其丧失甜味。这种依赖于还原性试剂的性质使得这些甜味蛋白很像半胱氨酸蛋白酶。然而，thaumatin 和 monellin 均缺少半胱氨酸蛋白酶催化活性中心的关键组氨酸残基。此外，thaumatin 和植物来源的半胱氨酸蛋白酶如木瓜蛋白酶之间没有序列同源性。同时，没有发现木瓜蛋白酶有自裂解现象。与 thaumatin 不同，木瓜蛋白酶在与 0.05mol/L 半胱氨酸孵育 4h 后，其仍可保持处于激活的状态及最大酶活性。

上述研究充分说明甜味蛋白 thaumatin 具有 2 种生物活性：甜味和酶活性。但是，这 2 种活性之间有什么关系呢？在具有相同分子质量、甜味度及氨基酸组成的各种 thaumatin 之间，最大的不同可能为其分子结构内部羧基上的氨基团存在差别。thaumatin Ⅰ 蛋白具有最低的酶活性，随着 thaumatin 分子整体碱性的降低，其酶活性逐渐升高。因此，分子结构内部羧基上的氨基团的差别对甜味度的影响是不明显，但对 thaumatin 酶活性有影响是十分确定的。这样看来，thaumatin 的甜味和酶活性之间可能并不存在某种关联。前期的研究结果也表明，对 thaumatin 进行乙酰化修饰，减少其分子整体的碱性，可降低其甜味度，并且甜味度降低程度与乙酰化氨基酸数目相关。但是，在乙酰化的 thaumatin Ⅰ 和 thaumatin Ⅱ 蛋白中，赖氨酸 K 残基中乙酰化的 ε 氨基基团数目增加可明显增强其酶活性[97]。monellin 虽然和 thaumatin 没有序列上的相似性，却能够和 thaumatin 发生免疫交联反应。类似的，具有相同催化活性中心的蛋白酶之间也能发生类似的免疫交联反应，如木瓜蛋白酶和木瓜凝乳蛋白酶，牛胰蛋白酶和α糜蛋白酶，菠萝茎杆和果实的蛋白酶。这些蛋白质之间发生免疫交联反应暗示它们之间存在着相似的结构区域，我们可以暂时假定这些区域即决定甜味蛋白甜味的活性中心。然而，monellin 即使处于还原性环境中也没有酶活性，似乎酶活性和甜味之间不存在某种直接联系。这一点 monellin 和 thaumatin 是有区别的，即对于 thaumatin 来说，还原性的环境可使其具有酶活性，而对于 monellin，必须对其赖氨酸 K 残基的 ε 氨基基团进行乙酰化，这样才能使其具有酶活性。而这 2 种蛋白质经修饰后均具有酶活性又说明它们具有某种结构上的相似性。目前，对这种结构和功能之间存在联系的机制尚不清楚。在将来的研究中，揭示甜味蛋白之间发生免疫交联反应的分子机制，以及其甜味和酶活性决定机制是十分有意义的。

参 考 文 献

[1] Theerasilp S, Kurihara Y. Complete purification and characterization of the taste-modifying protein, miraculin, from miracle fruit. J Bio Chem, 1988, (263): 11536-11539.

[2] Morris J A, Cagan R H. Purification of monellin, the sweet principle of *Dioscoreophyllum cumminsii*. Biochim Biophys Acta, 1972, (261): 114-122.

[3] van der Wel H, Loeve K. Isolation and characterization of thaumatin Ⅰ and Ⅱ, the sweet-tasting proteins from *Thaumatococcus daniellii* Benth. Eur J Biochem, 1972, (31): 221-225.

[4] Liu X, Maeda S, Hu Z, et al. Purification, complete amino acid sequence and structural characterization of the heat-stable sweet protein, mabinlin Ⅱ. Eur J Biochem, 1993, (211): 281-287.

[5] van der Wel H, Larson G, Hladik A, et al. Isolation and characterization of pentadin, the sweet principle of *Pentadiplandra brazzeana* Baillon. Chem Senses, 1989, (14): 75-79.

[6] Yamashita H, Theerasilp S, Aiuchi T, et al. Purification and complete amino acid sequence of a new type of sweet protein taste-modifying activity, curculin. J Bio Chem, 1990, (265): 15770-15775.
[7] Ming D, Hellekant G. Brazzein, a new high-potency thermostable sweet protein from *Pentadiplandra brazzeana* Baillon. FEBS Lett, 1994, (355): 106-108.
[8] Shirasuka Y, Nakajima K, Asakura T, et al. Neoculin as a new taste-modifying protein occurring in the fruit of *Curculigo latifolia*. Biosci Biotechnol Biochem, 2004, (68): 1403-1407.
[9] Gnanavel M, Serva Peddha M. Identification of novel sweet protein for nutritional applications. Bioinformation, 2011, (7): 112-114.
[10] Faus I. Recent developments in the characterization and biotechnological production of sweet-tasting proteins. Appl Microbiol Biotechnol, 2000, (53): 145-151.
[11] Xue W F, Szczepankiewicz O, Thulin E, et al. Role of protein surface charge in monellin sweetness. Biochim Biophys Acta, 2009, (1794): 410-420.
[12] Monaco R D, Miele N A, Picone D, et al. Taste detection and recognition thresholds of the modified monellin sweetener: MNEI. J Sens Stud, 2013, (28): 25-33.
[13] Xu H, Staszewski L, Tang H, et al. Different functional roles of T1R subunits in the heteromeric taste receptors. Proc Natl Acad Sci USA, 2004, (101): 14258-14263.
[14] Nelson G, Hoon M A, Chandrashekar J, et al. Mammalian sweet taste receptors. Cell, 2001, (106): 381-390.
[15] Liu Q, Li L, Yang L, et al. Modification of the sweetness and stability of sweet-tasting protein monellin by gene mutation and protein engineering. Biomed Res Int, 2016, (2016): 3647173.
[16] Tancredi T, Iijima H, Saviano G, et al. Structural determination of the active site of a sweet protein. A1H NMR investigation of pMNEI. FEBS Lett, 1992, (310): 27-30.
[17] Sung Y H, Shin J, Chang H J, et al. Solution structure, backbone dynamics, and stability of a double mutant single-chain monellin structural origin of sweetness. J Biol Chem, 2001, (276): 19624-19630.
[18] Kim S H, Kang C H, Kim R, et al. Redesigning a sweet protein: increased stability and renaturability. Protein Eng, 1989, (2): 571-575.
[19] Zheng W, Yang L, Cai C, et al. Expression, purification and characterization of a novel double-sites mutant of the single-chain sweet-tasting protein monellin (MNEI) with both improved sweetness and stability. Protein Expr Purif, 2017, (143): 52-56.
[20] Ogata C, Hatada M, Tomlinson G, et al. Crystal structure of the intensely sweet protein monellin. Nature, 1987, (328): 739-742.
[21] Somoza J R, Jiang F, Tong L, et al. Two crystal structures of a potently sweet protein. Natural monellin at 2.75 Å resolution and single-chain monellin at 1.7 Å resolution. J Mol Biol, 1993, (234): 390.
[22] Esposito V, Gallucci R, Picone D, et al. The importance of electrostatic potential in the interaction of sweet proteins with the sweet taste receptor. J Mol Biol, 2006, (360): 448-456.
[23] Morini G, Bassoli A, Temussi P A. From small sweeteners to sweet proteins: anatomy of the binding sites of the human T1R2-T1R3 receptor. J Med Chem, 2005, (48): 5520-5529.
[24] Temussi P A. Why are sweet proteins sweet? Interaction of brazzein, monellin and thaumatin with the T1R2-T1R3 receptor. FEBS Lett, 2002, (526): 1-4.
[25] Temussi P A. Determinants of sweetness in proteins: a topological approach. J Mol Recognit, 2011, (24): 1033-1042.
[26] Temussi P A. Natural sweet macromolecules: how sweet proteins work. Cell Mol Life Sci, 2006, (63): 1876-1888.

[27] Kim S K, Chen Y, Abrol R, et al. Activation mechanism of the G protein-coupled sweet receptor heterodimer with sweeteners and allosteric agonists. Proc Natl Acad Sci USA, 2017, (114): 2568-2573.
[28] Temussi P A, Lelj F, Tancredi T. Three-dimensional mapping of the taste receptor site. J Med Chem, 1978, (21): 1154-1158.
[29] Tancredi T, Pastore A, Salvadori S, et al. Interaction of sweet proteins with their receptor. A conformational study of peptides corresponding to loops of brazzein, monellin and thaumatin. Eur J Biochem, 2004, (271): 2231-2240.
[30] Rega M F, Di Monaco R, Leone S, et al. Design of sweet protein based sweeteners: hints from structure-function relationships. Food Chem, 2015, (173): 1179-1186.
[31] Somoza J R, Cho J M, Kim S H. The taste-active regions of monellin, a potently sweet protein. Chem Senses, 1995, (20): 61-68.
[32] Leone S, Picone D. Molecular dynamics driven design of pH-stabilized mutants of MNEI, a sweet protein. PLoS One, 2016, (11): e0158372.
[33] Lee S B, Kim Y, Lee J, et al. Stable expression of the sweet protein monellin variant MNEI in tobacco chloroplasts. Plant Biotechnol Rep, 2012, (6): 285-295.
[34] Aghera N, Dasgupta I, Udgaonkar J B. A buried lonizable residue destabilizes the native state and the transition state in the folding of monellin. Biochemistry, 2012, (51): 9058-9066.
[35] Leone S, Pica A, Merlino A, et al. Sweeter and stronger: enhancing sweetness and stability of the single chain monellin MNEI through molecular design. Sci Rep, 2016, (6): 34045.
[36] Xue W F, Szczepankiewicz O, Bauer M C, et al. Intra-versus intermolecular interactions in monellin: contribution of surface charges to protein assembly. J Mol Biol, 2006, (358): 1244.
[37] Templeton C M, Ostovar Pour S, Hobbs J R, et al. Reduced sweetness of a monellin (MNEI) mutant results from increased protein flexibility and disruption of a distant poly-(L-proline) II Helix. Chem Senses, 2011, (36): 425-434.
[38] 胡国华. 功能性高倍甜味剂. 北京: 化学工业出版社, 2008.
[39] 郑建仙. 高效甜味剂. 北京: 中国轻工业出版社, 2009.
[40] 崔洪志, 李敏, 徐琼芳, 等. 植物monellin甜蛋白基因的细菌化改造合成及其在大肠杆菌中的表达. 中国农业科学, 1999, (32): 58-62.
[41] Chen Z, Cai H, Lu F, et al. High-level expression of a synthetic gene encoding a sweet protein, monellin, in *Escherichia coli*. Biotech Lett, 2005, (27): 1745-1749.
[42] Leone S, Sannino F, Tutino M L, et al. Acetate: friend or foe? Efficient production of a sweet protein in *Escherichia coli* BL21 using acetate as a carbon source. Microb Cell Fact, 2015, (14): 106.
[43] Chen Z, Heng C, Li Z, et al. Expression and secretion of a single-chain sweet protein monellin in *Bacillus subtilis* by sacB promoter and signal peptide. Appl Microbiol Biotechnol, 2007, (73): 1377-1381.
[44] Kondo K, Miura Y, Sone H, et al. High-level expression of a sweet protein, monellin, in the food yeast Candida utilis. Nat Biotechnol, 1997, (15): 453-457.
[45] 金筱耘, 赵爱春, 李军, 等. Monellin-EGFP融合蛋白在毕赤酵母中的表达. 食品科学, 2012, (13): 171-175.
[46] Chen Z, Li Z, Yu N, et al. Expression and secretion of a single-chain sweet protein, monellin, in *Saccharomyces cerevisiae* by an α-factor signal peptide. Biotechnol Lett, 2011, (33): 721-725.
[47] Cai C, Li L, Lu N, et al. Expression of a high sweetness and heat-resistant mutant of sweet-tasting protein, monellin, in *Pichia pastoris* with a constitutive GAPDH promoter and

modified *N*-terminus. Biotechnol Lett, 2016, (38): 1941-1946.
[48] 金筱耘. 甜味蛋白 Monellin 基因的合成、功能分析及对桑树的遗传转化研究. 重庆: 西南大学博士学位论文, 2012.
[49] Nagata K, Hongo N, Kameda Y, et al. The structure of brazzein, a sweet-tasting protein from the wild African plant *Pentadiplandra brazzeana*. Acta Crystallogr D Biol Crystallogr, 2013, (69): 642-647.
[50] 张连忠, 孙涛, 高帅. 甜味蛋白 brazzein 的研究进展. 唐山师范学院学报, 2007, (29): 29-32.
[51] Dittli S M, Rao H, Tonelli M, et al. Structural role of the terminal disulfide bond in the sweetness of brazzein. Chem Senses, 2011, (36): 821-830.
[52] Ding M, Hellekant G, Hu Z. Characterization and chemical modification of brazzein, a high potency thermostable sweet protein from *Pentadiplandra brazzeana*. Acta Botanica Yunnanica, 1995, (18): 123-133.
[53] Walters D E, Hellekant G. Interactions of the sweet protein brazzein with the sweet taste receptor. J Agric Food Chem, 2006, (54): 10129-10133.
[54] Assadi-Porter F M, Aceti D J, Markley J L. Sweetness determinant sites of brazzein, a small, heat-stable, sweet-tasting protein. Arch Biochem Biophys, 2000, (376): 259-265.
[55] Singarapu K K, Tonelli M, Markley J L, et al. Structure-function relationships of brazzein variants with altered interactions with the human sweet taste receptor. Protein Sci, 2016, (25): 711-719.
[56] Jafari S S, Jafarian V, Khalifeh K, et al. The effect of charge alteration and flexibility on the function and structural stability of sweet-tasting brazzein. RSC Advances, 2016, (6): 59834-59841.
[57] Ghanavatian P, Khalifeh K, Jafarian V. Structural features and activity of brazzein and its mutants upon substitution of a surfaced exposed alanine. Biochimie, 2016, (131): 20-28.
[58] Lee J W, Cha J E, Jo H J, et al. Multiple mutations of the critical amino acid residues for the sweetness of the sweet-tasting protein, brazzein. Food Chem, 2013, (138): 1370-1373.
[59] Lim J K, Jang J C, Kong J N, et al. Importance of Glu53 in the C-terminal region of brazzein, a sweet-tasting protein. J Sci Food Agric, 2016, (96): 3202-3206.
[60] Assadi-Porter F M, Abildgaard F, Blad H, et al. Correlation of the sweetness of variants of the protein brazzein with patterns of hydrogen bonds detected by NMR spectroscopy. J Biol Chem, 2003, (278): 31331-31339.
[61] Assadi-Porter F M, Maillet E L, Radek J T, et al. Key amino acid residues involved in multi-point binding interactions between brazzein, a sweet protein, and the T1R2-T1R3 human sweet receptor. J Mol Biol, 2010, (398): 584-599.
[62] Jin Z, Danilova V, Assadi-Porter F M, et al. Monkey electrophysiological and human psychophysical responses to mutants of the sweet protein brazzein: delineating brazzein sweetness. Chem Senses, 2003, (28): 491-498.
[63] Walters D E, Cragin T, Jin Z, et al. Design and evaluation of new analogs of the sweet protein brazzein. Chem Senses, 2009, (34): 679-683.
[64] Assadi-Porter F M, Aceti D J, Cheng H, et al. Efficient production of recombinant brazzein, a small, heat-stable, sweet-tasting protein of plant origin. Arch Biochem Biophys, 2000, (376): 252-258.
[65] Lee J J, Kong J N, Do H D, et al. Design and efficient soluble expression of a sweet protein, brazzein and minor-form mutant. Bull Korean Chem Soc, 2010, (31): 3830-3833.
[66] Poirier N, Roudnitzky N, Brockhoff A, et al. Efficient production and characterization of the

sweet-tasting brazzein secreted by the yeast Pichia pastoris. J Agric Food Chem, 2012, (60): 9807-9814.

[67] 王长远, 许凤, 沈冰蕾, 等. 乳酸乳球菌表面表达 brazzein 甜味蛋白系统的建立. 天然产物研究与开发, 2014, (26): 1170-1173.

[68] 史勇, 张明军, 张英, 等. 甜味蛋白 brazzein 基因酵母表达系统的建立. 吉林农业大学学报, 2010, (32): 43-46.

[69] Iyengar R B, Smith P, van der Ouderaa F, et al. The complete amino-acid sequence of the sweet protein thaumatin Ⅰ. Eur J Biochem, 1979, (96): 193-204.

[70] Shamil S, Beynon R J. A structure-activity study of thaumatin using pyridoxal 5′-phosphate (PLP) as a probe. Chem Senses, 1990, (15): 457-469.

[71] Slootstra J W, De Geus P, Haas H, et al. Possible active site of the sweet-tasting protein thaumatin. Chem Senses, 1995, (20): 535-543.

[72] Masuda T, Ohta K, Ojiro N, et al. A hypersweet protein: removal of the specific negative charge at Asp21 enhances thaumatin sweetness. Sci Rep, 2016, (6): 20255.

[73] Ohta K, Masuda T, Ide N, et al. Critical molecular regions for elicitation of the sweetness of the sweet-tasting protein, thaumatin Ⅰ. FEBS J, 2008, (275): 3644-3652.

[74] Overbeeke N. Synthesis and processing of thaumatin in yeast. Biotechnology, 1989, (13): 305-318.

[75] 杨阳, 李淑燕, 倪元颖. 甜味蛋白 thaumatin 研究进展及在食品工业中的应用. 中国食品添加剂, 2012, (5): 171-176.

[76] Masuda T, Kitabatake N. Developments in biotechnological production of sweet proteins. J Biosci Bioeng, 2006, (102): 375-389.

[77] Healey R D, Lebhar H, Hornung S, et al. An improved process for the production of highly purified recombinant thaumatin tagged-variants. Food Chem, 2017, (237): 825-832.

[78] Ladyzhenskaia E P, Korableva N P. The effect of thaumatin gene overexpression on the properties of H(+)-ATPase from the plasmalemma of potato tuber cells. Prikl Biokhim Mikrobiol, 2006, (42): 462-467.

[79] 胡忠, 何敏. 马槟榔甜味蛋白的研究-Ⅰ. 提取、纯化和某些特性. 云南植物研究, 1983, (2): 207-212.

[80] 胡忠, 彭丽萍, 何敏. 马槟榔甜味蛋白的研究Ⅱ. 甜蛋白Ⅱ和甜蛋白Ⅰ的比较. 云南植物研究, 1985(1): 1-10.

[81] Li D F, Jiang P, Zhu D Y, et al. Crystal structure of mabinlin Ⅱ: a novel structural type of sweet proteins and the main structural basis for its sweetness. J Struct Biol, 2008, (162): 50-62.

[82] Gu W, Xia Q, Yao J, et al. Recombinant expressions of sweet plant protein mabinlin Ⅱ in *Escherichia coli* and food-grade *Lactococcus lactis*. World J Microbiol Biotechnol, 2015, (31): 557-567.

[83] Yamashita H, Akabane T, Kurihara Y. Activity and stability of a new sweet protein with taste-modifying action, curculin. Chem Senses, 1995, (20): 239-243.

[84] Kurimoto E, Suzuki M, Amemiya E, et al. Curculin exhibits sweet-tasting and taste-modifying activities through its distinct molecular surfaces. J Biol Chem, 2007, (282): 33252-33256.

[85] Barre A, Van Damme E J, Peumans W J, et al. Curculin, a sweet-tasting and taste-modifying protein, is a non-functional mannose-binding lectin. Plant Mol Biol, 1997, (33): 691-698.

[86] Sanematsu K, Kitagawa M, Yoshida R, et al. Intracellular acidification is required for full activation of the sweet taste receptor by miraculin. Sci Rep, 2016, (6): 22807.

[87] 王新卫, 章镇, 朱月林, 等. 神秘果素基因合成及其液泡积累表达载体 DC-miraculin 的构建. 南京农业大学学报, 2010, (33): 38-42.

[88] Koizumi A, Tsuchiya A, Nakajima K, et al. Human sweet taste receptor mediates acid-induced sweetness of miraculin. Proc Natl Acad Sci USA, 2011, (108): 16819-16824.

[89] Ide N, Sato E, Ohta K, et al. Interactions of the sweet-tasting proteins thaumatin and lysozyme with the human sweet-taste receptor. J Agric Food Chem, 2009, (57): 5884-5890.

[90] Masuda T, Ide N, Kitabatake N. Structure-sweetness relationship in egg white lysozyme: role of lysine and arginine residues on the elicitation of lysozyme sweetness. Chem Senses, 2005, (30): 667-681.

[91] Yoshimura K, Toibana A, Nakahama K. Human lysozyme: sequencing of a cDNA, and expression and secretion by *Saccharomyces cerevisiae*. Biochem Biophys Res Commun, 1988, (150): 794-801.

[92] Masuda T, Ueno Y, Kitabatake N. High yield secretion of the sweet-tasting protein lysozyme from the yeast *Pichia pastoris*. Protein Expr Purif, 2005, (39): 35-42.

[93] Picone D, Temussi P A. Dissimilar sweet proteins from plants: oddities or normal components? Plant Sci, 2012, (195): 135-142.

[94] Szczepankiewicz O, Cabaleiro-Lago C, Tartaglia G G, et al. Interactions in the native state of monellin, which play a protective role against aggregation. Mol Biosyst, 2011, (7): 521-532.

[95] Wel H V D, Bel W J. Effect of acetylation and methylation on the sweetness intensity of thaumatin Ⅰ. Chem Senses, 1976, (2): 211-218.

[96] Van D W H, Bel W J. Enzymatic properties of the sweet-tasting proteins thaumatin and monellin after partial reduction. FEBS J, 1980, (104): 413-418.

[97] Kaneko R, Kitabatake N. Structure-sweetness relationship in thaumatin: importance of lysine residues. Chem Senses, 2001, (26): 167-177.

第八章 甜味抑制剂与增强剂

甜味抑制剂是指能降低与抑制甜味的物质，已在世界上包括中国、美国等在内的多个国家批准使用。它可广泛应用于糖果、月饼馅料、果酱、巧克力、冰淇淋等多种食品中，可起到改良口感、提高品质、降低甜味度、优化成本等作用。

甜味抑制剂多以植物的果实、种子和叶片为原料，通过化学提纯技术，提取其中具有甜味抑制效果的天然成分，并进一步经过复配而形成甜味抑制剂产品。例如，目前较常用的 lactisole [2-(4-甲氧基苯氧基)-丙酸]（钠盐）为白色或灰白色粉末，易溶于水，无不良气味，且稳定性较好，在通风干燥的室温条件下可长期保存。

在长期的生产和生活实践中人们认识到，如果食品物质中蔗糖的含量增加，虽然其营养物质含量提高，但由于甜味过强，往往会产生令人不愉快的味道。在某些时候，控制甜味更有助于食品风味的提高。因此，人们希望找到能降低甜味而又不影响糖使用量的方法。目前，已发现了数种甜味抑制剂，可分为天然甜味抑制剂与人工合成甜味抑制剂。

第一节 天然甜味抑制剂

一、匙羹藤来源的甜味抑制剂

匙羹藤（Gymnema sylvestre）属于萝摩科匙羹藤属植物，主要分布于印度、越南、印度尼西亚等地区，其叶子具有抑制甜味的特性。很早以前，印度人已学会利用这种植物叶片煎熬出食用汤来治疗糖尿病。此外，它对眼疾、脚趾病、龋齿等具有特殊疗效。

随后，人们开始分离匙羹藤中具有甜味抑制效果的特殊物质成分。经过长期不断的努力及对化学提纯工艺的优化，最终分离出具有甜味抑制作用的化合物——皂苷类化合物。1967年，Stocklin 等将匙羹藤的酸性水解物分离，确定其结构为由匙羹藤苷元（gymnemagenin）及其各种酰化物与葡萄糖醛酸形成的糖苷。1992年，科学家首次利用 X 射线衍射分析解析了匙羹藤苷元的分子结构。此后，日本科学家分离得到了 6 种对葡萄糖吸收具有抑制作用的三萜皂苷（gymnemic acid，GA），分别为 a、b、c、d、e、f 型。从我国广西地区的匙羹藤中也分离到多个 GA 成分，但结构分析表明，这些 GA 的分子结构与从印度产匙羹藤中分离的 GA 不同，主要是齐墩果烷型皂苷和达玛烷型三萜的差别[1, 2]。

研究发现，匙羹藤的提取物对甜菊苷、蔗糖、葡萄糖、天冬甘素等8种甜味化合物具有非竞争性的抑制作用，其抑制率为77%。进一步研究发现，其抑制成分——GA的甜味抑制作用与其分子结构内酰基的数目有关。

匙羹藤的提取物具有重要的应用价值。例如，匙羹藤的提取物可与壳聚糖制备减肥药物，还可作为口香糖、口腔清新剂等，对人体具有显著的保健作用。由于匙羹藤的提取物具有一定的苦涩味，因此可将其包埋在环糊精内，利于人体利用和吸收[1, 2]。

二、三萜皂苷的作用机制

目前对GA抑制甜味受体活性的分子机制尚不清楚。有人认为，GA可能结合于甜味受体表面，通过与受体发生物理或化学反应来抑制其激活。1973年，一种新的理论被提出，该理论认为GA能抑制在甜味觉信号转导过程中具有重要作用的腺苷三磷酸酶系统，从而起到抑制甜味觉感知反应的作用。还有理论指出，感知甜味需要去除甜味受体特定氨基酸上的一个质子，而GA可与甜味受体结合来阻止质子的移除，从而抑制甜味觉感知。上述这些假设都需要进一步进行生理学与神经生物学的验证和研究。

在比较不同物种对匙羹藤提取物敏感度的研究过程中，人们发现匙羹藤提取物能抑制人甜味受体对各种甜味分子的感知，但对小鼠的甜味觉感知没有抑制作用。GA即从匙羹藤提取物中提取分离出的具有甜味抑制效果的混合物，且其包含的成分在结构上具有相似性（图8.1）[3,4]。此外，GA对酸味觉、咸味觉与苦味觉感知均没有抑制活性。进一步研究人们发现，GA仅抑制人和猩猩的甜味觉感知，而对啮齿动物的甜味觉感知没有抑制效果。然而，当用γ-环糊精（γ-cyclodextrin，CD）润洗舌头后，GA的抑制效果消失。此外，GA还具有其他生理功能，如抑制肠道内葡萄糖的吸收，以及降低细胞质内葡萄糖及胰岛素的水平[4]。

首先，构建了人和小鼠的甜味受体T1R2/T1R3，并将其在HEK293细胞中进行表达，通过Fluo-4AM染料对细胞进行孵育预染，然后将不同浓度的各种甜味分子通过一个具1.5mL/min流速的蠕动泵对细胞刺激30s，利用一个预冷的激光共聚焦显微摄像系统对激发出的荧光进行检测。不同的甜味刺激物每隔5min加入，而GA可在上述甜味化合物刺激细胞后加入，检测其对甜味的抑制效果。如图8.2所示，GA可明显地抑制各种甜味分子如SC45647、糖精（saccharin）、阿斯巴甜（aspartame）、甜蜜素（cyclamate）、D-色氨酸（D-tryptophan）及蔗糖（sucrose）的甜味。

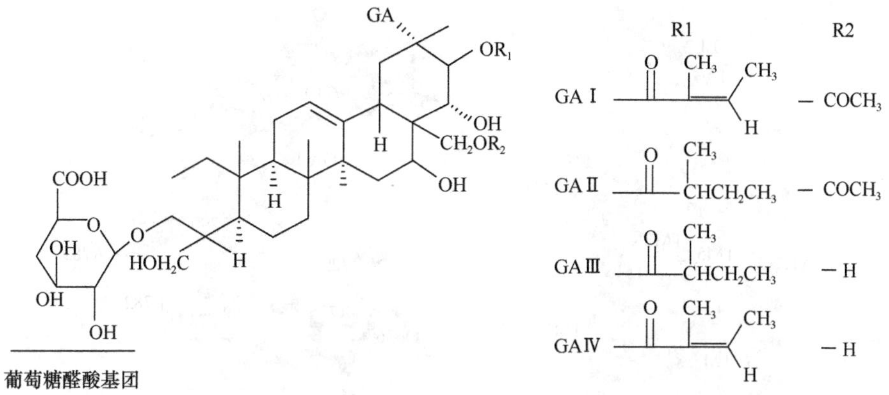

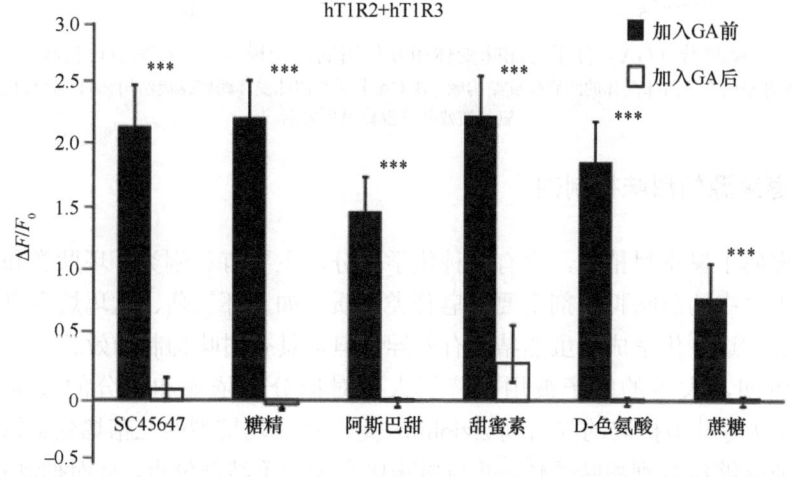

图 8.1 三萜皂苷（GA）分子结构示意图[4]

图 8.2 三萜皂苷（GA）对各种甜味分子甜味的抑制活性示意图[4]
***表示加入 GA 前相对于加入 GA 后的甜味活性的显著性

随后，通过模拟甜味受体 T1R2/T1R3 的分子结构，并将 GA Ⅰ、GA Ⅱ、GA Ⅲ、GA Ⅳ 分子利用 Autodock 程序对接到甜味受体的相应结合区域，最终得到了 GA 分子与受体相互作用的结构模型（图 8.3）。通过对甜味受体突变体与嵌合体的功能分析，证明了上述模型的合理性。首先，受体嵌合体实验证明 GA 分子结合于人甜味受体 T1R3 单体的跨膜螺旋结构域 5～7。其次，在该模拟中，与 GA Ⅰ 相互作用的甜味受体残基主要有 A733、L798、H641、F778。通过对这些关键的作用位点进行定点突变，证实了 GA 分子与受体相互作用并激活受体的分子机制[4]。

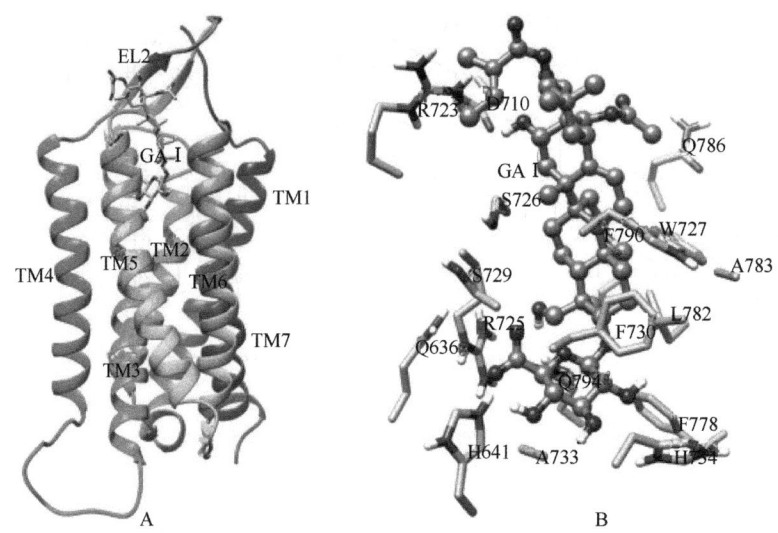

图 8.3 三萜皂苷（GA）分子与甜味受体相互作用的结构模型[4]（彩图请扫封底二维码）
A. GA 分子结合于甜味受体的跨膜螺旋结构域；B. GA 分子在甜味受体跨膜螺旋结构域的具体作用位点氨基酸残基以棍棒模型表示

三、大枣来源的甜味抑制剂

大枣属于鼠李科植物，含有多种化学成分，主要有黄酮类、环肽类和萜类。其中，大枣中的甜味抑制剂主要为皂苷类物质，如五环三萜、达玛烷型皂苷及其他苷类等。这些化学成分虽然结构有差异，但都具有甜味抑制功效。

在伊朗，大枣的叶子被用来降低人们对糖分的依赖和糖分的过量食用。Kurihara 从枣叶中提取的降甜剂 ziziphin，是一种达玛烷型的三萜烯葡萄糖苷。推测该物质能够结合到甜味受体，并与甜味化合物竞争结合位点，从而抑制其甜味。研究发现，分子内的酰基对 ziziphin 发挥甜味抑制作用十分重要，用碱水解脱去其乙酰基，其甜味抑制活性丧失。实验证明，ziziphin 能够抑制葡萄糖、糖精钠、阿斯巴甜、柚苷、果糖、甜菊苷、二氢查耳酮等各种甜味化合物的甜味[2]。

四、枳橘来源的甜味抑制剂

枳橘也属于鼠李科植物，从其叶片中提取的三萜类成分具有甜味抑制活性，其结构属于达玛烷型或变型的达玛烷型三萜皂苷。研究发现，枳橘的水提取物能抑制人类的甜味觉感知，但对酸味觉、咸味觉及苦味觉感知没有影响。它还能抑制苍蝇对蔗糖甜味的感知，抑制时间与人类类似。

测定这些三萜类成分对甜味的抑制作用时通常是将 0.5mmol/L 或 1mmol/L 浓

度的数毫升溶液放在口中，保持 2～3min 后，再依次摄入 0.1～1mol/L 的蔗糖溶液，通过品尝者感知甜味的有无来确定这些化合物对甜味的抑制效果[1,2]。

从以上论述可以看出，植物资源含有丰富的甜味抑制化合物。我国地域辽阔，资源丰富，且许多天然的植物资源或成分尚未被发现及鉴定，因此蕴含了丰富的甜味抑制物质。然而，对这些甜味抑制剂进一步开发利用的工作还有待加强。尤其是，关于甜味抑制剂与甜味受体相互作用机制方面的研究，我国几乎还是空白，有待于科研工作者进一步探索。

第二节　人工合成甜味抑制剂

通过化学合成方法，得到了数个具有甜味抑制效果的人工合成甜味抑制剂。其中，目前市场上应用较多的是 2-(4-甲氧基苯氧基)-丙酸与 3-(4-甲氧基苯甲酰基)-丙酸。

一、lactisole

lactisole 的主要成分为 2-(4-甲氧基苯氧基)-丙酸，常以钠盐的形式存在，又称为降甜剂。降甜剂是一种味觉调节食品添加剂，被广泛应用在各种食品中，用于降低食品的甜度、改良食品的口感。其分子结构式如图 8.4 所示。

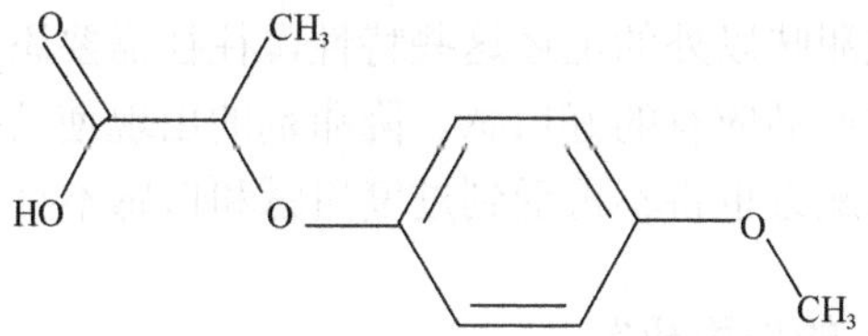

图 8.4　降甜剂 lactisole 的分子结构示意图

1985 年，美国多米诺公司开发出了降甜剂 lactisole，并将它作为无糖基食品添加剂推向市场，这种独特的添加剂与蔗糖、麦芽糊精等混合在一起，可改善和调节食品风味。降甜剂 lactisole 能使食品生产企业在制作食品配方时拥有更大的灵活性，并且不用担心食品过甜的问题。它通过抑制舌尖甜味受体的活性来降低含糖食品的甜味。同时，其本身无色无味，在降低食品甜味的同时，不会影响食品的口感、风味及蔗糖的其他功能。随后，降甜剂获得了美国 FDA 批准，可应用于 23 种食品中，包括烘焙食品、巧克力、零食及糖果制品等。有实验表明，当在 12%的蔗糖溶液中加入适量降甜剂后，其甜味度相当于约 4%的蔗糖溶液。然而，其甜味抑制效果不如 GA。美国香料和提取物制造商协会（Flavor and Extract Manufacturers Association）批准降糖剂可作为安全的食品添加剂（GRAS 级），其作为风味调节剂的最大允许使用浓度为 150mg/kg。目前，市场上该降甜剂的使用浓度一般为 50～150mg/kg。降甜剂 lactisole 的主要产品指标如表 8.1 所示[2]。

表 8.1 降甜剂 lactisole 产品指标

产品指标
成分：2-(4-甲氧基苯氧基)-丙酸盐
CAS 注册号：150436-68-3
分子式（相对分子质量）：$C_{10}H_{11}O_4Na$（218.2）
中华人民共和国轻工业标准：QB/T 150—2007
外观：白色或灰白色粉末
干燥失重：<5.0%
含砷量：<3mg/kg
含重金属量（以 pb 计）：<10mg/kg
1%水溶液（m/V）pH：5～11
储存条件：通风干燥的室温下储存，冷藏条件更好
产品保质期：36 个月

蔗糖是食品加工中最关键的原料，它除了具有增强甜味的作用外，还有很多其他的功能，如作为防腐剂、填充剂、质地改良剂、黏稠剂和降低食品冰点等。而要提高蔗糖除增强甜味以外的上述这些特性，往往需要添加更多的蔗糖，导致产品太甜腻，失去了产品应有的好口感。降甜剂的出现使某些甜味剂过甜的问题迎刃而解，制作食品配方也将不再受到过度甜腻和口感不良的限制。

二、降甜剂 lactisole 的作用机制

世界上有 2 个独立的研究组分别对降甜剂抑制甜味的作用机制进行了研究，并且得到了类似的结果。美国西奈山伊坎医学院的科学家测定了降甜剂对各种甜味分子甜味的抑制作用。首先，研究人员发现当人（human）T1R2 和小鼠（mouse）T1R3 组合时，对 lactisole 缺乏敏感性，而人（human）T1R3 和小鼠（mouse）T1R2 组合时，恢复了对 lactisole 的敏感性。这说明，决定对 lactisole 有敏感性的关键残基位于人 T1R3 受体。随后，他们构建了包含人（human）和小鼠（mouse）T1R3 受体不同区域片段的嵌合体（图 8.5）[5]。

对不同受体嵌合体对 lactisole 的敏感性进行细胞学钙离子成像检测，发现包含人 TMD 的受体嵌合体对 lactisole 具有敏感性，而缺失人 TMD 的受体嵌合体对 lactisole 没有敏感性。这说明，决定对 lactisole 有敏感性的区域位于人 T1R3 受体的 TMD。随后，科研人员又设计了针对人和小鼠 7 个 TMD 片段的嵌合体组合

（图 8.5），并评价了其对 lactisole 的敏感性。结果显示，TM5 片段是决定人和小鼠对 lactisole 敏感性存在差异的区域。通过比较人和小鼠 T1R3 受体 TM5 片段氨基酸序列的差异，发现了可能介导这种差异的 4 个氨基酸残基的不同（图 8.6）[5]。

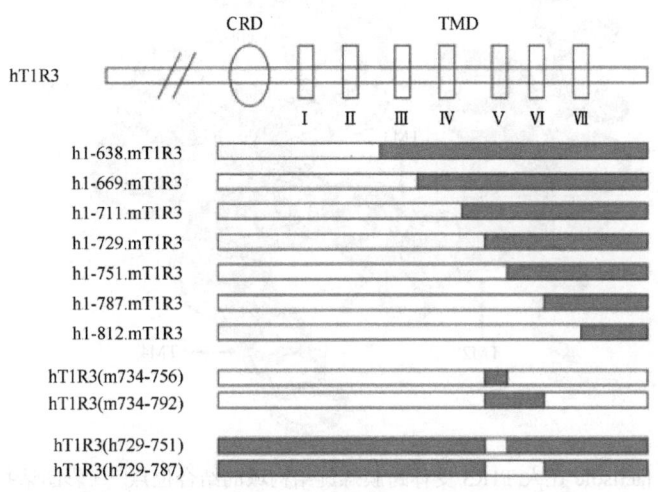

图 8.5　人和小鼠 T1R3 甜味受体嵌合体示意图[5]

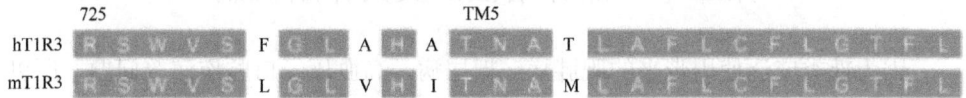

图 8.6　人和小鼠 T1R3 甜味受体跨膜螺旋结构域中 TM5 片段的氨基酸序列比对图[5]

点突变结果显示，当将人 T1R3 中 TM5 片段的 A733 突变为小鼠相应位置的残基 V 后，其对 lactisole 的敏感性消失，说明该残基对受体的 lactisole 敏感性至关重要。而将小鼠 T1R3 中 TM5 片段的 V738 突变为人相应位置的残基 A 后，小鼠获得了对 lactisole 的敏感性，说明 A733/V738 是决定人和小鼠对 lactisole 敏感性存在差异的位点。图 8.7 显示了降甜剂 lactisole 在人 T1R3 受体跨膜螺旋结构域的结合位点。

德国神经生物学家 Wolfgang Meyerhof（现任国际化学感知领域权威杂志 *Chemical Senses* 主编）带领的研究小组依据人和大鼠（rat）甜味受体 T1R2/T1R3 对 lactisole 的敏感性差异，利用上述类似的方法，研究了 lactisole 与甜味受体相互作用并激活受体的机制。研究结果指出，人 T1R3 受体上的 A733 残基和大鼠 T1R3 受体上相应位置的 V738 残基存在差异是二者对 lactisole 有不同感知反应的分子机制。这个结果与人和小鼠对 lactisole 有感知差异的研究结果十分相似，说明了物种甜味觉感知进化的保守性[6]。

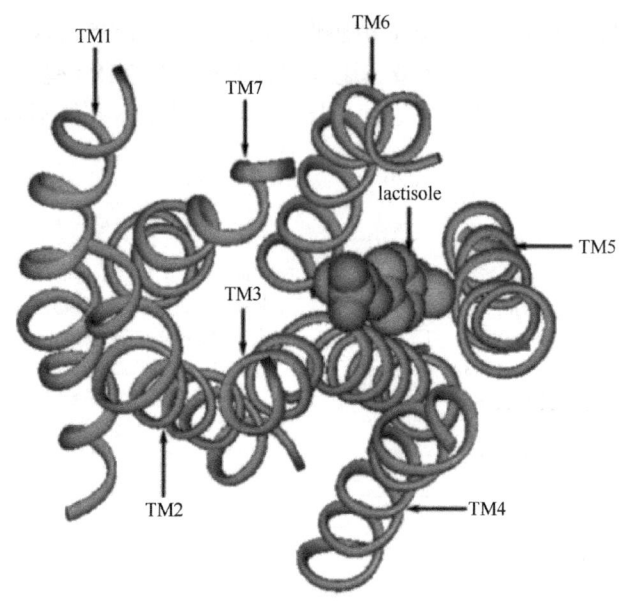

图 8.7　降甜剂 lactisole 在人 T1R3 受体跨膜螺旋结构域的结合位点[5]（彩图请扫封底二维码）

第三节　甜味增强剂及其作用机制

因为糖类广泛使用带来的肥胖症、糖尿病、高血压、口腔疾病等问题，所以低热量的人工合成甜味剂在甜味剂市场占有的份额越来越大，如糖精、阿斯巴甜、纽甜、三氯蔗糖、阿力甜等，但是所有这些甜味剂都没有蔗糖的甜味口感和品质。降低蔗糖等糖类化合物使用量的另一个解决办法是寻找合适高效的甜味增强剂。理想的甜味增强剂本身没有甜味，但能够大幅度提高低浓度甜味剂的甜味度，因此这些甜味增强剂能够减少食品中糖类化合物的使用，也可以减少人工合成甜味剂的使用，减少由人工合成甜味剂产生的余味、苦味及其他由浓度高带来的不良反应，并可提高市场上常用甜味剂的风味和品质。

一、几种重要的甜味增强剂

C 家族 G 蛋白偶联受体是研究甜味调节剂（增强或抑制）作用的理想模型，对于甜味受体来说，如已发现的 S819 是一种人工合成甜味增强剂。与人甜味受体 T1R2/T1R3 十分相似的鲜味受体 T1R1/T1R3，其活性可被鲜味增强剂 5′核糖核酸所增强。增强剂即正向变构调节剂（positive allosteric modulator，PAM）已经在 $GABA_B$ 受体、钙离子感受受体及几种代谢型谷氨酸受体中得到鉴定。甜味增强剂本身没有甜味活性，但可以明显增强其他甜味剂的甜味。

以三氯蔗糖为甜味化合物，检测对其甜味有增强作用的化合物，首先发现了一种甜味增强剂 SE-1，其分子结构式如图 8.8 所示。随后，科研人员检测了 SE-1 对各种甜味化合物甜味的增强效果，如图 8.9 所示。进一步根据甜味增强剂 SE-1 的结构，鉴定了甜味增强剂 SE-2 及 SE-3，其分子结构式分别如图 8.10 和图 8.11 所示[7]。

SE-1

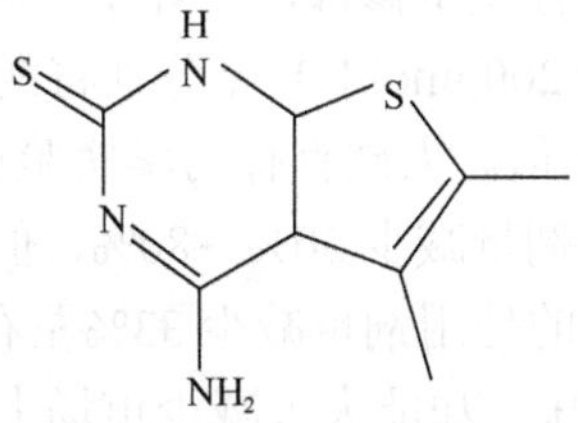

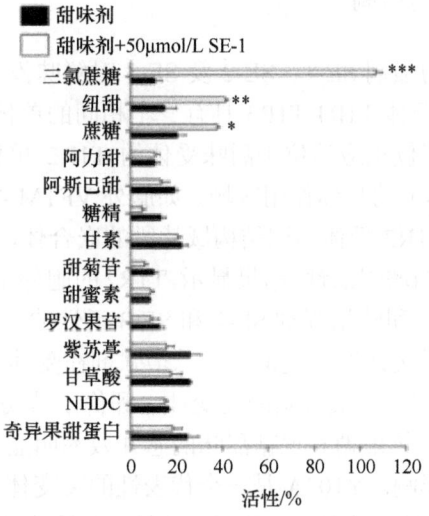

图 8.8　甜味增强剂 SE-1 的分子结构式

图 8.9　甜味增强剂 SE-1 对各种甜味化合物甜味的增强效果[7]

*表示加入 SE-1 后相对于加入 SE-1 前的甜味活性的显著性；NHDC. 新橙皮苷二氢查耳酮

SE-2

图 8.10　甜味增强剂 SE-2 的分子结构式

SE-3

图 8.11　甜味增强剂 SE-3 的分子结构式

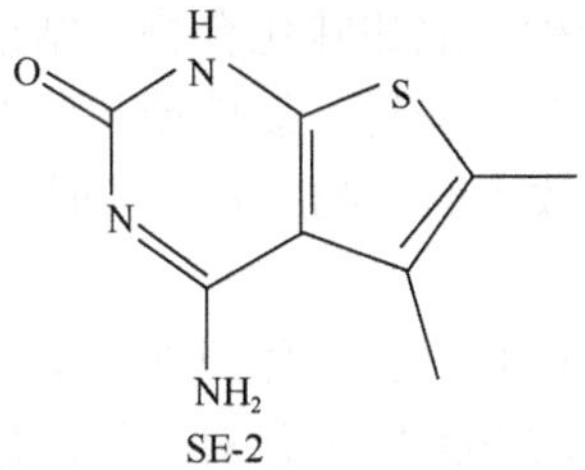

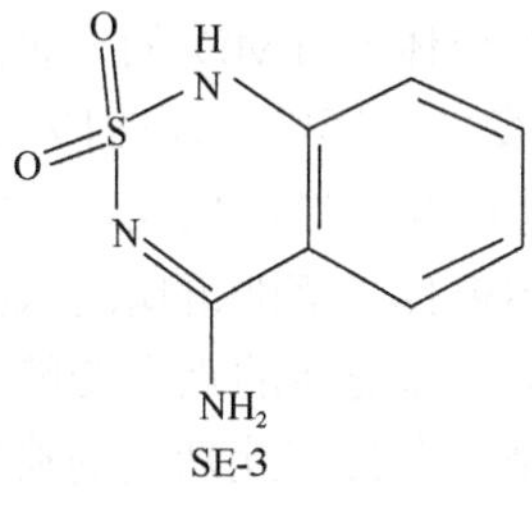

在 50μmol/L 的浓度下，SE-1 能够将三氯蔗糖的甜味度提高 20 倍以上。另外，SE-1 本身没有甜味活性，对甜味剂甜味的增强活性具有特异的选择性。例如，SE-1 能显著增强三氯蔗糖的甜味，但其他常见的甜味剂如阿斯巴甜、糖精、甜蜜素等的甜味不能被 SE-1 增强。另外，蔗糖和纽甜的甜味度能被 50μmol/L 的 SE-1 提高 1.3～2.5 倍。通过对 SE-1 进行化学修饰，设计了新的甜味增强剂 SE-2 和 SE-3，SE-2（50μmol/L）和 SE-3（200μmol/L）能分别将两种甜味化合物三氯蔗糖与蔗糖的甜味度提高 24 倍和 4.7 倍。人感官行为学实验证明，100μmol/L 的 SE-1 和 SE-2 能够将三氯蔗糖的使用剂量减少 50%～80%，但可保持同样的甜味效果，而 100μmol/L 的 SE-3 能将蔗糖的使用剂量减少 33%左右，但保持同样的甜味效果。这些甜味增强剂本身没有甜味，却能大大减少市场上一些甜味剂的使用量，对减少由甜味化合物带来的不良效果及提高人类健康水平具有重要意义[7]。

二、甜味增强剂的作用机制

研究发现，甜味增强剂 SE-1、SE-2 及 SE-3 对鲜味没有增强效果。而甜味受体 T1R2/T1R3 和鲜味受体 T1R1/T1R3 具有一个相同的单体 T1R3，因此很容易推断出甜味增强剂的作用位点应该位于甜味受体的 T1R2 单体上。为进一步研究甜味增强剂在 T1R2 受体上的具体作用区域，如胞外 VFTM 结构域、CRD 及 TMD，构建了包含 T1R1 和 T1R2 受体不同结构域片段的嵌合体，检测了 SE-2 对三氯蔗糖及 SE-3 对蔗糖甜味的增强活性。结果显示，T1R2 的胞外结构域（包含胞外 VFTM 结构域及 CRD）是决定甜味增强剂 SE-2 和 SE-3 活性的关键区域。

利用分子建模与对接计算，模拟了甜味增强剂在受体的结合位点，并设计了 23 个结合位点区域关键氨基酸残基的突变体，评价了其功能。在这 23 个突变体中，7 个突变体显示对三氯蔗糖和蔗糖甜味的感知效率明显降低，但对 SE-2 和 SE-3 的甜味增强活性没有影响。Y103A 是一个代表性的突变体，当人 T1R2 的 Y103A 突变体与人 T1R3 受体共表达时，即使三氯蔗糖的浓度大于 10mmol/L，Y103A 突变体也没有甜味觉感知反应，其 EC_{50} 值比野生型受体高 100 倍。类似的，Y103A 突变体对 100mmol/L 的蔗糖也没有甜味觉感知反应。SWT819 作为特异性结合于人 T1R2 受体上 TMD 的一种甜味剂，可作为一种对照甜味化合物。结果显示，Y103 突变并不影响 SWT819 的甜味，说明 Y103A 突变对三氯蔗糖和蔗糖甜味的影响不是由其对蛋白质表达、错误折叠及膜结合效率的影响所致。同时，SE-2 和 SE-3 对 SWT819 甜味的增强效果没有改变。

三个甜味受体的点突变能够影响 SE-2 和 SE-3 对突变体甜味的增强作用，L279A 是一个具有此功能的典型突变体。例如，L279A 突变体对三氯蔗糖有甜味觉感知反应，在 SE-2 存在及不存在的情况下，显示出相同的效率。同样 SE-3 不再增强 L279A 突变体对蔗糖的甜味觉感知效率。此外，相对于野生型蛋白质，

L279A 突变体本身对三氯蔗糖和蔗糖甜味的感知效率也有一定程度的下降[8]。

以代谢型谷氨酸受体 mGluR1、mGluR3 及 mGluR7 的三级结构为模板，对人 T1R2 受体的胞外结构域（VFTM+CRD）进行了结构的分子建模。在模拟的结构中，T1R2 的 VFTM 结构域存在一个较大的洞穴，可解释包括甜味增强剂在内的各种化合物结合于该口袋中。在该模型中，蔗糖和三氯蔗糖分子与 T1R2 受体中 I167 及 S144 主链上的 N 原子相互作用，蔗糖和三氯蔗糖分子的羟基基团能够与亲水性氨基酸残基如 D142 和 E302 形成氢键，而三氯蔗糖分子的氯原子能够和 Y103 与 P277 残基发生疏水相互作用。这些甜味增强剂结合位点与先前报道的阿斯巴甜在甜味受体上的结合位点是一致的。因此，在各种 VFTM 结构域中配体的结合位点及结合方式具有一定的进化保守性。例如，D142 和 E302 突变为丙氨酸 A 使甜味受体对蔗糖和三氯蔗糖的甜味觉感知反应完全丧失。突变体 S144A 和 I167A 对三氯蔗糖及蔗糖甜味的感知效率没有发生变化。然而，S40、Y103、D142、D278、E302、P277 及 R383 突变体对三氯蔗糖及蔗糖甜味感知效率的下降可分别被 SE-2 与 SE-3 所恢复，说明这些残基没有和甜味增强剂直接结合，甜味分子与增强剂共同结合于受体上的构象在这些突变体中（相对于野生型受体）没有发生明显的改变。

在该模型中，在甜味受体被激活及关闭的构象状态下，甜味分子（蔗糖和三氯蔗糖）与甜味增强剂通过范德华力及氢键相互作用。蔗糖和 SE-3 通过氢键直接作用。甜味受体 T1R2 的 4 个氨基酸残基（K65、L279、D278 及 D307）与甜味增强剂 SE-3 直接结合，而 K65 和 D278 残基之间形成离子键。SE-3 上与 K65 相邻环上的 N 原子可能呈非质子化状态（其在溶液中的 pK_a 为 5.98），从而增强其与 K65 残基的相互作用。此外，SE-2 和三氯蔗糖与甜味受体的结合方式也呈类似的方式。SE-2 和三氯蔗糖直接相互作用，并且能和活性中心区域的受体氨基酸残基形成一定数目的氢键。三氯蔗糖分子的 4 位和 6 位氯原子并不和 SE-2 直接作用，但与活性中心区域残基发生疏水相互作用，可能有助于三氯蔗糖上 2 个糖环的定位，从而更有效地使其与 SE-2 结合[8]。

参 考 文 献

[1] 胡国华. 功能性高倍甜味剂. 北京: 化学工业出版社, 2008.
[2] 郑建仙. 高效甜味剂. 北京: 中国轻工业出版社, 2009.
[3] Fletcher J I, Dingley A J, Smith R, et al. High-resolution solution structure of gurmarin, a sweet-taste-suppressing plant polypeptide. FEBS J, 1999, (264): 525-533.
[4] Sanematsu K, Kusakabe Y, Shigemura N, et al. Molecular mechanisms for sweet-suppressing effect of gymnemic acids. J Biol Chem, 2014, (289): 25711-25720.
[5] Jiang P, Cui M, Zhao B, et al. Lactisole interacts with the transmembrane domains of human T1R3 to inhibit sweet taste. J Biol Chem, 2005, (280): 15238-15246.

[6] Winnig M, Bufe B, Meyerhof W. Valine 738 and lysine 735 in the fifth transmembrane domain of rTas1r3 mediate insensitivity towards lactisole of the rat sweet taste receptor. BMC Neurosci, 2005, (6): 22.
[7] Servant G, Snyder S. Positive allosteric modulators of the human sweet taste receptor enhance sweet taste. Proc Natl Acad Sci USA, 2010, (107): 4746-4751.
[8] Zhang F, Klebansky B, Fine R M, et al. Molecular mechanism of the sweet taste enhancers. Proc Natl Acad Sci USA, 2010, (107): 4752-4757.

第九章 甜味觉与人类遗传

近年来，随着基因组测序技术的快速发展，越来越多的不同人群个体的基因组序列被阐明。在此基础上，科学家逐渐发现人们对甜味化合物的选择与他们的遗传差异明显相关。进一步研究发现，这些遗传或者说基因差异又会影响人们的饮食习性。于是，理解遗传因素对甜味觉的影响可促进健康的个体化饮食方式形成，并避免由甜味化合物过量摄入而导致的一些慢性疾病的发生。

由于对甜味觉的感知主要由甜味受体——G蛋白偶联受体T1R2/T1R3所介导，因此 *T1R2/T1R3* 基因序列存在差异是导致个体甜味觉感知存在差异的主要因素。基于单核苷酸多态性（single nucleotide polymorphism，SNP）的甜味受体序列分析是研究个体甜味觉感知差异的主要策略，并可据此发现影响甜味觉偏好性、饮食习惯的因素及某些疾病的发生概率。由于甜味受体编码基因由外显子序列与内含子序列构成，因此甜味受体基因的 SNP 又可分为导致蛋白质序列改变的错义突变（non-synonymous mutagenesis）及蛋白质序列不发生改变的同义突变（synonymous mutagenesis）。而内含子序列的突变不影响甜味受体的氨基酸序列组成。

第一节 影响甜味觉感知的遗传因素

在非洲、亚洲、欧洲及美洲土著人群中，均发现了T1R家族的3个受体（T1R1、T1R2、T1R3）存在基因多样性。其中，T1R2/T1R3是我们熟知的负责甜味觉感知的受体，而T1R1/T1R3是与甜味受体类似的负责鲜味觉感知的受体。位于T1R受体的SNP包括位于N端胞外区域的错义突变，而这个区域已被证明是结合甜味化合物分子的主要区域。因此，位于该区域的错义突变可明显影响甜味分子激活受体的效率，从而影响不同人群对特定甜味化合物的甜味觉感知。值得注意的是，与人类其他基因的SNP相比，T1R2甜味受体是人类所有基因中SNP较高（占全部基因的5%~10%）的成员之一。这种高频率的SNP被认为与甜味觉感知的多样性有关[1]。

选择100个2型糖尿病患者，以及1037个健康成年人（非2型糖尿病患者），以研究 *T1R2* 受体的 *I191V* 突变与糖类物质消耗的关联。结果显示，在2型糖尿病患者中，反映 *I191V* 多态性的最小等位基因频率（minor allele frequency，MAF）值为0.267时与体重指标（body mass index，BMI）值大于或等于25具有明显的相关性。而在健康的非 2 型糖尿病患者中，携带 *191V* 纯合子或杂合子基因的人群相对于携带 *191I* 纯合子基因的人群具有明显减少糖类消耗的倾向。在 2 型糖尿病患者中也发现了类似的情况，即 V 纯合子和杂合子携带者的糖类偏好性比纯合子 I 携带者更低[2]。

在甜味受体异源二聚体的单体 *T1R3* 基因中，也发现了影响甜味觉感知的 SNP。在 *T1R3* 启动子区域（内含子序列）中，发现了通过影响 *T1R3* 基因转录水平而影响对蔗糖甜味敏感性的基因多态性。这些 SNP 可以解释不同人群的约 16% 的甜味觉感知差异。对于那些由饮食习惯而导致代谢紊乱的人群来说，发现甜味受体基因序列差异与甜味觉偏好性之间的关系，对指导他们的饮食及甜味物质摄入是很有意义的。

在儿童中，牙齿疾病的发生率与糖类物质的摄入具有密切的关系。一项研究调查了 80 名具有欧洲血统的青壮年的牙齿疾病发生率与 *T1R2* 受体 *I191V* 基因多态性的关系。结果显示，*191V* 基因携带者，即那些具有低糖类物质消耗倾向的个体，具有较低的牙齿疾病发生率。在学生群体中也进行了类似的研究，发现了 *T1R2* 基因中 *I191V* 与 *T1R3* 的 rs307355 核苷酸多态性的关联。龋齿轻微患者（指标度 4～7）携带 *T1R3* 的 rs307355 的 MAF 为 0.2364，而高度龋齿患者携带有 *T1R2* 基因的 *191V* 纯合子。因此，携带这些突变基因的人群不仅要考虑他们的饮食行为（糖类物质的摄入）对代谢产生的可能影响，还应考虑对牙齿健康的潜在危害[3]。对糖尿病患者 *T1R2* 基因的 rs12033832 遗传位点的 SNP 进行分析，其被认为与肥胖症患者的甜味敏感性及高糖摄入量有关。对年龄在 46～68 岁的 3602 个测试者（非吸烟行为者、无糖尿病者）*T1R2* 基因的 rs12033832 遗传位点的 SNP 数据进行了统计分析并排除掉那些饮食状况报告不确定的个体，最终的 2204 个测试者的数据表明，饮食行为与 *T1R2* 基因的 rs12033832 遗传位点的 SNP 的相关性明显提高。等位基因 T 携带者倾向于消耗更多的碳水化合物及较少的脂肪，但相对于等位基因 G 携带者，其对蔗糖的摄入量并没有显著增加。这说明，这个等位基因不能够像预测的那样，成为糖类偏好性人群的遗传学选择标记[4]。

第二节　遗传差异对青少年饮食行为的影响

除了甜味受体自身的遗传多样性对甜味觉偏好性有影响外，还发现了其他一些味觉相关基因参与调节甜味选择行为的现象。一项研究系统地阐明了苦味受体基因 *TAS2R38* 遗传多样性与青少年甜味食物使用及能量摄入情况的关联。根据苦味受体基因 *TAS2R38* 的 rs713598 遗传位点差异对来自欧洲 5 个不同国家的 691 个青少年测试者进行分组，并记录他们 0～6 岁的饮食情况。食物分为甜味食品与非甜味食品 2 类。结果显示，*TAS2R38* 的基因型变异与来源于甜味食品的能量摄入具有相关性：具有 PP 和 PA 基因型的个体比具有 AA 基因型的个体每天平均多消耗 83kJ 来源于甜味食品的能量，以及 56kJ 来源于高热量甜味食品的能量。此外，女孩对来源于甜味食品的能量摄入量比男孩普遍较低，并且在不同国家中情况不同。总体来说，具有 PP 和 PA 基因型的婴幼儿往往比具有 AA 基因型的婴幼儿食用更多的甜味食品[5,6]。

食用较多的含有脂肪及糖类的食品和缺乏锻炼是导致青少年肥胖症的主要原因。通过对 513 个肥胖症青少年及 135 个体重正常（非肥胖症）青少年甜味受体 *T1R2* 基因的 rs9701796 和 rs35874116 遗传位点进行分析，发现它们与饮食习惯、人体指标（体重、身高、腰围等）、代谢状况（葡萄糖、胰岛素、甘油三酯、高密度脂蛋白、胆固醇及瘦蛋白水平）具有一定相关性。在肥胖症青少年中，rs9701796 位点发生变异与较高的腰围/身高比例及较多的巧克力摄入具有正相关性，而 rs35874116 位点发生变异与较低的纤维类食物摄入相关。

零食是青少年尤其是幼儿园儿童非常喜爱的食物。一项研究表明，基因存在的差异与儿童的零食偏好性具有一定的关联。例如，*CD36* 基因 rs1761667 位点的 SNP 与脂肪类食物敏感性相关，甜味受体 *T1R2* 基因 rs35874116 位点的 SNP 与甜味觉偏好性相关，而 *TAS2R38* 基因 rs713598 位点的单核苷酸多态性与苦味觉敏感性相关。学龄前儿童的零食质量、数量及频率等依据饮食记录测定，并调查了它们与上述味觉感知基因 SNP 的关系。具有 *TAS2R38* 的 TT 基因型婴幼儿对含有能量的糖类零食更加偏爱。*TAS2R38* 的 CC 和 CG 基因型携带者比 GG 基因型携带者具有更高的高能量类零食摄入量，而 *CD36* 的 AA 基因型携带者比 G 等位基因携带者也具有更高的高能量类零食摄入量。这说明味觉受体的遗传多样性可影响青少年零食偏好性[7]。

第三节　味觉基因变异与饮酒习性的关系

感知酒精的味觉系统存在差异决定了个体饮酒习性不同。因此，味觉受体基因的遗传多样性可导致个体酒精敏感性的不同，从而影响其饮酒行为。对 1829 个韩国居民进行酒精饮用习性测试，包括饮酒习性差异（饮酒与非饮酒）、酒精消费量（g/天）及饮用酒类品牌等情况，发现这些人群的基因多态性影响它们的饮酒行为。这些基因包括感知苦味、鲜味、甜味及脂肪酸等的受体基因。例如，*TAS2R38* 基因的 AVI 单体型携带者一般为非饮酒者，而甜味受体 *T1R3* 基因 rs307355 位点的 CT 基因型携带者往往是重度饮酒者。此外，味觉受体基因型也影响饮酒种类的选择。例如，*TAS2R4* 基因的 rs2233998 位点及 *TAS2R5* 基因的 rs2227264 位点的隐性纯合体携带者更偏好饮用米酒，而 *T1R2* 基因 rs35874116 基因多态性与葡萄酒饮用量具有相关性。以上情况说明，多种味觉受体遗传因素可影响个体的饮酒行为，这为医学工作者根据个体的遗传特点有针对性地控制其饮酒习性提供了理论依据[8]。

由于酒类中往往包含有呈现甜味、苦味等味觉的多种成分物质，于是人们猜测甜味觉感知的遗传依赖性可能与苦味觉感知的遗传依赖性具有一定的关联。选择1901位平均年龄为16.2岁的青少年，对其对4种苦味化合物（丙基硫氧嘧啶、八乙酸酯蔗糖、奎宁、咖啡因）和4种甜味化合物（葡萄糖、果糖、二氢查耳酮、阿斯巴甜）的敏感性进行测试，并研究了敏感性与基因型变异之间的关系。结果发现，对甜味化合物的敏感性与对苦味化合物八乙酸酯蔗糖、奎宁及咖啡因的敏感性具有一定的关联性。从基因型上分析，影响这3种苦味化合物敏感性的遗传因素与影响甜味化合物敏感性的遗传因素有部分重叠。而当选取 TAS2R38 基因的双纯合子个体作为测试对象时，甜味化合物敏感性与苦味化合物丙基硫氧嘧啶敏感性之间的关系十分密切。这些结果说明，存在同时影响甜味觉和苦味觉感知的遗传因素，这些因素可能存在于负责感知各种味觉的G蛋白偶联受体被激活后的信号转导过程中[9,10]。

参 考 文 献

[1] Chamoun E, Mutch D M, Allenvercoe E, et al. A review of the associations between single nucleotide polymorphisms in taste receptors, eating behaviours, and health. Crit Rev Food Sci Nutr, 2018, (58): 194-207.

[2] Bartáková V, Kuricová K, Zlámal F, et al. Differences in food intake and genetic variability in taste receptors between Czech pregnant women with and without gestational diabetes mellitus. Eur J Nutr, 2018, (57): 513-521.

[3] Pawellek I, Grote V, Rzehak P, et al. Association of TAS2R38 variants with sweet food intake in children aged 1-6 years. Appetite, 2016, (107): 126-134.

[4] Chamoun E, Hutchinson J M, Krystia O, et al. Single nucleotide polymorphisms in taste receptor genes are associated with snacking patterns of preschool-aged children in the guelph family health study: apilot study. Nutrients, 2018, (10): 153.

[5] Khan A S, Hichami A, Khan N A. Taste perception and its effects on oral nutritional supplements in younger life phases. Curr Opin Clin Nutr Metab Care, 2018, 22.

[6] Mennella J A, Pepino M Y, Reed D R. Genetic and environmental determinants of bitter perception and sweet preferences. PEDIATRICS, 2005, (115): e216-e222.

[7] Feeney E, O'Brien S, Scannell A, et al. Genetic variation in taste perception: does it have a role in healthy eating? Proc Nutr Soc, 2011, (70): 135-143.

[8] Choi J H, Lee J, Yang S, et al. Genetic variations in taste perception modify alcohol drinking behavior in Koreans. Appetite, 2017, (113): 178-186.

[9] Hwang L D, Breslin P A, Reed D R, et al. Is the association between sweet and bitter perception due to genetic variation? Chem Senses, 2016, (41): 9.

[10] Mennella J A, Bobowski N K. The sweetness and bitterness of childhood: insights from basic research on taste preferences. Physiol Behav, 2015, (152): 502-507.

编 后 记

　　《博士后文库》（以下简称《文库》）是汇集自然科学领域博士后研究人员优秀学术成果的系列丛书。《文库》致力于打造专属于博士后学术创新的旗舰品牌，营造博士后百花齐放的学术氛围，提升博士后优秀成果的学术和社会影响力。

　　自《文库》出版资助工作开展以来，得到了全国博士后管理委员会办公室、中国博士后科学基金会、中国科学院、科学出版社等有关单位领导的大力支持，众多热心博士后事业的专家学者给予了积极的建议，工作人员做了大量艰苦细致的工作。在此，我们一并表示感谢！

《博士后文库》编委会